高等学校计算机基础教育规划教材

Python程序设计与实践

马 利 闫雷鸣 王海彬 编著

清华大学出版社

北京

内 容 简 介

Python 语言因其简单易学、应用广泛,已经成为国内外广泛使用的程序设计语言,适合高等学校文、理、工各科学生学习。本书基于 Python 3.x,首先系统讲解基本语法,并辅助以具有实践价值的应用案例,再进一步提高到各种实用性强的工具包、开发技术的学习。全书共 11 章,讲述基本语法、基本程序设计、面向对象程序设计、文件和数据库访问、数据可视化分析等知识。

本书知识点由浅入深,全面覆盖了国家计算机等级 Python 二级考试的知识点;侧重实际应用,提供了有实用价值的案例。本书结构合理,通俗易懂,既可作为 Python 语言程序设计教程,又可作为计算机等级考试和创新实践应用的参考用书。

图书在版编目(CIP)数据

Python 程序设计与实践/马利,闫雷鸣,王海彬编著. —北京:清华大学出版社,2021.3(2025.1重印)
高等学校计算机基础教育规划教材
ISBN 978-7-302-57639-6

Ⅰ.①P… Ⅱ.①马… ②闫… ③王… Ⅲ.①软件工具—程序设计—高等学校—教材
Ⅳ.①TP311.561

中国版本图书馆 CIP 数据核字(2021)第 037433 号

责任编辑:袁勤勇 杨 枫
封面设计:常雪影
责任校对:徐俊伟
责任印制:宋 林

出版发行:清华大学出版社
    网 址:https://www.tup.com.cn,https://www.wqxuetang.com
    地 址:北京清华大学学研大厦 A 座 邮 编:100084
    社 总 机:010-83470000 邮 购:010-62786544
    投稿与读者服务:010-62776969,c-service@tup.tsinghua.edu.cn
    质量反馈:010-62772015,zhiliang@tup.tsinghua.edu.cn
    课件下载:https://www.tup.com.cn,010-83470236
印 装 者:北京同文印刷有限责任公司
经 销:全国新华书店
开 本:185mm×260mm 印 张:23.5 字 数:561 千字
版 次:2021 年 4 月第 1 版 印 次:2025 年 1 月第 7 次印刷
定 价:59.90 元

产品编号:091762-01

前 言

Python 语言具有简洁、易读、易扩展的良好特性,在世界最流行编程语言 TIOBE 排行榜中目前位列第三,是世界顶尖大学里最受欢迎的计算机编程入门语言之一,并被广泛应用到人工智能、大数据分析、信息安全、云计算、科学计算、金融分析等众多领域。

对很多人来说,学习程序设计可能是非常困难的,当投入大量精力学会某个程序设计语言的语法之后,发现只能编写一些简单的代码,距离解决实际问题,还有很大一段距离。

Python 给广大读者带来另一种选择——轻松掌握语法,并能立刻用其解决实际问题,甚至是复杂的问题。Python 的语法是如此的简单和符合人类思维习惯,对经济管理、金融分析,甚至于各文科类专业来说,Python 会是一门非常合适的程序设计语言,不需要纠结复杂的算法设计,只需要把精力集中于要解决的问题就可以了。对于那些希望快速完成开发的程序员来说,Python 非常适合快速迭代开发。对于科研人员来说,无论是计算机、生物、化学、数学统计、仿真分析、医学图像分析,几乎各个领域都可以找到 Python 被成功应用的案例。

本书在讲解基础语法的基础上,专门针对创新实践应用,提供了大量的实用性代码和案例,可以直接应用。希望通过实用性案例的讲解,帮助读者快速入门,尽快从"学"跨入"用"的状态。

全书共 11 章。第 1～7 章为基本语法篇,全面介绍了 Python 语法知识和开发技术;第 8～11 章为实践应用篇,主要讲解面向对象程序设计、文件与数据库访问、数据与可视化分析等实践应用开发技术。具体章节内容介绍如下。

第 1 章　Python 语言概述,介绍 Python 的诞生与发展,常用开发工具等。

第 2 章　基本数据类型,介绍基本的数据结构和计算表达式,实现快速入门。

第 3 章　字符串与列表,介绍两种常用的典型数据类型——字符串和列表的使用,为处理复杂数据打下基础。

第 4 章　选择结构,主要介绍基于 if 语句的分支选择结构,进行逻辑判断和条件选择处理。

第 5 章　循环结构,循环结构是负责程序设计的基础,介绍 Python 语言中 for 语句等语法与循环程序设计。

第 6 章　元组、集合、字典,介绍 Python 三种典型的数据结构,与列表和循环语句相结合,可以编写功能更加丰富的应用代码。

第 7 章　函数与异常处理,介绍结构化程序设计的典型方法,函数的设计与应用,并引出异常处理机制,设计更加健壮的处理程序。

第8章 文件和数据库,介绍 Python 的一个具体应用,读写文件和数据库。

第9章 面向对象程序设计,介绍面向对象程序设计的基本思想和方法,以及 Python 特有的面向对象的编程方法和性质。

第10章 模块和包,讲解如何构建复杂的程序,以及复用已有的代码。

第11章 数据可视化分析,介绍两种可视化绘图工具库 turtle 和 matplotlib 及常见统计图表的编程绘制方法。

通过本书的学习,读者可以较全面地掌握 Python 语法知识,能解决常见的办公自动化、可视化分析、开发任务,并为进一步学习人工智能的机器学习方法、深度学习开发奠定必要的程序设计基础。

本书由马利负责统稿,闫雷鸣编写了第 1、9、11 章,王海彬编写了第 2～8 章和第 10章。参加本书资料整理、代码测试的有严璐绮、陈凯、严思敏、刘艳艳、陈健鹏、程立君、张岚钰、丁志静。编写过程中得到了课程组老师的支持和帮助,在此一并感谢。在本书的编写过程中参考了大量资料,有些已经在参考文献中列出,有些因为多次辗转引用,已无法找到原作者,在此表示歉意和由衷的感谢。对清华大学出版社给予的大力帮助和支持,在此表示由衷的感谢。

鉴于编者水平有限,书中难免出现错误和不当之处,殷切希望各位读者提出宝贵意见,并恳请各位专家、学者给予批评指正。

编　者

2021 年 1 月

目 录

第1章

Python 语言概述

1.1 导　　学

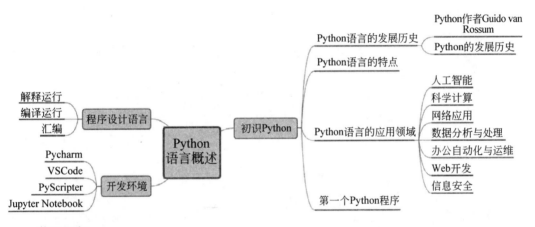

学习目标：

- 了解 Python 的解释执行机制。
- 了解 Python 语言的发展历史与特点。
- 了解 Python 语言的应用领域。
- 理解 Python 编码规范。
- 掌握环境配置与常用集成开发环境的使用。

Python 语言是一门简明、易学的高级程序设计语言，是提倡代码开源的、解释执行的脚本语言，在人工智能、大数据分析、计算机网络、信息安全、Web 开发乃至游戏设计等众多领域，都有广泛的应用。

本章学习计算机程序设计语言的基本执行方式，Python 语言的发展历史与特点，理解 Python 语言的运行方式，了解常用开发工具软件（集成开发环境——IDE）。

1.2 计算机语言概述

1.2.1 计算机语言

计算机专用的程序设计语言可以分为机器语言、汇编语言和高级程序设计语言这三大类。我们耳熟能详的各种编程语言,例如 C、C++、Java 等,通常都属于高级程序设计语言。

1. 机器语言

机器语言是计算机能够直接识别的程序语言或指令代码,一条指令就是一条语句,每条语句都是一组有特定意义的二进制编码,由操作码和操作数两个基本部分构成。

2. 汇编语言

汇编语言(Assembly Language)是一种用于电子计算机及其他可编程控制器的低级语言。汇编语言采用一些容易记忆的字母和单词来替代原机器语言中特定的二进制编码。

机器语言和汇编语言又被称为低级语言。

3. 高级程序设计语言

高级程序设计语言简称高级语言,是一种用易写和易懂的形式语言来编写程序的程序设计语言。与低级语言相比,显著提高了程序编写与错误调试的效率,降低甚至消除了对计算机具体硬件和指令的依赖。

世界上第一门高级语言是诞生于 20 世纪 50 年代的 FORTRAN 语言,该语言依托其强大的科学计算能力、线性代数工具包、并行计算工具包等优良特性,直到今天仍然是气象预测等需要高性能科学计算的应用领域中无法或缺的开发语言。

其他高级语言包括 Pascal、C、C++、Adam、Smalltalk、Java 等。图 1-1 展示了 TIOBE 排行榜中的部分高级语言使用热度排名。该排行榜每月更新一次。可以看到,Python 语言在使用热度方面已经占据第 3 名了。

Jan 2020	Jan 2019	Change	Programming Language	Ratings
1	1		Java	16.896%
2	2		C	15.773%
3	3		Python	9.704%
4	4		C++	5.574%
5	7	⌃	C#	5.349%
6	5	⌄	Visual Basic .NET	5.287%
7	6	⌄	JavaScript	2.451%
8	8		PHP	2.405%

图 1-1　TIOBE 编程语言排行榜(2019—2020 年)

1.2.2 高级语言执行方式

上述三类程序设计语言中,唯一能被计算机直接识别并运行的,是机器语言编写的程序。其他语言编写的源代码,都必须通过专用工具软件翻译为机器语言或者另一种目标语言,才能被计算机识别并执行。根据代码翻译和执行的方式,高级程序语言又可以划分为两种执行方式,即编译和解释。

1. 编译

编译,就是由编译程序把一个源程序翻译成目标程序的工作过程,可分为 5 个阶段:词法分析、语法分析、语义检查和中间代码生成、代码优化、目标代码生成。

编译后,将生成可直接执行的程序文件,每次执行该可执行程序文件,无须重复编译源程序文件。编译后的程序,通常不能跨平台运行,例如 FORTRAN、C 语言的源程序在 Windows 平台编译生成的可执行程序,不能在其他操作系统平台运行。Java 语言较特殊,其源代码经编译生成为一种特殊的字节码文件,再利用 Java 虚拟机解释运行,从而获得跨平台运行能力,但程序执行效率低于 C/C++ 程序。

2. 解释

解释,由解释器负责运行源程序文件,运行时采取边解释边执行源程序本身的方式,不生成目标代码文件,每次执行都需解释源代码。

解释执行的运行效率低于编译执行,但解释执行的语言省略了复杂的编译过程,通常适合开发各类低成本软件、即编即用的系统维护脚本,并且很容易实现跨平台运行,即编写的代码可以不需要修改就迁移到其他操作系统平台运行。

解释执行的语言包括早期的人工智能语言 Lisp,著名的脚本语言 Perl,简单的 BASIC,仿真利器 MATLAB,统计分析 R 语言,Web 开发语言 JavaScript、PHP、ASP,机器学习语言 GO,以及本书的 Python 语言等众多语言。

负责将高级语言源程序翻译为可执行代码或者目标代码的翻译软件,根据高级语言的运行方式,被称为编译器或者解释器。在 Windows 系统中编译器通常和各类图形界面的开发工具集成在一起,这类软件又被称为集成开发环境(IDE),具有代码编辑、代码调试、编译等功能。例如,C++ 语言的常用集成开发环境有免费的 Dev C++,微软公司的 Visual Studio,Java 的常用 IDE 有 Eclipse。解释执行的 Python 语言常用 IDE 包括大而全的 Pycharm、VS Code,小而精的 PyScripter 等,Eclipse 也可以配置成 Python 开发环境。

在众多程序设计语言当中,Python 是怎样脱颖而出的呢? 它都有哪些优点和特点呢?

1.3 初识 Python

1.3.1 Python 语言的发展历史

1989 年,荷兰程序员 Guido van Rossum(吉多·范罗苏姆)(1956—)在为 ABC 语言写插件时,产生了写一个简洁又实用的编程语言的想法,并利用圣诞假期设计开发了一门新的编程语言。因为他喜欢 Monty Python 马戏团,所以将其命名为 Python,中文意思是蟒蛇。

1990 年,Python 的第一个版本发布。

2001 年,Python 2.x 版本发布,版本更新至 2.7 后停止更新。

2013 年,Python 3.0 版本发布。

2019 年,Python 社区宣布不再支持 Python 2.x 版本,只支持 3.x 版本。

Python 2.7 版本是一个被使用多年的正式版,大量的工作小组基于该版本贡献了很多开源工具。但是因 Python 2.x 在早期设计中的问题,导致存在一些难以解决的问题。例如默认内置的文字编码为 ascii,导致处理多国文字时需要转码,给使用中文等文字的用户带来诸多不便。自 Python 3.x 起,增加了很多新的特性和功能,当然也在一定程度上解决了对中文等文字编码的支持问题。

需要说明的是,Python 3.x 版本与 Python 2.x 版本是不兼容的,因此很多基于低版本开发的源代码,不能直接运行在 Python 3.x 环境下。

1.3.2 Python 语言的特点

Python 是纯粹的自由软件,源代码和解释器遵循 GPL(GNU General Public License)协议。自 Python 诞生以来,全世界众多科研团队、开发小组、个人本着自由软件的精神,免费为 Python 贡献了大量的开源工具包,不断丰富着 Python 的功能,推动其不断发展,最终成为当前一门功能强大的、主流的开发语言。

1. 易学易用

Python 是一门基于面向对象设计的编程语言,并利用面向对象技术为 Python 提供了大量更贴近人的自然思维方式的语法特性,显著降低了 Python 语言的学习门槛。程序员可以将更多精力用于业务逻辑处理和算法设计,而不是生涩的语法规则。这一点,对于非计算机专业的人来说尤为重要。

2. 开发周期短

与其他高级语言相比,Python 利用丰富的功能包、良好的封装性、更易复用的代码,可以用更少的代码、更短的开发时间完成项目开发,非常适合快速开发的项目,例如系统原型开发。

3. 丰富的资源库

Python 拥有功能丰富且强大的标准库,以及仍然在不断发展的第三方库,封装了复杂的底层机制,开发者通过简单的调用接口,就可以实现网络通信、图形图像处理、线性代数计算等功能,而无须了解复杂的底层处理机制或者复杂理论。

4. 良好的可扩展性

如果发现 Python 没有自己需要的功能,可以方便地用 C/C++ 语言开发性能优异的功能扩展包,供 Python 调用。同时,Python 提供了和其他语言相互调用的接口和机制,可以借助 Python 调用多种不同语言开发的软件包,因此,Python 又被称为"胶水语言"。

5. 跨平台可移植

借助 Python 解释器,同一段 Python 源程序可以几乎不用修改地在 Windows、Linux、Mac OS 等不同操作系统平台上运行。Python 已经成为 Linux 系统默认安装的脚本语言。

6. 适合高性能计算

虽然作为解释执行的语言,与 C/C++ 等编译执行的语言相比,Python 代码执行速度要低很多倍,但是这种低速度并非完全不能避免的。Python 的多进程和多线程标准库,提供了简单易用的并行计算机制;借助用 C 语言开发的 NumPy 包,Python 可以自动实现高性能的矩阵并行计算,性能与 C 语言代码相当;通过调用 TensorFlow 或者 PyTorch,Python 可以在不关心复杂的 GPU 机制的条件下,轻松实现基于 GPU 的高性能计算。Python 已经成为深度学习计算方面的主流语言。

此外,虽然 Python 是解释执行的,仍然可以通过 PyInstaller 等工具,将其转化、编译为 Windows 下的可执行程序,从而脱离 Python 环境运行,更好地保护源代码。

1.3.3 Python 语言的应用领域

Python 语言几乎已经应用到已知的各种主流领域,其生态圈包含了大量的免费第三方工具,甚至包括图形界面 GUI、游戏开发、嵌入式应用开发等。

1. 人工智能

利用大量的第三方库,各大 IT 公司开源工具包,Python 成为人工智能领域算法开发的主流语言,在人脸识别、图像与视频处理、语音识别、自然语言处理、数据挖掘、生物信息学等领域发挥着重要作用。Python 提供了丰富的免费开发工具,例如 GPU 与深度学习计算框架 Theano、TensorFlow、PyTorch、Keras 等,机器学习工具包 Scikit-Learn,自然语言处理工具 NLTK,中文分词工具 jieba 分词,词云图 wordcloud。

2. 科学计算

通过 NumPy、SciPy、matplotlib 等第三方库,Python 可以满足线性代数计算、矩阵计算、可视化分析等各种功能。与 MATLAB 语言相比,实现了 MATLAB 多数功能,且开源免费,更加适合科学计算与仿真研究。

3. 网络应用

基于 Python 提供的网络通信标准库,可以方便地实现各种网络通信,例如收发 E-mail、网络设备等资产的管理、端口扫描、网络爬虫等。大量的网络爬虫都是基于 Python 开发的。Scrapy 是一个常用的开源 Python 爬虫框架,可以方便地实现 Web 爬虫功能。网络爬虫已经成为各类大数据分析任务中数据采集的主要手段之一。

4. 数据分析与处理

数据分析任务包括对数据进行清洗、处理缺失值、规范化变换、统计分析与加工、可视化分析等。Python 提供了完善的方法和第三方库。Pandas 是一个基于 NumPy 二次开发的数据分析专用工具,以二维表格的形式组织管理数据。分析人员通过 Pandas 提供的数据结构和方法,只须简单地编码,即可执行数据分析中的各类任务。在金融领域,可以利用相关工具包实现股票等证券数据的获取、分析,以及实施量化交易等。

5. 办公自动化与运维

基于 Python 丰富的第三方库,可以方便地实现读写和管理 Word、Excel、PDF 文件,自动生成 Excel 图表,提高办公文档的处理效率;基于强大的数据库访问、网络通信功能,可以实现对大型网络中主机与设备的自动巡检、设备日志处理、故障自动报警等功能。

6. Web 开发

Python 语言提供了很多优秀的 Web 开发框架,例如 Django、Flask、Web2py、Tornado 等 Web 开源框架,可以快速搭建可用的 Web 服务。很多著名网站都是用 Python 开发的,例如国内的豆瓣、知乎,国外的 YouTube、Facebook 等。

7. 信息安全

加密解密、网络攻防等领域,有大量的工具都是使用 Python 开发的,例如著名的网络扫描工具 nmap,数据库注入工具 SQLmap。Python 已经成为国内外各类信息安全攻防夺旗赛(CTF)中参赛人员主要使用的脚本语言。

1.3.4 第一个 Python 程序

作为第一个 Python 程序,我们仅需几行代码,就可以实现一个数据交换和打印输出的程序,如例 1-1 所示。

【例 1-1】 第一个 Python 程序

```
""" 这是我的第一个 Python 程序 """
print("人生苦短,我用 Python。")
var1=1
var2=3.14
var1,var2=var2,var1 #变量交换
print('交换两个变量的值,结果是: ',var1,var2)
```

运行结果:

```
人生苦短,我用 Python。
交换两个变量的值,结果是: 3.14 1
```

本例中,第 1 行用一对三个双引号引起来的文字,是程序的注释说明,第 2 行打印输出一个字符串,第 3、4 行给两个变量赋值,第 5 行用一种非常符合自然思维习惯的方式,实现了两个变量数值交换,最后一行打印输出交换结果。这个例子中,最能体现"Python 是岸"特点,即显著减少编码量和复杂程度的,就是第 5 行代码,仅用一个等号,简洁明了地实现了两个变量的数值交换。

1.3.5 Python 程序运行方式

1. 交互式方式

我们可以在 UNIX、Linux 等提供了 shell 环境或者像 Windows 一样提供了命令行的任何操作系统中,通过执行 Python 命令,进入 Python 交互式解释环境,逐行编辑和运行 Python 代码。例如,在 Windows 系统里,进入命令行方式,可以通过选择"开始"→"Windows 系统"→"命令提示符"即可进入一个黑色背景的命令行窗口。更便捷的操作方式是,同时按 Windows 键和 R 键,启动"运行",在"运行"中输入 cmd,然后按 Enter 键,即弹出命令行工具。输入 python 后按 Enter 键,出现 Python 版本信息和">>>"提示符,此时即可输入 Python 代码了。

```
C:\Users\dell>python
>>>print('Hello world!')
```

运行结果:

```
Hello world!
```

另外,可以通过 IDEL 交互式运行 Python 程序。IDEL 是安装标准 Python 时系统自动安装的一个 Python shell 环境。例如,在"开始"中找到 Python→IDEL,启动 IDEL 后,在">>>"提示符后输入 print('Hello world!'),按 Enter 键,输出结果。

2. 独立文件方式

对于 Python 语言开发的软件,更一般的运行方式是以独立脚本文件的方式运行。

可以在 shell 环境或命令行下，输入命令 python 源程序名称.py。或者在集成开发环境（IDE）中，通过选择菜单，直接运行源程序。

1.3.6　Python 编码规范

1. 行与缩进

Python 允许多条语句写在同一行，需用";"分隔。为了清晰美观，Python 代码通常一行只放一条语句。

如果一行中代码太长，不方便编辑，可以利用反斜杠（\）将一行的语句分为多行编辑，方法是在行的末尾加上一个"\"符号，这样 Python 环境不会将其解释为多行。

```
long_string="这是一个很长的故事\
            ,被分成三行书写,\
打印时仍然是一行。"
print(long_string)
```

运行结果：

这是一个很长的故事　　　　　　　　,被分成三行书写,打印时仍然是一行。

若需要换行的语句是由［］，｛｝或（）括起来的数据结构，则不需要使用多行连接符（\），直接按 Enter 键换行即可。最常见的是列表类型，给列表变量赋值时代码跨行不需要用"\"：

```
dates=['Monday', 'Tuesday', 'Wednesday',
       'Thursday', 'Friday']
```

对于 Python 而言，代码缩进是一种语法，Python 采用代码缩进和冒号来区分代码之间的层次。其他语言一般采用｛｝或者 begin…end 分隔代码块。

注意，所有代码块语句缩进的空格数必须要保持一致，缩进的数量可以不固定，但同一层次的缩进必须一致。推荐以 4 个空格为一个层次的缩进单位，同层次要对齐：

```
if True:
    print("Yes!")          #缩进 4 个空格的占位
else:                      #必须与 if 对齐
    print("No!")           #缩进 4 个空格的占位
```

对 Python 代码的缩进要求要严格执行，否则，代码缩进不规范，就会抛出 SyntaxError 异常，如下面代码所示。注意，表示缩进的英文单词是 unindent。

```
if True:
    print("girl!")
else:
    print("boy!")
  print("end")
```

运行结果：

```
SyntaxError: unindent does not match any outer indentation level
```

注意，不推荐用 Tab 键缩进，因为不同编辑器中 Tab 缩进的长度可能不一致，Python 运行环境可能不能正确解析 Tab 的缩进，导致运行时抛出异常报错，错误提示位置指在缩进的空白处。特别是不要混合使用空格和 Tab 键缩进，否则 Python 抛出错误：

```python
if True:
    print("4 个空格缩进")
    print('Tab 键缩进')
```

运行结果：

```
    print('Tab 键缩进')
              ^
TabError: inconsistent use of tabs and spaces in indentation
```

2. 注释

在代码中尽可能多地添加注释，有利于阅读代码，是一种优秀的编程风格。Python 中的注释有单行注释和多行注释。当程序执行时，Python 解释器会忽略注释信息，不会运行它们。

Python 中单行注释以 # 开头。

```python
print("Hello, World!")      #这是一个注释
```

多行注释用三个单引号 ''' 或者三个双引号 """ 将注释括起来。

```python
'''
用三个单引号的多行注释
用三个单引号的多行注释
用三个单引号的多行注释
'''
print("Hello, World!")
```

三个引号引起来的内容，如果出现在模块开始之处，则可以作为模块的描述信息，通过模块字符串属性__doc__打印出来：

```python
"""
放在程序文件开始之处
这段信息是整个程序模块的说明文字__doc__
"""
print(__doc__)

def main():          #定义一个函数
    """ 这是 main 函数的说明文字 main.__doc__
    """
```

```
        print(main.__doc__)

main()                    #函数调用
```

运行结果：

放在程序文件开始之处。
这段信息是整个程序模块的说明文字__doc__

这是 main 函数的说明文字 main.__doc__

3. 代码规范

良好、专业的编程风格，不仅能够提高编程效率，减少编码犯错误的机会，而且容易让人阅读并理解，利于代码的维护和测试。特别是在团队开发中，或者在他人维护你写的代码时，好的编程风格能够让其他程序员方便地阅读和修改你的程序。

文档是与程序有关的解释性注释。正如在本章中看到的，良好的、必要的注释语句可以显著降低代码阅读难度。

变量命名遵循一定的规范，是代码规范中的一项重要要求。很多专业开发公司会有详细的编码规范要求。这里，我们给出一些简洁的建议。

首先，尽量避免用一个字母作变量名，尽量用有含义的单词或者拼音来命名。想象一下，编程考试时，需要阅读的代码没有任何注释说明，所有变量都是一个字母，不知道其意义和作用。那将是所有考生的噩梦。

变量、函数命名时，尽量小写，如有多个单词，用下画线隔开；面向对象编程时，类名首字母大写，其他小写；模块命名时尽量小写，首字母保持小写。

最后，学习一下 Tim Peters 倡议的 Python 的"蟒之禅"（The Zen of Python），可以体会一下编程大师返璞归真的风格。

查看"蟒之禅"的英文内容，非常简单，在 Python 交互式环境下，输入如下代码：

```
>>>import this
```

这里，我们列出"蟒之禅"的中文译文。

优美胜过丑陋
明确胜过含蓄
简单胜过复杂
复杂胜过难懂
扁平胜过嵌套
间隔胜过紧凑
可读性很重要
情况再特殊也不要违背这些规则
不要包容错误，除非你确定需要这样做
当存在多种可能，不要去猜
而是尽量找一种，最好是唯一一种显而易见的解决方案

虽然这并不容易,因为你不是那个荷兰人(指 Python 之父 Guido Van Rossum)

现在动手总比什么都不做好

虽然什么都不做经常比立刻动手好

如果你的实现方案很难解释,那肯定不是一个好方案

如果很容易解释,那也许是个不错的主意

命名空间是个绝妙的主意——要多加利用

工欲善其事必先利其器。在对 Python 程序有了基本认识后,我们需要掌握 Python 环境的安装配置,以及选择一个合适的集成开发工具软件,为编码和调试程序做好准备。

1.4 Python 开发环境与工具

1.4.1 Python 开发环境的安装

只有安装 Python 语言的解释环境后,才能运行 Python 程序。Python 是一种跨平台的编程语言,这意味着它能够运行在所有主流的操作系统中。在这一节中,学习如何在自己的系统中安装 Python 和运行 Python 程序。我们的基本任务是,首先安装 Python 环境,再安装配置一个合适的集成开发环境。

1. Python 的下载与安装

标准 Python 程序包可以从官方网站下载,地址为 https://www.python.org/,单击 Downloads 按钮,在如图 1-2 所示的页面中选择相应的版本。由于 Python 工作组已经宣布停止对 Python 2.7 的更新支持,所以推荐下载 3.x 系列的版本。根据计算机硬件配置和系统环境是否为 64 位,合理选择 32 位或 64 位 Python 3.x 下载。

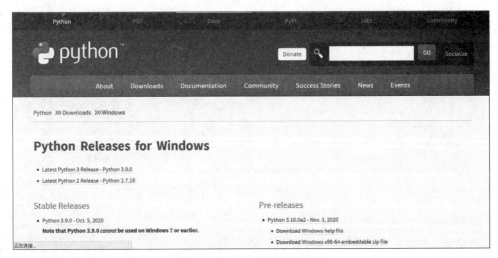

图 1-2　Python 官网下载页面

下载完成后，双击安装，出现如图 1-3 所示的界面。

图 1-3　Python 安装界面

建议初学者勾选"Add Python 3.x to PATH"复选框，选择定制安装"Customize installation"，然后单击 Next 按钮就可以看到如图 1-4 所示的界面。单击 Browse 按钮，选定一个文件夹，作为 Python 的安装路径，这里假设选择"E:\python"作为安装路径。

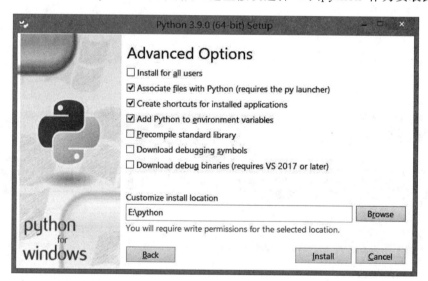

图 1-4　Python 安装路径选择界面

安装结束后可检查你的系统是否成功安装了 Python。打开一个命令行窗口，在终端窗口中输入 python 并按 Enter 键，若能显示 Python 版本信息，则说明你的系统安装了 Python。如果安装失败，或者没有正确配置环境变量，也可能会看到一条错误消息，提示 Python 是无法识别的命令。

如果出现失败信息，首先应检查环境变量配置，在环境变量中添加 Python 安装目录。在 Windows 桌面右击"计算机"，选择"属性"，然后在弹出的对话框中单击"高级系统设置"，选择"系统变量"窗口下面的 Path，双击即可，如图 1-5 所示。

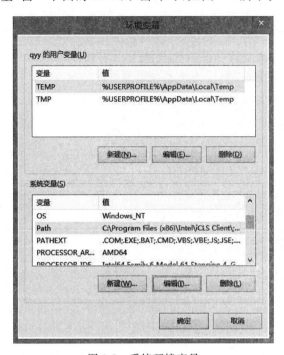

图 1-5　系统环境变量

然后在 Path 行，添加 python 安装路径即可，如图 1-6 所示。注意，路径直接用分号隔开；最后设置成功以后，在 cmd 命令行，输入命令"python"，就可以看到相关显示。

图 1-6　Python 环境变量配置界面

事实上，安装标准 Python 程序包，在开发中有很多不便。这是因为在标准 Python 程序包中，没有大量的第三方开发的工具库。开发人员往往需要单独安装需要的第三方库，并需要解决安装程序的下载、版本匹配和依赖关系，很可能导致环境配置失败。

2. Anaconda 的下载与安装

Anaconda 是一个集成了 Python 和大量第三方库的开源 Python 发行版本，解决了版本依赖和兼容问题，是很多开发人员的首选 Python 安装包。Anaconda 有免费的个人版和商业版。

Anaconda 具有如下优点。

（1）通过管理工具包、开发环境、Python 版本，简化了工作流程，不仅可以安装、更新、卸载工具包，而且安装时能自动安装相应的依赖包，同时还能创建、使用不同的虚拟环境来隔离不同要求的开发项目。

（2）适用于企业级大数据分析的 Python 工具，包含了 720 多个数据科学相关的开源包，涉及数据可视化、机器学习、深度学习等多方面。

Anaconda 下载地址：https://www.anaconda.com/products/individual，如图 1-7 所示。

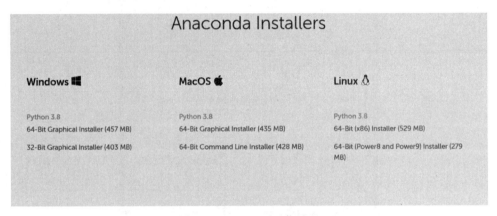

图 1-7　Anaconda 下载界面

根据计算机的系统选择相应的版本。下面以 64 位 Windows 操作系统为例，单击 64-Bit Graphical installer，下载安装包，下载完成后双击安装包，打开安装界面，然后选择 Next→I Agree，进入如图 1-8 所示的界面。无论选择 Just Me 还是 All Users 均可以。

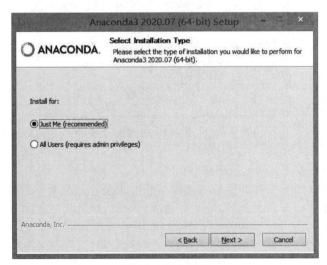

图 1-8　安装界面

可以自定义安装路径,路径建议使用英文,如图 1-9 所示。

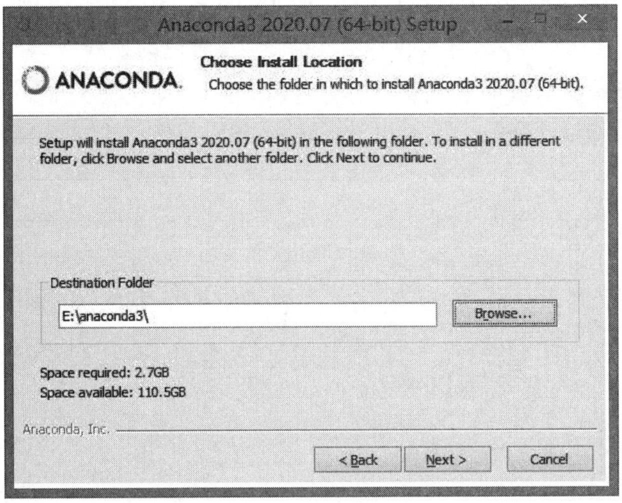

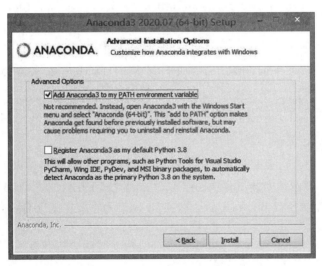

图 1-9　自定义安装路径

添加 Anaconda 到环境变量中,同时勾选 Add Anaconda3 to my PATH environment variable 和 Register Anaconda3 as my default Python 3.8,避免后期手工配置环境变量,如图 1-10 所示。

图 1-10　选择安装程序添加环境变量

安装完成后,会提示是否安装 Microsoft 的免费集成开发环境 VSCode,如果不需要,可以选择 Skip,单击 Finish 按钮即可。

3. pip 的使用

当发现 Python 环境缺少工具包,需要安装第三方库时,pip 是我们首选的安装工具。

pip 是一个 Python 包安装与管理工具,是 The Python Packaging Authority 推荐的 Python 包管理工具。而且从 Python 2.7.9 或 Python 3.4 开始,官网的安装包中已经自带了 pip。可以在命令行环境,直接执行 pip 命令,完成包的在线或离线安装。

(1)查询当前环境安装的所有软件包。

```
C:\Users\computer>pip list
Package                          Version
-----------------------------------------------------
alabaster                        0.7.12
anaconda-client                  1.7.2
anaconda-navigator               1.9.12
anaconda-project                 0.8.3
argh                             0.26.2
```

(2)在线安装工具包的命令格式。

```
pip install <package-name>
```

如果没有系统目录安装权限,特别是对于 UNIX 和 Linux 的普通用户,可以安装到当前用户自己的工作目录,命令格式为

```
pip install <package-name>--user
```

对于同时安装了 Python 2.7 和 Python 3.x 的系统,命令 pip3 是 Python 3.x 对应的安装工具。

特殊地,当需要安装某个特定版本的工具包时,可以指定版本号。例如,安装 MySQL 数据库接口的 PyMySQL,命令如下,本例中,PyMySQL 名称大小写均可。

```
pip install PyMySQL                        #在线安装最新版本
pip install pymysql==0.7.4                  #在线安装指定版本
```

(3)离线安装软件包。

在线安装下载超时,或者服务器不允许在线安装环境时,需要使用离线安装方式。首先,到 PyPI 网站,搜索欲安装工具包的名称,选择需要的版本,推荐下载编译好的二进制 whl 安装文件。在命令行下,用 cd 命令切换到 whl 文件所在的文件夹,然后执行 pip 命令,例如:

```
pip install PyMySQL-0.10.0-py2.py3-none-any.whl
```

(4)查看已安装工具包的详细文件信息。

```
pip show --files 安装包名
```

(5)检查需要更新的包。

```
pip list -outdate
```

（6）升级安装包。

```
pip install --upgrade 安装包名
```

（7）卸载安装包。

```
pip uninstall 安装包名
```

（8）查看 pip 帮助信息。

```
C:\Users\dell>pip -help
Usage:
  pip <command>[options]
Commands:
  install       Install packages.
  download      Download packages.
  uninstall     Uninstall packages.
  freeze        Output installed packages in requirements format.
  list          List installed packages.
  show          Show information about installed packages.
  check         Verify installed packages have compatible dependencies.
  config        Manage local and global configuration.
  search        Search PyPI for packages.
  cache         Inspect and manage pip's wheel cache.
  wheel         Build wheels from your requirements.
  hash          Compute hashes of package archives.
  completion    A helper command used for command completion.
  debug         Show information useful for debugging.
  help          Show help for commands.
```

1.4.2 集成开发环境

使用 IDLE 或者 Python Shell 来编写 Python，一般适用于临时使用的简单脚本，并不适合编写调试大型的开发项目。集成开发环境（Integrated Development Environment，IDE）是专用于软件开发的程序。IDE 集成了几款专门为软件开发而设计的工具。大部分的集成开发环境兼容多种编程语言并且包含更多功能，例如集成了代码编写、编译、调试、测试等功能。目前主流的 Python 集成开发环境有以下几种。

1. Pycharm

Pycharm 是由 JetBrains 打造的一款专业级 Python 集成开发工具，支持 Mac OS、Windows、Linux 等多种操作系统，提供了语法高亮、Project 管理、代码跳转、智能提示、自动完成、单元测试、版本控制等丰富的功能，提高了 Python 编码效率。Pycharm 分为付费的 Professional 版本和免费的 Community 版本两种，企业版集成了 Django Web 开发框架,可以快速创建 Web 项目,社区版则无此功能。作为专业开发工具,Pycharm 支持远程开发功能,可以在远程主机或虚拟机上运行、调试、测试和部署应用程序,包括远程 Python 解释器、集成可用于远程登录的 SSH 终端以及部署虚拟化环境的 Docker 和 Vagrant。

Pycharm 主界面如图 1-11 所示,其界面背景默认风格通常为暗色调。

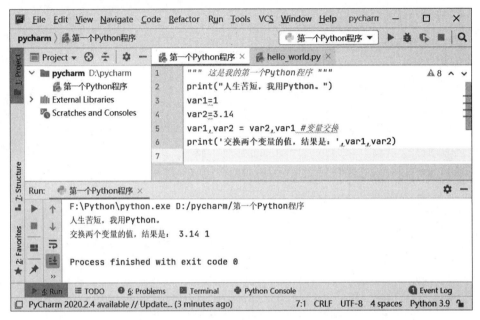

图 1-11　Pycharm 主界面

Pycharm 下载地址为 https://www.jetbrains.com/pycharm/download/。

Pycharm 的使用介绍如下。

(1) Python 解释器配置。当本机安装了多个版本的 Python,或者通过 Anaconda 安装的 Python,需要正确选择 Python 解释器。

以主机安装的是 Anaconda 为例。在 Pycharm 主菜单中选择 File→Settings→Project→Python Interpreter,如果未设置好 Python 解释器,则右侧窗口空白,需要在窗口右侧上方单击"齿轮"图标,然后选择 Add→System Interpreter,在右侧选择 Anaconda 的正确安装路径,最后单击 OK 按钮,配置成功后右侧窗口将显示 Anaconda 里安装的 Package 列表,如图 1-12 所示。

(2) 外观主题设置。选择 File→Settings→Appearance,在右侧 Theme 的下拉框中选择自己喜欢的外观主题,如图 1-13 所示。

(3) 创建项目。大型软件通常包含多个源程序和其他资源,为方便管理,通常以项目的形式组织各文件。启动 Pycharm 后,可创建一个新的项目。根据需要,可以为一个项目添加需要的文件资源。操作方法是右击 Project,然后选择 New→Python File,选择新增一个 Python 源程序文件,在弹出的对话框中输入文件名,按 Enter 键,成功为项目添加一个文件,如图 1-14 所示。

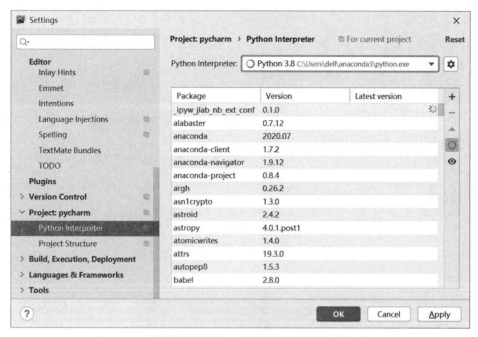

图 1-12　Pycharm 解释器环境配置

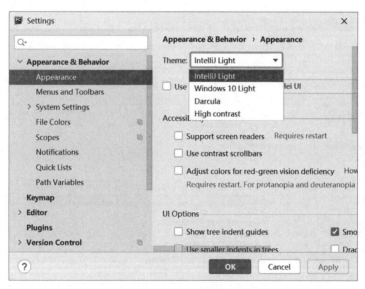

图 1-13　外观主题设置

（4）编码配置。为确保项目中程序文件可以正常显示中文，可以明确设置文件的文字编码为 UTF-8。操作方法是选择 File→Setting→Editor→File Encoding，进入编码设置。在 IDE Encoding、Project Encoding、Property Files 三处都使用 UTF-8 编码，在文件头中添加 #-*- coding：utf-8 -* 代码，如图 1-15 所示。

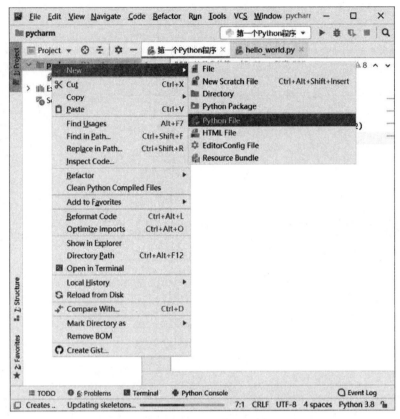

图 1-14　为项目添加文件

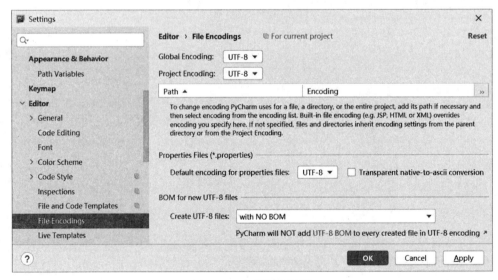

图 1-15　文字编码设置

（5）断点调试。设置断点，是调试单进程程序的重要手段。首先确定需要暂停运行的代码行，用鼠标单击该行代码左侧边框，出现一个橘色的小圆点，即为断点。以调试方式执行代码，操作方法是单击工具栏中绿色的"甲虫"图标或者右击页面，选择 Debug。接下来单步执行，单击 Step Into 按钮或者按 F7 键，查看运行状态，如图 1-16 所示。

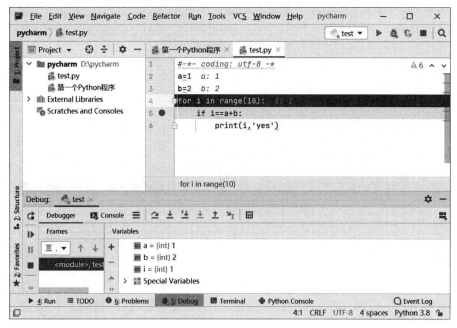

图 1-16　设置断点

2. VSCode

VSCode(Visual Studio Code)是微软推出的一款轻量级、免费的、兼容 Linux、Mac OS X 和 Windows 平台的全功能代码编辑器，采取了和 VS 相同的 UI 界面，搭配合适的插件，可以大幅提升前端开发的效率。在 VSCode 中安装 Python 支持插件非常简单，单击"扩展"按钮，在搜索框中输入 Python，在搜索到的 Python 信息下方单击"安装"按钮，必要的时候重新启动，VSCode 就会自动识别 Python 和安装的库。VSCode 同样支持远程开发。

VSCode 的界面分布如图 1-17 所示。

（1）布局。左侧是用于展示所要编辑的所有文件和文件夹的文件管理器，依次是资源管理器、搜索、GIT、调试、插件。右侧是文件的编辑区域，最多可同时打开 3 个编辑区域。

（2）底栏。依次是 Git Branch、error&warning、编码格式、换行符、文件类型等。

（3）主命令框。按 F1 键或 Ctrl＋Shift＋P 键：打开命令面板。在打开的输入框内，可以输入任何命令，按 Backspace 键进入 Ctrl＋P 模式；在 Ctrl＋P 模式下输入＞可进入 Ctrl＋Shift＋P 模式等。

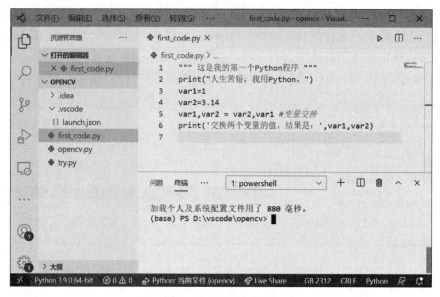

图 1-17　VSCode 界面

3. PyScripter

PyScripter 是一个用 Delphi 开发的开源、免费、轻量级集成开发环境,安装文件仅几十兆字节。该软件具有语法高亮、语法自动补全、文法检查、断点调试等 IDE 常用功能,在界面下方提供了 Python 交互式运行环境。我们可以从 github 网站下载 PyScripter 的源代码项目,也可以从 https://sourceforge.net/projects/pyscripter/下载安装文件。

PyScripter 的使用非常简单,不用做任何复杂设置就可以流畅使用,适合初学者和小型软件项目的开发。

PyScripter 的界面如图 1-18 所示。

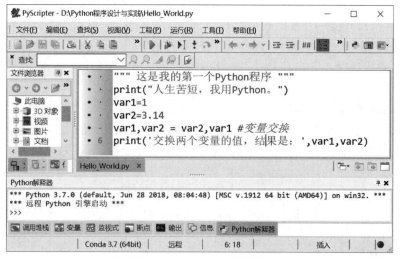

图 1-18　PyScripter 主界面

1.4.3　用 Jupyter Notebook 分享代码

Jupyter Notebook 是一款基于 Web 的可交互式执行代码，记录运行结果和学习笔记的平台软件，被很多编程爱好者用作在线交流和学习的工具软件，可支持运行 40 多种编程语言。

简而言之，Jupyter Notebook 是以网页的形式打开，可以在网页页面中直接编写代码并运行，代码的运行结果也会直接在代码块下显示并保存在页面。它可以基于 Markdown 文法格式，对编写的代码记录学习心得，添加必要的注释。

Jupyter Notebook 还支持远程登录和代码远程执行。这意味着，本地无须配置 Python 环境，可以通过 Web 页面，让代码在远程服务器上执行。

Jupyter Notebook 浏览器界面如图 1-19 所示。

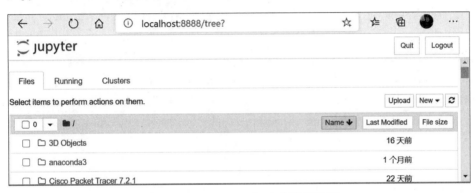

图 1-19　Jupyter Notebook 浏览器界面

1. Jupyter Notebook 的优点

（1）适合数据分析：数据分析任务通常存在很多不确定性，需要交互式地进行很多探索任务，Jupyter Notebook 提供了代码单元格，可以逐单元格地执行代码，观察运行结果。

（2）支持多语言：通过安装各个语言相对应的核（kernel），可以使用多语言进行开发。

（3）分享便捷：支持以网页的形式分享，也支持导出成 HTML、Markdown、PDF 等多种格式的文档。

（4）远程运行：在任何地点都可以通过网络链接远程服务器来实现运算。

（5）交互式展现：不仅可以输出图片、视频、数学公式，还可以呈现多种可视化内容。

常见的一些 Jupyter Notebook 高级应用有数学公式编辑、幻灯片制作、魔术关键字等。

2. Jupyter Notebook 的安装与启动

在安装 Anaconda 时，Jupyter Notebook 已经被一起打包安装。如果需要单独安装，可以执行命令 pip install jupyter 在线安装。

启动方式有以下两种。

(1) 如果安装了 Anaconda，可以直接在 Anaconda 的菜单中打开 Jupyter Notebook。

(2) 通用的启动方式是，在命令行下，执行命令 jupyter notebook 即可。

启动时，Jupyter Notebook 将自动在本机创建一个 Web 服务器，默认工作端口为8888，会打开默认浏览器，显示一个 Web 页面，浏览器的地址栏会显示：http://localhost:8888/tree。

当一次打开多个 Jupyter Notebook 时，端口号会从 8888 开始依次递增，例如8889，8890。

Jupyter Notebook 默认工作路径为当前用户的用户目录，在 Windows 下即 C:\Users\用户名。

如需修改默认路径，可执行命令 jupyter notebook --generate-config，该命令将在 C:\Users\用户名\.jupyter 下创建配置文件 jupyter_notebook_config.py，修改该文件中的选项可改变 Jupyter Notebook 的行为。例如，需要修改默认路径为 C:\demo，在配置文件中搜索 c.NotebookApp.notebook_dir，删除该行的注释符号 #，填写希望的路径 C:\demo即可。

```
## The directory to use for notebook and kernels.
c.NotebookApp.notebook_dir=' C:\demo '
```

重启 Jupyter Notebook。

注意，关闭 Jupyter Notebook 的 Web 页面，并没有真正停止 Jupyter Notebook，应该在执行了启动命令 jupyter notebook 的命令行环境下，按 Ctrl+C 组合键，才能停止 Jupyter Notebook 的运行。

3. Jupyter Notebook 的简单使用

当 Jupyter Notebook 浏览器界面启动后，可单击右侧按钮 New，此时可创建任何一个需要的 Notebook 类型。若需要创建 Python 笔记，则单击 Python 3，完成 Python notebook 的新建，开始在线编程。

也可在主界面上，找到以前保存的笔记文件(扩展名为 ipynb)，单击打开。

执行代码：执行一个单元格(cell)里的代码，可以单击"运行"按钮，也可单击单元格左侧的三角形符号，或者使用组合键 Shift+Enter(执行本单元格代码，并切换到下一个单元格)或者使用组合键 Ctrl+Enter(执行代码后仍停留在本单元格)。

新增单元格：单击工具栏上的+按钮，或者先按 Esc 键确认离开单元格编辑状态，再按 A 键，在当前单元格上方新增单元格，或者按 B 键，在下方插入一个单元格。

删除单元格：菜单里的 Edit 可以删除。更方便的方式是，先按 Esc 键，再按两次字母 D。

编辑笔记：若需把当前单元格类型修改为 MarkDown 类型，方法是，单击"代码"字样的下拉框，选择"标记"；或者退出单元格编辑状态，按字母 M，即可完成类型切换。然后按照 MarkDown 语法编辑笔记即可。

简单的方法还有，按 1 或者在单元格内输入一个 ♯ 和空格，以标题 1 的格式编辑文本，然后执行该单元格。按 2 或 3，则设为标题 2 或标题 3 格式。输入 * 和空格，则设为子标题格式。

4. Jupyter Notebook 的组合键

Jupyter Notebook 具有许多简单的组合键，帮助我们更加方便快速地进行编辑。
详细的快捷方式如表 1-1 和表 1-2 所示。

表 1-1　命令模式组合键（按 Esc 键开启）

组　合　键	作　　　用	说　　　明
Enter	转入编辑模式	
Shift＋Enter	运行本单元，选中下个单元	新单元默认为命令模式
Ctrl＋Enter	运行本单元	
Alt＋Enter	运行本单元，在其下插入新单元	
Y	单元转入代码状态	
M	单元转入 markdown 状态	
R	单元转入 raw 状态	
1	设定 1 级标题	仅在 markdown 状态下建议使用标题组合键，如果单元处于其他状态，则会强制切换到 markdown 状态
2	设定 2 级标题	
3	设定 3 级标题	
PgUp/K	选中上方单元	
PgDn/J	选中下方单元	
Shift＋K	连续选择上方单元	
Shift＋J	连续选择下方单元	
A	在上方插入新单元	
B	在下方插入新单元	
X	剪切选中的单元	
C	复制选中的单元	
Shift＋V	粘贴到上方单元	

组　合　键	作　　用	说　　明
V	粘贴到下方单元	
Z	恢复删除的最后一个单元	
D＋D	删除选中的单元	连续按两次 D 键
Shift＋M	合并选中的单元	
Ctrl＋S/S	保存当前 NoteBook	
L	开关行号	编辑框的行号是可以开启和关闭的
O	转换输出	
Shift＋O	转换输出滚动	
Esc	切换至命令模式	
Q	关闭页面	
H	显示组合键帮助	
I＋I	中断 NoteBook 内核	
0＋0	重启 NoteBook	
Shift＋Space	向上滚动	
Space	向下滚动	

表 1-2　编辑模式组合键（按 Enter 键启动）

组　合　键	作　　用	说　　明
Tab	代码补全或缩进	
Shift＋Tab	提示	输出帮助信息，部分函数、类、方法等会显示其定义原型，如果在其后加，再运行会显示更加详细的帮助
Ctrl＋]	缩进	向右缩进
Ctrl＋[	解除缩进	向左缩进
Ctrl＋A	全选	
Ctrl＋Z	撤销	
Ctrl＋Y	重做	
Ctrl＋Home/Ctrl＋PgUp	跳到单元开头	
Ctrl＋End/Ctrl＋PgDn	跳到单元末尾	
Ctrl＋Backspace	删除前面一个字	
Ctrl＋Delete	删除后面一个字	
Ctrl＋M	切换到命令模式	

组 合 键	作 用	说 明
Shift+Enter	运行本单元,选中下一单元	新单元默认为命令模式
Ctrl+Enter	运行本单元	
Alt+Enter	运行本单元,在下面插入一单元	新单元默认为编辑模式
Ctrl+Shift+Subtract	分割单元	按光标所在行进行分割
Ctrl+S	保存当前 NoteBook	
PgUp	光标上移或转入上移单元	
PgDn	光标下移或转入下移单元	
Ctrl+/	注释整行或撤销注释	仅代码状态有效

小　结

本章主要讲述高级语言的相关知识,Python 的解释执行方式,Python 的诞生与发展历史,Python 语言的特点,Python 的应用领域,Python 的开发环境及安装配置。通过本章的学习,读者应对 Python 生态圈有较为全面的了解,能掌握常用开发工具的使用,为下一步学习编程开发做好准备。

习　题

1. 为什么 Python 代码不需要编译,运行 Python 代码需要什么环境?

2. Python 程序为什么能够无须转换直接在不同操作系统下运行?

3. Python 的一个特点是可以跨操作系统平台运行,列举可以跨平台运行的编程语言。

4. Python 2.7 的代码能直接在 Python 3.x 下运行吗?两个版本有哪些区别?

5. 编码规范上,Python 不允许混用空格和 Tab 键来缩进代码,否则会造成什么结果?

6. Python 可以和 Java、C/C++、MATLAB 等编程语言互相调用吗?如果能调用,需要什么条件?

7. Python 程序可以被编译为可执行的二进制文件吗?有什么方法可以保护 Python 源代码?

8. 举例说明 Python 下在线安装第三方工具包和离线安装工具包的方法。

9. 如果要做自然语言处理的分析工作,例如绘制词云图,有哪些 Python 工具可供使用?

10. 列举人工智能领域常用的 Python 工具包。

第2章

基本数据类型

2.1 导　　学

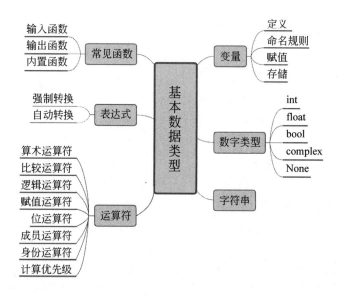

学习目标：

- 了解 Python 解释执行的基本过程、特点。
- 了解 Python 语言发展历史与版本变迁过程。
- 掌握标识符命名规范。
- 熟悉各种运算符的使用。
- 熟悉使用运算符构造表达式。
- 了解常见的数学、时间函数。

第1章已经成功创建了自己的第一个 Python 项目，但是它非常简单。实际上，Python 能做的事情很多，它擅长的领域包括数据分析和科学计算，而执行这类任务离不开各种数据和数学操作。在本章中会介绍在 Python 程序中使用的各种数据，如何将数据存储到变量中，以及如何在程序中使用这些变量。

另外,本章讨论如何使用变量和运算符来组建表达式及各种运算符被使用到表达式中来完成复杂的计算。

最后,还介绍了常见的输入函数和输出函数,以及其他内置函数。这些函数的使用使程序更加具有交互性。

2.2 变　　量

2.2.1　变量的定义

为什么在编程中需要引入变量呢？小时候大家学习计算的时候,如计算一个整数的平方值,可以这样表达：$36=6^2$。这里的 36 和 6 称为字面量,它们不会变化,所以只能表达众多映射关系中的一个映射。如果将这种关系泛化,就能得到方程：$y=x^2$。实际上这里的 y 和 x 称为变量,数学上 x 称为自变量,y 称为因变量。在编程中,变量的含义和数学上的含义没有本质区别。使用变量而不是具体值来表示数据主要有三个方面的好处。

首先,数据经常发生变化,如年龄。变量的值就可以根据年龄随时改变。例如：

```
age=13
age=14
```

其次,通过变量的规范命名,在阅读代码时更容易让人记住并理解变量值的意义。比较下例中两次输出的代码：

```
print(25000-4000-1000-800)

income=25000            #工资收入
rent_cost=4000          #房租
meals_cost=1000         #伙食费
other_cost=800          #其他费用

print(income-rent_cost-meals_cost-other_cost)
```

显而易见,后一种方式读起来更加容易让人理解。

最后,如果程序中多次用到某个变量值,修改的时候可以使用到该变量的地方都会修改,大大方便了编程。

变量相当于一个贴着标签的盒子,里面放着一个可以使用任意类型的值。标签名称不变,但盒子里面的值会发生变化。

变量就是存储在内存中的值。这就意味着在创建变量时会在内存中开辟一个空间。基于变量的数据类型,解释器会分配指定内存,并决定什么数据可以被存储在内存中。因此,变量可以指定不同的数据类型,这些变量可以存储整数、小数或字符。

下面尝试在 hello_world.py 中使用一个变量。在这个文件开头添加一行代码,并对

第 2 行代码进行修改,示例如下:

```
message="Hello Python world!"
print(message)
```

运行这个程序,看看结果如何。自然,输出与以前相同:

```
Hello Python world!
```

从上例可以看到,定义了一个名为 message 的变量。每个变量都存储了一个值——与变量相关联的信息。

在这里,存储的值为文本"Hello Python world!"。

添加变量导致 Python 解释器需要做更多工作。处理第 1 行代码时,它将文本"Hello Python world!"与变量 message 关联起来;而处理第 2 行代码时,它将与变量 message 关联的值打印到屏幕。

下面进一步扩展这个程序:修改 hello_world.py,使其再打印一条消息。为此,在 hello_world.py 中添加一个空行,再添加下面两行代码:

```
message="Hello Python world!"
print(message)
message="Hello Python Crash Course world!"
print(message)
```

现在如果运行这个程序,将看到两行输出:

```
Hello Python world!
Hello Python Crash Course world!
```

在程序中可随时修改变量的值,而 Python 将始终记录变量的最新值。

2.2.2　变量命名规则

在 Python 中使用变量时,需要遵守一些规则和规范。违反这些规则将引发错误,而规范旨在让编写的代码更容易阅读和理解。请务必牢记下述有关变量的规则。

(1)变量名只能包含字母、数字和下画线。变量名可以以字母或下画线打头,但不能以数字打头,例如,可将变量命名为 message_1,但不能将其命名为 1_message。

(2)变量名不能包含空格,但可使用下画线来分隔其中的单词。例如,变量名 greeting _message 可行,但变量名 greeting message 会引发错误。

(3)不要将 Python 关键字和函数名用作变量名,即不要使用 Python 保留用于特殊用途的单词。

(4)变量名应既简短又具有描述性。例如,name 比 n 好,student_name 比 s_n 好,name_length 比 length_of_persons_name 好。

(5)慎用小写字母 l 和大写字母 O,因为它们可能被错看成数字 1 和 0。

就目前而言,应使用小写的 Python 变量名。在变量名中使用大写字母虽然不会导致错误,但应尽量避免使用大写字母。

　　要创建良好的变量名,需要经过一定的实践,在程序复杂而有趣时尤其如此。随着编写的程序越来越多,并开始阅读他人编写的代码,将越来越善于创建有意义的变量名。

　　程序员都会犯错,而且大多数程序员每天都会犯错。虽然优秀的程序员也会犯错,但同时也知道如何高效地消除错误。下面列举一种较易犯的错误,并学习如何消除它。

　　下面的代码中,输出了变量 message 的值,但不小心输错了变量的名称。

```
message="Hello Python Crash Course reader!"
print(mesage)
```

　　程序存在错误时,Python 解释器将竭尽所能地帮助各位找出问题所在。程序无法成功运行时,解释器会提供一个 traceback。traceback 是一条记录,指出了解释器尝试运行代码时,在什么地方陷入了困境。下面是编程者错误地拼写了变量名时,Python 解释器提供的 traceback:

```
Traceback (most recent call last):
  File "D:\PythonCode\PSLectures\hello_world.py", line 2, in <module>
    print(mesage)
NameError: name 'mesage' is not defined
```

　　解释器指出,文件 hello_world.py 的第 2 行存在错误;它列出了这行代码,旨在帮助编程者快速找出错误;它还指出了发现的是什么样的错误。在这里,解释器发现了一个名称错误,并指出打印的变量 mesage 未定义:Python 无法识别编程者提供的变量名。名称错误通常意味着两种情况:一是使用变量前忘记了给它赋值,二是输入变量名时拼写不正确。

　　在这个示例中,第 2 行的变量名 message 中遗漏了字母 s。Python 解释器不会对代码做拼写检查,但要求变量名的拼写一致。例如,如果在代码的另一个地方也将 message 错误地拼写成了 mesage,结果将如何呢?

```
mesage="Hello Python Crash Course reader!"
print(mesage)
```

　　在这种情况下,程序将成功地运行,运行结果:

```
Hello Python Crash Course reader!
```

　　计算机一丝不苟,但不关心拼写是否正确。因此,创建变量名和编写代码时,大家不用太过在意英语中的拼写和语法规则。

2.2.3　关键字

　　关键字,又称保留字,编程者不能把它们用作任何标识符名称。Python 的标准库提供了一个 keyword 模块,可以输出当前版本的所有关键字:

```
import keyword
```

```
print(keyword.kwlist)
```

运行结果：

```
['False', 'None', 'True', 'and', 'as', 'assert', 'async', 'await', 'break',
'class', 'continue', 'def', 'del', 'elif', 'else', 'except', 'finally', 'for',
'from', 'global', 'if', 'import', 'in', 'is', 'lambda', 'nonlocal', 'not', 'or',
'pass', 'raise', 'return', 'try', 'while', 'with', 'yield']
```

没有必要去记住这些关键字，不小心使用这些关键字作为变量名，编程工具会指出错误。另外，伴随着 Python 的学习过程，这些关键字自然就会慢慢被大家记住。

2.2.4 变量赋值

Python 中的变量赋值不需要类型声明。每个变量在内存中创建，都包括变量的标识、名称和数据这些信息。每个变量在使用前都必须赋值，语法如下：

```
var=value
```

变量赋值以后该变量才会被创建。如下面的 counter 没有赋值就使用：

```
print(counter)
```

Python 会输出以下错误信息：

```
NameError: name 'counter' is not defined
```

等号（=）用来给变量赋值。等号运算符左边是一个变量名，等号运算符右边是存储在变量中的值。例如：

```
counter=100          #赋值整型变量
miles=1000.0         #浮点型
name="John"          #字符串

print(counter)
print(miles)
print(name)
```

以上示例中，100，1000.0 和"John"分别赋值给 counter，miles，name 变量。执行以上程序会输出如下结果：

```
100
1000.0
John
```

Python 允许编程者同时为多个变量赋值。例如：

```
a=b=c=1
```

以上示例,创建一个整型对象,值为1,3个变量被分配到相同的内存空间上,也可以为多个对象指定多个变量。例如:

```
a, b, c=1, 2, "john"
```

以上示例,两个整型对象1和2分别分配给变量a和b,字符串对象"john"分配给变量c。编程者可以使用del语句删除一些对象引用。del语句的语法是

```
del var1[,var2[,var3[...,varN]]]
```

编程者可以通过使用del语句删除单个或多个对象。例如:

```
a=32
del a
print(a)
```

运行结果:

```
NameError: name 'a' is not defined
```

2.2.5 变量的存储

对于Python而言,一切变量都需要存储。变量的存储,采用了引用语义的方式,存储的只是一个变量的值所在的内存地址,而不是这个变量值本身。语言的语义有如下两种形式。

(1) 引用语义。在Python中,变量保存的是对象(值)的引用,称为引用语义。采用这种方式,变量所需的存储空间大小一致,因为变量只是保存了一个引用。它也被称为对象语义和指针语义。

(2) 值语义。有些语言采用的不是这种方式,它们把变量的值直接保存在变量的存储区里,这种方式被称为值语义,例如C语言,采用这种存储方式,每一个变量在内存中所占的空间就要根据变量实际的大小而定,无法固定下来。

由于Python中的变量都是采用的引用语义,数据结构可以包含基础数据类型,导致在Python中每个变量都存储了这个变量的地址,而不是值本身;对于复杂的数据结构来说,里面存储的也只是每个元素的地址而已,下面给出基础类型和数据结构类型变量重新赋值的存储变化。

id()函数可以显示一个变量在内存中的地址,示例如下:

```
a=123
print(id(a))
a=456
print(id(a))
```

运行结果:

```
140714132619920
```

2971309372848

Python 中以数据为主，当给变量 a 赋值 123 后，再给 a 变量赋值 456，不是说 456 这个数据把 123 这个数据给覆盖了，而是 123 和 456 在两个不同的内存空间上，只是把 a 这个变量名从 123 上移到了 456 上，如图 2-1 所示。

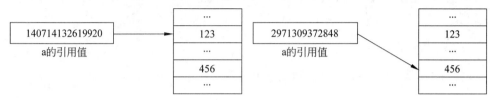

图 2-1　数据的存储

同一个地址空间可以有两个变量名，甚至多个变量名，例如：

```
a=123
print(id(a))
b=123
print(id(b))
a=456
print(id(a))
b=456
print(id(b))
```

运行结果：

```
140714132619920
140714132619920
2862969451952
2862969451952
```

上面的程序中，123 这个数据的引用值是不变的，这就是为什么把 123 赋给 b 之后，b 的引用值和原来一样的原因，如图 2-2 所示。

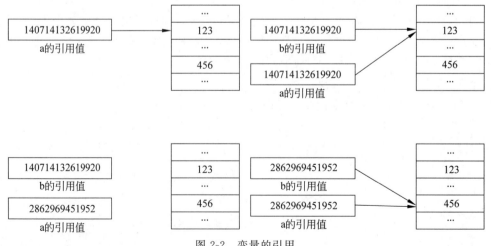

图 2-2　变量的引用

现在思考一个问题,如何实现两个变量值的互换?可以这么写:

```
a=123
b=456
c=a
a=b
b=c
print(a)
print(b)
```

运行结果:

```
456
123
```

结果表明成功实现了两个值的互换,那么内存中发生了什么呢?数据的交换如图 2-3 所示。

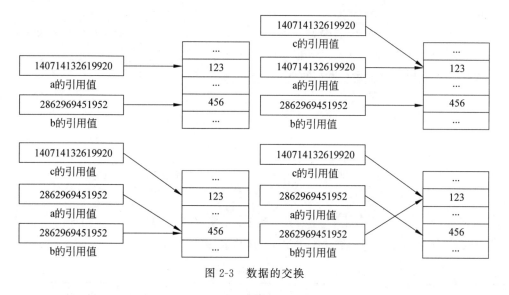

图 2-3 数据的交换

实际上,Python 语言支持一种更方便的交换形式,示例如下:

```
a=123
b=456
a,b=b,a
print(a)
print(b)
```

运行结果:

```
456
123
```

这种方式简单方便,推荐大家使用。

目前为止，编程示例中都是使用的一种数字类型：整型。实际上，除了整型之外还有其他数字类型，2.3 节将介绍常见的数字类型。

2.3　数 字 类 型

Python 3 中的数字类型包括 int（整型）、float（浮点型）、bool（布尔型）、complex（复数）、None（空值）这几种。在 Python 3 中，只有一种整数类型 int，表示为长整型，没有 Python 2 中的 Long。像大多数语言一样，数值类型的赋值和计算都是很直观的。内置的 type() 函数可以用来查询变量所指的对象类型。下面给出这几种数字类型和 type() 函数的用法：

```
a, b, c, d=20, 5.5, True, 4+3j
print(type(a), type(b), type(c), type(d))
```

运行结果：

```
<class 'int'><class 'float'><class 'bool'><class 'complex'>
```

此外还可以用 isinstance 来判断：

```
a=111
b=isinstance(a, int)
print(b)
```

运行结果：

```
True
```

需要指出的是，Python 3 中，把 True 和 False 定义成关键字了，它们的值实际上是 1 和 0，它们可以和数字相加。表 2-1 给出了一些数字类型的示例。

表 2-1　数字实例

int	float	complex
10	0.0	3.14j
100	15.20	45.j
−786	−21.9	9.322e−36j
080	32.3e+18	.876j
−0490	−90.	−.6545+0J
−0x260	−32.54e100	3e+26J
0x69	70.2E−12	4.53e−7j

2.3.1　int

Python 可以处理任意大小的整数,当然包括负整数,在程序中的表示方法和数学上的写法一模一样,例如:1,100,−8080,0 等。

在学习本课程之前,应该了解一个数的表示方式有几种常见的进制表示方式,它们分别是二进制、八进制、十进制和十六进制。

计算机存储数据使用的是二进制,二进制只有 0 和 1,Python 中表达二进制使用了前缀 0b 或者 0B。为了方便程序员的书写,使用八进制将三位二进制位简编成一位,基数范围是 0~7,表达八进制使用前缀 0o 或者 0O。十六进制是将四位二进制简编成一位,所以基数范围是 0~9 以及 A~F 或者 a~f,表达十六进制使用前缀 0x 或者 0X。十进制开头没有特殊前缀。示例如下:

```
a=18
b=0b110011
c=0o54
d=0xe4
print(a)
print(b)
print(c)
print(d)
```

运行结果:

```
18
51
44
228
```

2.3.2　float

浮点数也就是小数,之所以称为浮点数,是因为按照科学记数法表示时,一个浮点数的小数点位置是可变的,如 1.23×10^9 和 12.3×10^8 是完全相等的。

浮点数可以用数学写法,如 1.23,3.14,−9.01 等。但是对于很大或很小的浮点数,就必须用科学记数法表示,把 10 用 e 替代,1.23×10^9 就是 $1.23e^9$,或者 $12.3e^8$,0.000012 可以写成 $1.2e^{-5}$,等等。

整数和浮点数在计算机内部存储的方式是不同的,整数运算永远是精确的(包括除法),而浮点数运算则可能会有四舍五入的误差。

2.3.3　bool

在 Python 中,可以直接用 True、False 表示布尔值(请注意大小写),也可以通过布尔运算计算出来。

在 Python 中,None、任何数值类型中的 0、空字符串"" ""、空元组()、空列表[]、空字典{}都被当作 False,还有自定义类型,如果实现了__nonzero__()或__len__()方法且返回 0 或 False,则其示例也被当作 False,其他对象均为 True。

2.3.4 complex

复数由实数部分和虚数部分构成,可以用 a+bj 或者 complex(a,b)表示,复数的实部 a 和虚部 b 都是浮点型,如 3e+26j。

2.3.5 None

空值是 Python 里一个特殊的值,用 None 表示。None 不能理解为 0,因为 0 是有意义的,而 None 是一个特殊的空值。

需要注意的是,None 是一个特殊的常量。None 和 False 不同。None 不是 0,也不是空字符串。None 和任何其他的数据类型比较永远返回 False。None 有自己的数据类型 NoneType。

编程者可以将 None 赋值给任何变量,但是不能创建其他 NoneType 对象。

```
a=None
print(a)
```

输出:

```
None
```

2.4　字符串类型

大多数程序都定义并收集某种数据,之后使用它们来做些有意义的事情。鉴于此,对数据进行分类大有裨益。本书介绍的第一种数据类型是字符串。字符串虽然看似简单,但能够以多种不同的方式使用它们。

字符串就是一系列字符。在 Python 中,用引号括起的都是字符串,其中的引号可以是单引号,也可以是双引号,示例如下:

```
"This is a string."
'This is also a string.'
```

这种灵活性让编程者能够在字符串中包含引号和撇号:

```
'I told my friend, "Python is my favorite language!"'
"The language 'Python' is named after Monty Python, not the snake."
```

"One of Python's strengths is its diverse and supportive community."

Python 不支持单字符类型,单字符在 Python 中也是作为一个字符串使用。字符串在第 3 章具体讲解,这里不做重点介绍。

2.5 运算符与表达式

2.5.1 运算符

本节主要说明 Python 的运算符。举个简单的例子 4+5=9。例子中,4 和 5 称为操作数,+称为运算符。

Python 语言支持以下类型的运算符:

(1) 算术运算符;

(2) 比较(关系)运算符;

(3) 赋值运算符;

(4) 逻辑运算符;

(5) 位运算符;

(6) 成员运算符;

(7) 身份运算符。

下面具体介绍这 7 种常见的 Python 运算符及运算符的优先级。

1. 算术运算符

假设变量 a 为 10,变量 b 为 21,表 2-2 给出了各种算术运算符的描述和计算实例。

表 2-2　算术运算符

运算符	描　　述	实　　例
+	加,即两个对象相加	a+b;输出结果 31
−	减,即得到负数或是一个数减去另一个数	a−;输出结果 −11
*	乘,即两个数相乘或是返回一个被重复若干次的字符串	a * b;输出结果 210
/	除,即 a 除以 b	b/a;输出结果 2.1
%	取模,即返回除法的余数	b%a;输出结果 1
**	幂,即返回 a 的 b 次幂	a**b;为 10 的 21 次方
//	取整除,即向下取接近除数的整数	9//2 结果为 4; −9//2 结果为−5

例 2-1 演示 Python 所有算术运算符的操作。

【例 2-1】 算术运算

```
#!/usr/bin/python3
a=21
b=10
c=0
c=a+b
print ("1-c 的值为：", c)

c=a-b
print ("2-c 的值为：", c)

c=a*b
print ("3-c 的值为：", c)

c=a / b
print ("4-c 的值为：", c)

c=a % b
print ("5-c 的值为：", c)

#修改变量 a、b、c
a=2
b=3
c=a**b
print ("6-c 的值为：", c)

a=10
b=5
c=a//b
print ("7-c 的值为：", c)
```

运行结果：

```
1-c 的值为：31
2-c 的值为：11
3-c 的值为：210
4-c 的值为：2.1
5-c 的值为：1
6-c 的值为：8
7-c 的值为：2
```

2. 比较运算符

假设变量 a 为 10，变量 b 为 21，表 2-3 给出了各种比较运算符的描述和计算实例。

表 2-3　比较运算符

运算符	描　述	实　例
==	等于,即比较对象是否相等	(a==b),返回 False
!=	不等于,即比较两个对象是否不相等	(a !=b),返回 True
>	大于,即返回 a 是否大于 b	(a>b),返回 False
<	小于,即返回 a 是否小于 b。所有比较运算符返回 1 表示真,返回 0 表示假。这分别与特殊的变量 True 和 False 等价。注意,这些变量名须大写	(a<b),返回 True
>=	大于或等于,即返回 a 是否大于或等于 b	(a>=b),返回 False
<=	小于或等于,即返回 a 是否小于或等于 b	(a<=b),返回 True

例 2-2 演示了 Python 所有比较运算符的操作。

【例 2-2】　比较运算

```python
#!/usr/bin/python3

a=21
b=10
c=0

print(a==b)
print(a !=b)
print(a<b)
print(a>b)

#修改变量 a 和 b 的值
a=5;
b=20;
print(a <=b)
print(b >=a)
```

运行结果:

```
False
True
False
True
True
True
```

3. 逻辑运算符

逻辑运算符主要用于逻辑运算,表 2-4 给出了各种逻辑运算符的表达式和描述。

表 2-4　逻辑运算符

运算符	逻辑表达式	描　　述
and	x and y	布尔"与",即如果 x 为 False,x and y 返回 False,否则它返回 y 的计算值
or	x or y	布尔"或",即如果 x 是 True,返回 x 的值,否则返回 y 的计算值
not	not x	布尔"非",即如果 x 为 True,返回 False。如果 x 为 False,它返回 True

例 2-3 演示了 Python 所有逻辑运算符的操作。

【例 2-3】　逻辑运算

```
#!/usr/bin/python3
a=10
b=20

print(a and b)
print(a or b)

#修改变量 a 的值
a=0
print(a and b)
print(a or b)
print(not (a and b))
```

运行结果:

```
20
10
0
20
True
```

在一个运算符的情况下,or 从左到右,返回第一个为真的值,都为假返回后一个值。and 从左到右,若所有值均为真,则返回后一个值,有一个假的值,则返回第一个假的值。

逻辑运算符 and/or 一旦不止一个,其运算规则的核心思想就是短路逻辑。短路思想具体如下。

(1) 表达式从左至右运算,若 or 的左侧逻辑值为 True,则短路 or 后所有的表达式(不管是 and 还是 or),直接输出 or 左侧表达式。

(2) 表达式从左至右运算,若 and 的左侧逻辑值为 False,则短路其后所有 and 表达式,直到有 or 出现,输出 and 左侧表达式到 or 的左侧,参与接下来的逻辑运算。

(3) 若 or 的左侧为 False,或者 and 的左侧为 True,则不能使用短路逻辑。

例 2-4 演示了短路思想。

【例 2-4】 短路思想

```
def a():
    print ('A')
    return []
def b():
    print ('B')
    return []
def c():
    print ('C')
    return 1
def d():
    print ('D')
    return []
def e():
    print ('E')
    return 1
def f():
    print ('F')
    return 1
def g():
    print ('G')
    return []
def h():
    print ('H')
    return 1

if a() and b() and  c() and d() or e() and f() or g() and h():
    print ('ok')
```

不要认为语句很长就很难,好好分析一下,从左至右,首先 a() 的逻辑值为 False,其后到 or 语句为止有 3 个 and 语句:a()and b() and c() and d(),均被短路。只输出 a(),得到 a() or e() 为 True,输出 e(),得 e() and F() 为 True,输出 f(),其后接 or 语句,则短路其后所有。运行结果为:

```
A
E
F
ok
```

4. 赋值运算符

赋值运算符比较简单,主要用于赋值,可以将一个值或者一个变量甚至表达式赋给另一个变量。表 2-5 给出了各种赋值运算符的描述和计算实例。

表 2-5　赋值运算符

运算符	描　　　述	实　　　例
=	简单的赋值运算符	c=a+b,将 a+b 的运算结果赋值为 c
+=	加法赋值运算符	c+=a 等效于 c=c+a
-=	减法赋值运算符	c-=a 等效于 c=c-a
*=	乘法赋值运算符	c*=a 等效于 c=c*a
/=	除法赋值运算符	c/=a 等效于 c=c/a
%=	取模赋值运算符	c%=a 等效于 c=c%a

例 2-5 演示了 Python 所有赋值运算符的操作。

【例 2-5】 赋值运算

```python
#!/usr/bin/python3
a=21
b=10
c=0

c=a+b
print ("1-c 的值为: ", c)

c+=a
print ("2-c 的值为: ", c)

c * =a
print ("3-c 的值为: ", c)

c /=a
print ("4-c 的值为: ", c)

c=2
c % =a
print ("5-c 的值为: ", c)

c * * =a
print ("6-c 的值为: ", c)

c //=a
print ("7-c 的值为: ", c)
```

运行结果：

```
1-c 的值为: 31
2-c 的值为: 52
```

```
3-c 的值为: 1092
4-c 的值为: 52.0
5-c 的值为: 2
6-c 的值为: 2097152
7-c 的值为: 99864
```

5. 位运算符

位运算符是把数字看作二进制来进行计算的。Python 中的按位运算法则如下：
假定变量 a 为 60,b 为 13,其二进制格式如下。

a=0011 1100

b=0000 1101

表 2-6 给出了各种位运算符的描述和计算实例。

表 2-6　位运算符

运算符	描　　述	实　　例
&	按位与运算符：参与运算的两个值,如果两个相应位都为 1,则该位的结果为 1,否则为 0	(a&b),输出结果 12,二进制解释：0000 1100
|	按位或运算符：只要对应的两个二进位有一个为 1 时,结果位就为 1	(a|b),输出结果 61,二进制解释：0011 1101
^	按位异或运算符：当两对应的二进位相异时,结果为 1	(a^b),输出结果 49,二进制解释：0011 0001
~	按位取反运算符：对数据的每个二进制位取反,即把 1 变为 0,把 0 变为 1。~x 类似于 −x−1	(~a),输出结果 −61,二进制解释：1100 0011,即一个有符号二进制数的补码形式
<<	左移动运算符：运算数的各二进位全部左移若干位,由 << 右边的数指定移动的位数,高位丢弃,低位补 0	a<<2,输出结果 240,二进制解释：1111 0000
>>	右移动运算符：把 >> 左边的运算数的各二进位全部右移若干位,>> 右边的数指定移动的位数	a>>2,输出结果 15,二进制解释：0000 1111

例 2-6 演示了 Python 所有位运算符的操作。

【例 2-6】　位运算

```
#!/usr/bin/python3
a=60              #60=0011 1100
b=13              #13=0000 1101
c=0

c=a & b;          #12=0000 1100
print ("1-c 的值为: ", c)

c=a | b;          #61=0011 1101
```

```
print ("2-c 的值为: ", c)

c=a ^ b;              # 49=0011 0001
print ("3-c 的值为: ", c)

c=~ a;                # -61=1100 0011
print ("4-c 的值为: ", c)

c=a <<2;              # 240=1111 0000
print ("5-c 的值为: ", c)

c=a >>2;              # 15=0000 1111
print ("6-c 的值为: ", c)
```

运行结果：

```
1-c 的值为: 12
2-c 的值为: 61
3-c 的值为: 49
4-c 的值为: -61
5-c 的值为: 240
6-c 的值为: 15
```

6. 成员运算符

除了以上的一些运算符之外，Python 还支持成员运算符，用来检查某个序列中是否包含了某个成员，其中序列包括字符串、列表、元组、集合和字典等。表 2-7 列出了它们的描述和计算实例。

表 2-7　成员运算符

运算符	描　　述	实　　例
in	如果在指定的序列中找到值，返回 True，否则返回 False	x 在 y 序列中，如果 x 在 y 序列中返回 True
not in	如果在指定的序列中没有找到值，返回 True，否则返回 False	x 不在 y 序列中，如果 x 不在 y 序列中返回 True

例 2-7 演示了 Python 所有成员运算符的操作。

【例 2-7】　成员运算

```
#!/usr/bin/python3
a=10
b=20
list=[1, 2, 3, 4, 5];

if ( a in list ):
```

```
    print ("1-变量 a 在给定的列表 list 中")
else:
    print ("1-变量 a 不在给定的列表 list 中")

if ( b not in list ):
    print ("2-变量 b 不在给定的列表 list 中")
else:
    print ("2-变量 b 在给定的列表 list 中")

#修改变量 a 的值
a=2
if ( a in list ):
    print ("3-变量 a 在给定的列表 list 中")
else:
    print ("3-变量 a 不在给定的列表 list 中")
```

运行结果：

1-变量 a 不在给定的列表 list 中
2-变量 b 不在给定的列表 list 中
3-变量 a 在给定的列表 list 中

7. 身份运算符

身份运算符用于比较两个对象的存储单元。表 2-8 列出了它们的描述和计算实例。

表 2-8　身份运算符

运算符	描述	实例
is	is 是判断两个标识符是不是引用自一个对象	x is y，类似 id(x)==id(y)，如果引用的是同一个对象则返回 True，否则返回 False
is not	is not 是判断两个标识符是不是引用自不同对象	x is not y，类似 id(x)!=id(y)。如果引用的不是同一个对象则返回结果 True，否则返回 False

例 2-8 演示了 Python 所有身份运算符的操作。

【例 2-8】　身份运算

```
#!/usr/bin/python3
a=20
b=20

if ( a is b ):
    print ("1-a 和 b 有相同的标识")
else:
    print ("1-a 和 b 没有相同的标识")
```

```
if ( id(a)==id(b) ):
    print ("2-a 和 b 有相同的标识")
else:
    print ("2-a 和 b 没有相同的标识")

#修改变量 b 的值
b=30
if ( a is b ):
    print ("3-a 和 b 有相同的标识")
else:
    print ("3-a 和 b 没有相同的标识")

if ( a is not b ):
    print ("4-a 和 b 没有相同的标识")
else:
    print ("4-a 和 b 有相同的标识")
```

运行结果：

```
1-a 和 b 有相同的标识
2-a 和 b 有相同的标识
3-a 和 b 没有相同的标识
4-a 和 b 没有相同的标识
```

is 与==的区别在于 is 用于判断两个变量引用对象是否为同一个，==用于判断引用变量的值是否相等。例如：

```
a=[1,2,3]
b=a
print(b is a)
print(b==a)
b=a[:]
print(b is a)
print(b==a)
```

运行结果：

```
True
True
False
True
```

8. 运算符优先级

表 2-9 中列出了从最高到最低优先级的所有运算符(同一行内，左边的优先级大于右边)。

表 2-9　运算符优先级

运　算　符	描　述
＊＊	指数(最高优先级)
~、+、-	按位翻转,一元加号和减号(最后两个的方法名为+@和-@)
＊、/、%、//	乘,除,取模和取整除
+、-	加法,减法
>>、<<	右移,左移运算符
&	位'AND'
^、|	位运算符
<=、<、>、>=	比较运算符
==、!=	等于运算符
=、%=、/=、//=、-=、+=、＊=、＊＊=	赋值运算符
is、is not	身份运算符
in、not in	成员运算符
and、or、not	逻辑运算符

例 2-9 演示了 Python 运算符优先级的操作。

【例 2-9】　运算符优先级操作

```
#!/usr/bin/python3

a=20
b=10
c=15
d=5
e=0

e=(a+b) * c / d          #( 30 * 15 ) / 5
print ("(a+b) * c / d 运算结果为:", e)

e=((a+b) * c) / d        #(30 * 15 ) / 5
print ("((a+b) * c) / d 运算结果为:", e)

e=(a+b) * (c / d);       # (30) * (15/5)
print ("(a+b) * (c / d) 运算结果为:", e)

e=a+ (b * c) / d;        #  20+(150/5)
print ("a+(b * c) / d 运算结果为:", e)
```

运行结果：

```
(a+b) * c / d 运算结果为：90.0
((a+b) * c) / d 运算结果为：90.0
(a+b) * (c / d) 运算结果为：90.0
a+(b * c) / d 运算结果为：50.0
```

2.5.2　表达式

2.5.1 节介绍了各种运算符,这些运算符和变量或者常量可以构成各种表达式,下面为介绍表达式的计算过程。

1. 计算表达式

和数学计算表达式一样,Python 的计算表达式是由变量或者常量加上若干运算符组成的。例如下面的数学表达式:

$$\frac{3+4x}{5} - \frac{10(y-5)(a+b+c)}{x} + 9\left(\frac{4}{x} + \frac{9+x}{y}\right)$$

可以转换为

```
(3+4×x)/5-10×(y-5)×(a+b+c)/x+9×(4/x+(9+x)/y)
```

实际上,Python 计算表达式的规则和各位学习的数学算术运算规则一样。首先执行括号内的运算符。括号可以为叠加,内层括号里的表达式首先被执行。

再来看一个逻辑表达式:

```
year % 4==0 and year % 100 !=0 or year % 400==0
```

根据运算符优先级,or 和 and 的优先级最低,所以程序会从左到右计算几个比较表达式的值,然后再计算逻辑值。以 year 为 2004 为例,其计算流程如下:

① year % 4 == 0 and year % 100 != 0 or year % 400 == 0

② 0 == 0 and 4 != 0 or 4 == 0

③ true and true or false

④ true or false

⑤ true

实际上,记住各种运算符的优先级是不容易的。如果在实际编程时记不住哪个运算符优先级高,可以多用括号来确保某些部分优先执行。如上面的例子中编程者想要确保与运算优先执行,可以将它改为

```
(year % 4==0 and year % 100 !=0) or year % 400==0
```

2. 类型转换

Python 可以进行两种方式的类型转换:自动转换和强制转换。

1）自动转换

如果一个表达式里面有不同数字类型的值参与计算，那么 Python 会自动进行隐式类型转换。示例如下：

```
a=True+1+1.1+(2+3j)
print(a)
```

上面的表达式中有各种数字类型，那么结果会是什么类型呢？运行结果：

```
(5.1+3j)
```

产生这样的结果的原因是，Python 自动先将两个不同类型的数字变成同一种类型，然后再计算。如 True 加上 1，True 是 bool 类型而 1 是 int 类型，True 会被转换为 1 然后和 1 相加结果为 2。流程如下：

① True＋1＋1.1＋(2＋3j)

② 1＋1＋1.1＋(2＋3j)

③ 2＋1.1＋(2＋3j)

④ 2.0＋1.1＋(2＋3j)

⑤ 3.1＋(2＋3j)

⑥ (3.1＋0j)＋(2＋3j)

⑦ 5.1＋3j

从上例可以看出，自动转换的优先级顺序是 bool→int→float→complex。

2）强制转换

如果想要反其道而行，如一个整数和一个浮点数相加，想得到整数结果，那么就要使用函数来进行强制类型转换，这里简单介绍几个常用的转换函数，其他在后续章节再进行介绍。

① int(x [,base])：将 x 转换为一个整数；

② long(x [,base])：将 x 转换为一个长整数；

③ float(x)：将 x 转换到一个浮点数；

④ complex(x [,imag])：将 x 转换到一个复数；

⑤ hex()：转换成十六进制；

⑥ oct()：转换成八进制；

⑦ chr()：转换成整数对应的 ASCII 字符；

⑧ ord()：转换成 ASCII 字符对应的整数；

⑨ bin()：转换成二进制。

示例如下：

```
a=int(2.1)+3
print(a)
```

这里，int(2.1)将浮点数 2.1 转换为整数 2，然后和 3 相加，结果为整数 5。

2.6　输　出　函　数

Python 有 3 种输出值的方式：表达式语句、print() 函数还有文件对象的 write() 方法。表达式语句可以用在 IDLE 或者 Shell 中，在其他集成环境中如果要输出必须使用 print() 函数，而文件对象的方法在后面的章节中再介绍。

2.6.1　print()基本格式

一般而言，print() 函数只需要一个参数就可以输出一个对象了，而且这个对象可以是任意类型，包括列表、数字、字符串等。例如：

```
print('Hello')
print(1)
print(True)
print([1,2,3])
```

实际上，print() 函数可以有多个参数，这些参数会首先全部转换为字符串，然后使用空格拼接起来，变成一个完整的字符串输出。例如：

```
print('Hello',"world",'!',1, True)
```

运行结果：

```
Hello world ! 1 True
```

所以编程者输出信息时，经常用两个参数，第一个参数是一个字符串，输出提示信息、声明后续参数的类型，第二个参数提供待输出的内容或数值。例如：

```
a=1
b=2
print('a+b=',a+b)
```

运行结果：

```
a+b=3
```

2.6.2　格式化输出

有时普通输出的方式并不能满足编程者的要求，那就要对输出对象进行格式化：

```
s='Hello world'
print('The lenth of \'%s\' is %d'%(s,len(s)))
```

运行结果：

The lenth of 'Hello world' is 11

这里的%s和%d都是转换说明符,实际输出的时候,%()里面的值将一定的格式替换前面字符串参数中的说明符。表 2-10 给出了字符串格式化转换类型。

表 2-10   字符串格式化转换类型

转换说明符	描　　述
%c	格式化字符及其 ASCII 码
%s	格式化字符串
%d	格式化整数
%u	格式化无符号整型
%o	格式化无符号八进制数
%x	格式化无符号十六进制数
%X	格式化无符号十六进制数(大写)
%f	格式化浮点数字,可指定小数点后的精度
%e	用科学记数法格式化浮点数
%E	作用同%e,用科学记数法格式化浮点数
%g	%f 和%e 的简写
%G	%f 和%E 的简写
%p	用十六进制数格式化变量的地址

格式化字符串还需要一些辅助指令,如表 2-11 所示。

表 2-11   格式化字符串辅助指令

符号	功　　能
*	定义宽度或者小数点精度
−	用做左对齐
+	在正数前面显示加号(+)
<sp>	在正数前面显示空格
#	在八进制数前面显示零('0'),在十六进制前面显示'0x'或者'0X'(取决于用的是'x'还是'X')
0	显示的数字前面填充'0'而不是默认的空格
%	'%%'输出一个单一的'%'
(var)	映射变量(字典参数)
m.n.	m 是显示的最小总宽度,n 是小数点后的位数(如果可用的话)
*	定义宽度或者小数点精度
−	用做左对齐
+	在正数前面显示加号(+)
<sp>	在正数前面显示空格

示例如下：

```
nHex=0xFF
print("nHex=%x,nDec=%d,nOct=%o"%(nHex,nHex,nHex))
```

运行结果：

```
nHex=ff,nDec=255,nOct=377
```

输出浮点数时，也可以使用格式化参数，见例 2-10。

【例 2-10】 格式化参数

```
pi=3.141592653
print('%10.3f' %pi)                    #字段宽 10,精度 3
print("pi=%.* f" %(3,pi))              #用 * 从后面的元组中读取字段宽度或精度
print('%010.3f' %pi)                   #用 0 填充空白
print('%-10.3f' %pi)                   #左对齐
print('%+f' %pi)                       #显示正负号
```

运行结果：

```
    3.142
pi=3.142
000003.142
3.142
+3.141593
```

2.6.3　自动换行

在默认情况下，print()函数会自动在行末加上回车，如果不需回车，只需在 print 语句的结尾添加一个逗号，使用 end 参数，就可以改变它的行为，如例 2-11。

【例 2-11】 自动换行

```
for i in range(0,4):
    print (i)
for i in range(0,4):
    print (i,end=',')
```

运行结果：

```
0
1
2
3
0,1,2,3,
```

2.7 输 入 函 数

input()函数让程序暂停运行,等待用户输入一些文本。获取用户输入后,Python 将其存储在一个变量中,以方便使用。

例如,下面的程序让用户输入一些文本,再将这些文本呈现给用户:

```
s=input()
print(s)
```

当用户输入信息时,s 就获取到该信息。执行程序时,控制台不会有任何输出,此时程序正处于等待状态,直到用户在控制台上输入信息,并按下 Enter 键,表示输入结束时为止。如用户输入 12,那么控制台上立刻显示如下信息:

```
12
12
```

上一个 12,是用户输入的回显,而下一个 12,则是 print()函数打印出来的结果。当然这种获取用户的信息方式并不是很友好,因为用户不知道现在是等待用户输入状态。所以编程者可以给 input()函数增加一个参数,用来提醒用户输入,例如:

```
s=input('请输入一个数值: ')
print(s)
```

运行结果:

```
请输入一个数值: 12
12
```

要注意的是,无论用户输入的是什么信息,默认都是以字符串的形式被 input()函数获取。例如:

```
s=input('请输入一个数值: ')
print(type(s))
```

当用户输入 1,对象 s 对应的类型是

```
请输入一个数值: 1
<class 'str'>
```

那如果编程者希望获取到的是一个整数,该怎么办呢? 可以有以下三种方法。

2.7.1 强制类型转换

强制类型转换已在 2.5.2 节介绍过,是一种比较简单的方式。例如:

```
s=int(input('请输入一个数值: '))
print(type(s))
```

运行结果：

请输入一个数值：1
<class 'int'>

但是，如果此时用户输入的不是一个合法的数字，如输入 a2 就会出错：

ValueError: invalid literal for int() with base 10: 'a2'

2.7.2　自动类型转换

自动转换通过一个函数 eval() 来实现，该函数可以自动识别出用户输入的数据类型，然后转换为对应的数据形式。例如：

```
s=input('请输入：')
a=eval(s)
print(type(a))
```

可以多尝试几次上面的程序，运行结果：

请输入：1
<class 'int'>
请输入：True
<class 'bool'>
请输入：'Tom'
<class 'str'>

可以看出，eval() 函数可以根据输入数据的类型自动转换。请注意，如果是字符串类型须添加单引号或者双引号才行。

2.8　常见内置函数

2.5 节已经介绍了用于计算的数学运算符，实现简单的加减乘除运算。Python 中，还提供了如下一系列数学函数，如表 2-12 所示，方便计算数学问题时编程使用。

表 2-12　常见内置数学函数

函　　数	返回值(描述)
abs(x)	返回数字的绝对值，如 abs(−10) 返回 10
max(x1，x2,…)	返回给定参数的最大值，参数可以为序列
min(x1，x2,…)	返回给定参数的最小值，参数可以为序列
pow(x，y)	x**y 运算后的值
round(x [,n])	返回浮点数 x 的四舍五入值，如给出 n 值，则代表舍入到小数点后的位数

例 2-12 给出了这些函数的使用方式。

【例 2-12】 内置数学函数

```
print(abs(-2.3))
print(max(4, 3, -5))
print(min(5, 4, 6, 4, 0))
print(pow(3, 2))
print(round(4.345565, 2))
```

运行结果：

```
2.3
4
0
9
4.35
```

另外，还有一些内置函数，可以为编程提供便利。表 2-13 列出了其他常见的内置函数。

表 2-13　其他常见的内置函数

函　　数	返回值（描述）
exit(number)	在交互式 shell 中退出时使用。number 为 0 表示正常退出
id([object])	返回对象的唯一标识符，标识符是一个整数
type(object)	返回对象的类型
len(s)	返回对象（字符、列表、元组等）长度或项目个数

例 2-13 给出了这些函数的使用方式。

【例 2-13】 其他内置函数

```
print(id(5))
print(type('Hello'))
print(len('Hello'))
exit(0)
```

运行结果：

```
1471170898352
<class 'str'>
5
Process finished with exit code 0
```

2.9　应　用　实　例

从本章开始，大部分章节最后都会通过一个家用电器销售系统的实际应用来尽可能地涵盖本章的知识点。当然，由于目前讲解的知识还非常有限，所以功能也不会很完善。

家用电器销售系统第一版（v1.0 版）实现的功能是列出系统内可以销售的产品，并给出每个产品的具体信息，然后用户输入所选商品的编号、价格和数量，系统将自动计算用户需要支付多少金额。

下面给出家用电器销售系统的代码：

```python
"""
家用电器销售系统
v1.0
"""

# 欢迎信息
print('欢迎使用家用电器销售系统！')

# 产品信息列表
print('产品和价格信息如下：')
print('**************************************************************')
print('%-10s' %'编号', '%-10s' %'名称', '%-10s' %'品牌', '%-10s' %'价格', '%-10s' %'库存数量')
print('------------------------------------------------------ ')
print('%-10s' %'0001', '%-10s' %'电视机', '%-10s' %'海尔', '%10.2f' %5999.00, '%10d' %20)
print('%-10s' %'0002', '%-10s' %'冰箱', '%-10s' %'西门子', '%10.2f' %6998.00, '%10d' %15)
print('%-10s' %'0003', '%-10s' %'洗衣机', '%-10s' %'小天鹅', '%10.2f' %1999.00, '%10d' %10)
print('%-10s' %'0004', '%-10s' %'空调', '%-10s' %'格力', '%10.2f' %3900.00, '%10d' %0)
print('%-10s' %'0005', '%-10s' %'热水器', '%-10s' %'美的', '%10.2f' %688.00, '%10d' %30)
print('%-10s' %'0006', '%-10s' %'笔记本', '%-10s' %'联想', '%10.2f' %5699.00, '%10d' %10)
print('%-10s' %'0007', '%-10s' %'微波炉', '%-10s' %'苏泊尔', '%10.2f' %480.50, '%10d' %33)
print('%-10s' %'0008', '%-10s' %'投影仪', '%-10s' %'松下', '%10.2f' %1250.00, '%10d' %12)
print('%-10s' %'0009', '%-10s' %'吸尘器', '%-10s' %'飞利浦', '%10.2f' %999.00, '%10d' %9)
print('------------------------------------------------------ ')

# 用户输入信息
product_id=input('请输入您要购买的产品编号：')
price=float(input('请输入您要购买的产品价格：'))
count=int(input('请输入您要购买的产品数量：'))
```

```
#计算金额
print('购买成功,您需要支付', price * count, '元')

#退出系统
print('谢谢您的光临,下次再见!')
```

运行结果:

```
欢迎使用家用电器销售系统!
产品和价格信息如下:
**********************************************************
编号        名称        品牌        价格        库存数量
--------------------------------------------------
0001       电视机       海尔        5999.00      20
0002       冰箱        西门子       6998.00      15
0003       洗衣机       小天鹅       1999.00      10
0004       空调        格力        3900.00       0
0005       热水器       美的        688.00       30
0006       笔记本       联想        5699.00      10
0007       微波炉       苏泊尔       480.50       33
0008       投影仪       松下        1250.00      12
0009       吸尘器       飞利浦       999.00        9
--------------------------------------------------
请输入您要购买的产品编号: 0002
请输入您要购买的产品价格: 1999.00
请输入您要购买的产品数量: 4
购买成功,您需要支付 7996.0 元
谢谢您的光临,下次再见!
```

下面分析上面的代码,当用户访问该系统时,系统首先打印出了欢迎信息,然后列出了系统所销售的商品详情。这里使用了 2.6 节中的 print() 函数,并且使用了字符串的格式化参数,对输出字符串做了左对齐操作。但是可以看到,因为有汉字的存在,实际上并没有完美对齐,这是因为在 print() 函数中,为了实现字符串对齐,会在未达到指定长度的字符串末尾添上空格补齐。但是,填入的是 ASCII 码为 20 的空格,也就是半角空格。它的长度等于每一个字母或数字的宽度。但远比汉字的宽度小,所以导致补足后的字符串长度仍然不同。可以重写一个格式对齐函数。函数中推断字符串是否是中文字符串,有的话则加入全角空格补齐,否则加入半角空格补齐。但目前大家还不具备这样的知识,后面再来完成这个任务。

接下来是用户输入部分,使用 input() 函数获取了用户输入的商品编号、价格和数量,需要指出的是,按常规操作习惯来说,不应该让用户输入价格,但是目前仍然囿于知识的局限性,无法根据编号查询系统中商品的价格,也需要留到后面解决。

最后,系统根据用户的输入进行了简单的计算并输出了结果,然后成功退出。

可以看到,这个示例非常简单,功能也很少,但是它涵盖了本章的基本知识点,可谓麻雀虽小,五脏俱全。后面的章节中会使用新知识慢慢地丰富这个系统,让它变得越来越完美。

小　结

本章主要讲解了 Python 基础语法知识,包括变量的概念,基本数据类型,算数表达式和常见的运算符号,这些是进一步学习编程知识的基础。要特别注意变量类型以及类型转换的方法,会是一个很有用的编程技巧。本章还介绍了适合输入、输出的基本方法和一些常用的内置函数,以便能够编码实现一些基础功能。最后的应用实例,是一个基础语法的综合应用。

习　题

1. 变量的命名规则有哪些?

2. 表达式中,类型转换的形式有哪些?

3. 空值 None 的作用是什么?

4. 常见的数字类型有哪些?

5. 表达式 a＝3＊2－True or 1＋4＊＊3％2 的运算过程是怎样的?

6. 一个人具有多种属性,如姓名、年龄、身高等,使用最合适的数据类型声明多个代表不同属性的变量,并赋值。

7. 给定一个整数,打印出该整数的十进制、八进制、二进制和十六进制的字符串。

8. 使用输入函数读取两个整数,将它们相加并输出结果。

9. 使用输入函数读取两个整数,将它们相除并输出整除结果,输出包含两个小数点的除法结果,分别输出商的整数部分和小数部分。

10. 使用一个表达式表示前 n 项的自然数平方和公式,并输入一个 n 值进行测试。

11. 使用一个表达式表示一元二次方程的求根公式。

12. 输入三角形的三个边长,分别计算它的周长和面积。

13. 如果有纸币面值为 100 元、50 元、20 元、10 元、5 元、1 元。那么如何使用数量最少的纸币来组合成 5318 元?

第3章

字符串与列表

3.1 导　　学

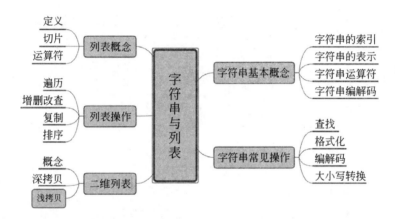

学习目标：

- 理解字符串在程序设计中的作用。
- 掌握字符串的常见操作。
- 熟悉使用字符串要注意的常见问题。
- 掌握输入和输出语句的基本用法。
- 掌握列表的创建方式。
- 掌握列表的各种常见操作。
- 理解字符串和列表之间的关系。
- 重点掌握列表的查找、排序等算法。
- 了解二维列表的作用和定义方式。
- 了解深拷贝和浅拷贝的区别。

　　文本是程序需要处理的最常见的数据形式。第 2 章已经简单介绍过字符串和列表，实际上字符串和列表能做的事情很多。使用 Python 可以从字符串中提取部分字符串，添加或删除空白字符，将字母转换成小写或大写，检查字符串的格式是否正确。甚至可以编写 Python 代码访问剪贴板,复制或粘贴文本。

除了字符串之外,还有一个非常重要的数据结构类型是必须要熟练掌握的,那就是列表数据类型。列表可以包含多个值,这样编写程序来处理大量数据就变得更容易。而且,由于列表本身又可以包含其他列表,所以可以用它们将数据安排成层次结构。

实际上,字符串本质上就是一个元素是字符的列表,列表的多数操作可以同时使用在字符串上。本章将探讨字符串和列表的相关知识,讨论字符串和列表中的各种常见操作,了解常见的字符串和列表常见处理函数,并在最后的实例中使用这些知识。

3.2 字符串概述

3.2.1 字符串的表示

在 Python 中表示一个字符串值是相当简单的:它们以单引号开始和结束。示例如下:

```
s='Hello'
```

但是如果字符串内包含单引号呢? 示例如下:

```
s='That is Tom's cat'
```

程序会给出如下错误信息:

```
s='That is Tom's cat'
                   ^
SyntaxError: invalid syntax
```

因为 Python 认为这个字符串在 Tom 之后就结束了,剩下的(s cat')是无效的 Python 代码。好在,还有其他办法来输入字符串。

另一种方式是使用双引号。使用双引号的一个好处,就是字符串中可以使用单引号字符。示例如下:

```
s="That is Tom's cat"
print(s)
```

因为字符串以双引号开始,所以 Python 知道单引号是字符串的一部分,而不是表示字符串的结束。但是,如果在字符串中既需要使用单引号又需要使用双引号,那就要使用转义字符。

注意,虽然有多种字符串的表示方法,但不可混用,如不能用单引号作为字符串开始,用双引号作为结束。

3.2.2 字符串的索引

可以使用下标来访问字符串中的每个字符,示例如下:

```
s="Hello world!"
print(len(s))
print(s[1])
```

运行结果：

```
12
e
```

从结果可知，字符计数包含了空格和感叹号，所以'Hello world!'有 12 个字符，H 的下标是 0，!的下标是 11。

3.2.3　转义字符

程序设计语言中的一些符号承担了专用功能，例如引号用于标识字符串，如果字符串中需要出现引号并把这些功能符号当作普通符号使用时，则应该利用转义符号消除功能符号的特殊功能。转义字符包含一个倒斜杠(\)，紧跟着是想要添加到字符串中的字符。尽管它包含两个字符，但公认它是一个转义字符。例如，单引号的转义字符是\'。可以在单引号开始和结束的字符串中使用。为了看看转义字符的效果，在交互式环境中输入以下代码：

```
s="That is Tom\'s cat"
print(s)
```

结果也能正常输出：

```
That is Tom's cat
```

Python 知道，因为 Tom\'s 中的单引号有一个倒斜杠，所以它不是表示字符串结束的单引号。转义字符\'和\"让编程者在字符串中加入单引号和双引号。表 3-1 列出了常见的转义字符。

表 3-1　常见的转移字符

转　义　字　符	描　　　述
\（在行尾时）	续行符
\\	反斜杠符号
\'	单引号
\"	双引号
\a	响铃
\b	退格（Backspace）
\e	转义
\000	空

转 义 字 符	描　　述
\n	换行
\v	纵向制表符
\t	横向制表符
\r	回车
\f	换页
\oyy	八进制数,yy 代表的字符,例如：\o12 代表换行
\xyy	十六进制数,yy 代表的字符,例如：\x0a 代表换行
\other	其他的字符以普通格式输出

来看下面的程序：

```
s='That is \nTom\'s cat'
print(s)
s='That is \rTom\'s cat'
print(s)
```

运行结果：

```
That is
Tom's cat
Tom's cat
```

从结果来看,回车和换行效果差不多。实际上,它们还是有区别的。回车\r 本义是光标重新回到本行开头,r 的英文 return,控制字符可以写成 CR,即 Carriage Return。换行\n 本义是光标往下一行(不一定到下一行行首),n 的英文是 newline,控制字符可以写成 LF,即 Line Feed。

3.2.4　字符串类型

有几种特殊的字符串。第一种是在字符串开始的引号之前加上 r,使它成为原始字符串。原始字符串会完全忽略所有的转义字符,打印出字符串中所有的倒斜杠。例如,以下代码：

```
s=r'That is\\\nTom\'s\rcat'
print(s)
```

运行结果：

```
That is\\\nTom\'s\rcat
```

可以看出,现在字符串里面所有的转义字符都失效了。因为这是原始字符串,

Python 认为倒斜杠是字符串的一部分,而不是转义字符的开始。如果输入的字符串包含许多倒斜杠,如后面要介绍的正则表达式字符串,那么原始字符串就很有用。

如果在字符串开头添加'u',那么此字符串成为 Unicode 字符串。一般用在中文字符串前面,防止因为源码储存格式问题,导致再次使用时出现乱码。示例如下:

```
s1=u"北京"
print(s1)
```

运行结果:

```
北京
```

如果在字符串开头添加'b',那么此字符串成为二进制字符串。二进制字符串是一个 bytes 对象,如网络编程中,服务器和浏览器只认 bytes 类型数据。Bytes 类型字符串和普通字符串可以相互转换,示例如下:

```
s1="北京"
s2=s1.encode("utf-8")
print(s2)
print(s2.decode(encoding="utf-8"))
```

运行结果:

```
b'\xe5\x8c\x97\xe4\xba\xac'
北京
```

此时变量 s2 的二进制字符串里面的值,实际上是"北京"这两个汉字的 Unicode 码,以二进制的形式表达出来。

3.2.5　多行字符串

如果一个字符串里面的字符太长,虽然可以用\n 转义字符将换行放入一个字符串,但使用多行字符串通常更容易。在 Python 中,多行字符串的起止是 3 个单引号或 3 个双引号。"三重引号"之间的所有引号、制表符或换行,都被认为是字符串的一部分。Python 的代码块缩进规则不适用于多行字符串。示例如下:

```
s="""Hello
        Tom's brother,
      How are you?"""
print(s)
```

运行结果:

```
Hello
        Tom's brother,
      How are you?
```

输出结果里面,保留了字符串里面的空格。同时,里面的单引号字符也不需要转义。

之前介绍过 Python 是用 ♯ 字符来开始一段注释。但 ♯ 号注释只能支持一行注释,如果要使用多行注释一般使用多行字符串,示例如下:

```
"""
This program tries to print all the lists.
Author:Tom
Date:2019-02-19
Version:1.0
"""
```

3.2.6 字符串运算符

1. 切片运算符

如果指定一个下标,将得到字符串在该处的字符。如果用一个下标和另一个下标指定一个范围,开始下标将被包含,结束下标则不包含。因此,如果字符串 s 是'Hello world!',s[0:5]就是'Hello'。通过 s[0:5]得到的子字符串,将包含 s[0]到 s[4]的全部内容,而不包括下标 5 处的空格。下面给出各种切片所得的结果示例:

```
s="Hello world!"
print(s[0:5])
print(s[0:])
print(s[:5])
print(s[:])
print(s[-1:20])
```

运行结果:

```
Hello
Hello world!
Hello
Hello world!
!
```

请注意,字符串切片并没有修改原来的字符串。可以从一个变量中获取切片,记录在另一个变量中。示例如下:

```
s="Hello world!"
print(id(s))
new_s=s[4:6]
print(id(new_s))
```

运行结果:

```
1940063662640
```

1940034647296

可以看出,新的字符串和旧的字符串存储在两个不同的位置。

2. in 和 not in 运算符

和列表一样,in 和 not in 运算符可以用来判断一个字符串是否在另一个字符串中。示例如下:

```
s="Hello world!"
print('Hello' in s)
print('hello' not in s)
```

运行结果:

```
True
True
```

3. 连接运算符

连接运算符用来连接两个字符串,变成一个更大的字符串。示例如下:

```
s1='Hello'
s2='world!'
s3=s1+' '+s2
print(s3)
```

运行结果:

```
Hello world!
```

4. 复制运算符

复制运算符可以重复拼接字符串多次,能够非常方便地构造一个新字符串。示例如下:

```
s1='Hello '*3
print(s1)
```

运行结果:

```
Hello Hello Hello
```

3.2.7 字符串编码

关于字符串编码,一直是一个困扰语言学习者和编程工作者的难题。这里解释一下相关概念,并介绍两个字符串编码的相关方法。

1. 字符与字节

一个字符不等价于一个字节,字符是人类能够识别的符号,而这些符号要保存到计算的存储中就需要用计算机能够识别的字节来表示。一个字符往往有多种表示方法,不同的表示方法会使用不同的字节数。这里所说的不同的表示方法就是指字符编码,如字母 A~Z 都可以用 ASCII 码表示(占用 1 字节),也可以用 Unicode 表示(占用 2 字节),还可以用 UTF-8 表示(占用 1 字节)。字符编码的作用就是将人类可识别的字符转换为机器可识别的字节码,以及反向过程。

Unicode 才是真正的字符串,而用 ASCII、UTF-8、GBK 等字符编码表示的是字节串。关于这点,在 Python 的官方文档中经常可以看到这样的描述" Unicode string","translating a Unicode string into a sequence of bytes"。

代码写在文件中,而字符是以字节形式保存在文件中的,因此在文件中定义字符串时被当作字节串也是可以理解的。但是,有时需要的是字符串,而不是字节串。

对字符串取长度,结果应该是所有字符串的个数,无论中文还是英文。

对字符串对应的字节串取长度,就跟编码(encode)过程使用的字符编码有关(如 UTF-8 编码,一个中文字符需要用 3 字节来表示;GBK 编码,一个中文字符需要用 2 字节来表示)

2. 编码与解码

Unicode 字符编码,也是字符与数字的映射,但是这里的数字被称为代码点(code point),实际上就是十六进制的数字。

Python 官方文档中对 Unicode 字符串、字节串与编码之间的关系有如下描述。

Unicode 字符串是一个代码点序列,代码点取值范围为 0 到 0x10FFFF(对应的十进制为 1114111)。这个代码点序列在存储(包括内存和物理磁盘)中需要被表示为一组字节(0~255 的值),而将 Unicode 字符串转换为字节序列的规则称为编码。

这里说的编码不是指字符编码,而是指编码的过程以及这个过程中所使用到的 Unicode 字符的代码点与字节的映射规则。这个映射不必是简单的一对一映射,因此编码过程也不必处理每个可能的 Unicode 字符。

将 Unicode 字符串转换为 ASCII 编码的规则很简单。对于每个代码点:
- 如果代码点数值<128,则每字节与代码点的值相同。
- 如果代码点数值>=128,则 Unicode 字符串无法在此编码中进行表示(这种情况下,Python 会引发一个 UnicodeEncodeError 异常)。

将 Unicode 字符串转换为 UTF-8 编码使用以下规则:
- 如果代码点数值<128,则由相应的字节值表示(与 Unicode 转 ASCII 字节一样)。
- 如果代码点数值>=128,则将其转换为一个 2 字节,3 字节或 4 字节的序列,该序列中的每个字节都在 128 到 255 之间。

简单总结如下:
- 编码:将 Unicode 字符串中的代码点转换为特定字符编码对应的字节串的过程和规则。
- 解码(decode):将特定字符编码的字节串转换为对应的 Unicode 字符串中的代码点的过程和规则。

可见,无论是编码还是解码,都需要一个重要因素,就是特定的字符编码。因为一个字符用不同的字符编码进行编码后的字节值以及字节数大部分情况下是不同的,反之亦然。

3. Python 文件执行过程

磁盘上的文件都是以二进制格式存放的,其中文本文件都是以某种特定编码的字节形式存放的。对于程序源代码文件的字符编码是由编辑器指定的,如使用 Pycharm 来编写 Python 程序时会指定工程编码和文件编码为 UTF-8,那么 Python 代码被保存到磁盘时就会被转换为 UTF-8 编码对应的字节(encode 过程)后写入磁盘。当执行 Python 代码文件中的代码时,Python 解释器在读取 Python 代码文件中的字节串之后,需要将其转换为 Unicode 字符串(decode 过程)之后才执行后续操作。

这个转换过程(decode,解码)需要指定文件中保存的字节使用的字符编码是什么,才能知道这些字节在 Unicode 这张万国码和统一码中找到其对应的代码点是什么。这里指定字符编码的方式如图 3-1 所示。

```
#-*-coding:utf-8-*-
```

图 3-1 给出了 Python 文件的执行过程。

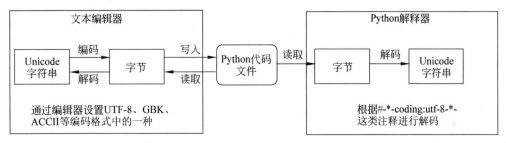

图 3-1　Python 文件的执行过程

3.3　字符串基本操作

3.3.1　大小写转换

字符串的一个重要问题是关于大小写方面的。如有些系统在登录时需要输入验证码,而验证码是不管大小写的,所以此时要把验证码统一转换为大写或者小写然后进行比对。和大小写相关的方法如下。

- upper():转换 string 中的小写字母为大写。
- lower():转换 string 中的大写字母为小写。
- swapcase():翻转 string 中的大小写。
- istitle():如果 string 是标题化的(见 title())则返回 True,否则返回 False。

- isupper()：如果 string 中包含至少一个区分大小写的字符，并且所有这些(区分大小写的)字符都是大写，则返回 True,否则返回 False。
- islower()：如果 string 中包含至少一个区分大小写的字符，并且所有这些(区分大小写的)字符都是小写，则返回 True,否则返回 False。
- title()：返回"标题化"的 string,就是说所有单词都是以大写开始,其余字母均为小写。
- capitalize()：把字符串的第一个字符大写。

例 3-1 展示了各种常见大小写转换函数。

【例 3-1】 大小写转换示例

```
s1='Hello world! '
print(s1.istitle())
print(s1.title())
print(s1.swapcase())
print(s1.capitalize())
print(s1.isupper())
print(s1.islower())
s1=s1.upper()
print(s1)
print(s1.isupper())
s1=s1.lower()
print(s1)
print(s1.islower())
```

运行结果：

```
False
Hello World!
hELLO WORLD!
Hello world!
False
False
HELLO WORLD!
True
hello world!
True
```

从结果可以看出,swapcase()函数可以实现大小写互换,capitalize()函数将首字母变成大写;isupper()是用来判断一个字符串是不是大写;相应地,islower()函数是用来判断字符串是否为小写的。要注意,必须每个字符都是小写或者大写才会返回 True,如上例中因为一开始'H'为大写而其他字符为小写,所以两个函数都返回 False。

upper()函数可以将一个字符串所有字符转为大写,lower()函数则将所有字符转为小写。因为 upper()和 lower()字符串方法本身返回字符串,所以也可以在返回的字符串上继续调用字符串方法。这样的方式称为方法调用链。示例如下：

```
s1='Hello world!'
print(s1.upper().lower().upper().islower())
```

3.3.2 字符类型判断

除了 islower() 和 isupper()，还有几种字符串方法，它们的名字以 is 开始。这些方法返回一个布尔值，描述了字符串的特点。下面是一些常用的 isX 字符串方法。

- isalpha()：如果字符串只包含字母，并且非空，返回 True，否则返回 False。
- isalnum()：如果字符串只包含字母和数字，并且非空，返回 True，否则返回 False。
- isdecimal()：如果字符串只包含数字字符，并且非空，返回 True，否则返回 False。
- isnumeric()：如果字符串只包含数字字符，并且非空，返回 True，否则返回 False。
- isdigit()：如果字符串只包含数字字符，并且非空，返回 True，否则返回 False。
- isspace()：如果字符串只包含空格、制表符和换行，并且非空，返回 True，否则返回 False。
- istitle()：如果字符串仅包含以大写字母开头、后面都是小写字母的单词，返回 True，否则返回 False。

通过例 3-2 来了解这些方法的作用。

【例 3-2】 字符类型判断

```
s1='Hello'
print(s1.isalpha())
s2=" "
print(s2.isspace())
s3="2"
print(s3.isnumeric())
print(s3.isdigit())
print(s3.isdecimal())
s4="2a"
print(s3.isalnum())
```

运行结果：

```
True
True
True
True
True
True
```

从上例可以看到，isdigit()、isdecimal() 和 isnumeric() 三个函数看起来非常相似。实际上是有区别的，如表 3-2 所示。

表 3-2　函数对比表

函数	Unicode 数字	Byte 数字 （单字节）	全角数字 （双字节）	汉字数字	罗马数字	小数
isdigit()	True	True	True	False	False	False
isdecimal()	True	Error	True	False	False	False
isnumeric()	True	Error	True	True	True	False

3.3.3　字符串检查

在对字符串进行操作之前,往往还需要判断一下字符串的其他相关属性。这类方法具体介绍如下。

- count(sub,start＝0,end＝len(string)):sub 表示搜索的子字符串,start 表示字符串开始搜索的位置。默认为第一个字符,第一个字符索引值为 0。end 表示字符串中结束搜索的位置。字符中第一个字符的索引为 0。默认为字符串的最后一个位置。该方法返回 str 在 string 里面出现的次数,如果 beg 或者 end 指定则返回指定范围内 str 出现的次数。
- startswith(str,beg＝0,end＝len(string)):str 表示检测的字符串,beg 用于设置字符串检测的起始位置。默认为第一个字符,第一个字符索引值为 0。end 表示用于设置字符串检测的结束位置。字符中第一个字符的索引为 0。默认为字符串的最后一个位置。该方法用于检查字符串是否是以指定子字符串开头,如果是则返回 True,否则返回 False。如果参数 beg 和 end 指定值,则在指定范围内检查。
- endswith(str,beg＝0,end＝len(string)):str 表示检测的字符串,beg 用于设置字符串检测的起始位置。默认为第一个字符,第一个字符索引值为 0。end 表示用于设置字符串检测的结束位置。字符中第一个字符的索引为 0。默认为字符串的最后一个位置。该方法用于检查字符串是否是以指定子字符串结尾,如果是则返回 True,否则返回 False。如果参数 beg 和 end 指定值,则在指定范围内检查。

下面通过例 3-3 来了解这些函数的用法。

【例 3-3】　字符串检查

```
s1='Hello world!'
print(s1.count('l',0,5))
print(s1.startswith('He',2,5))
print(s1.endswith('orld'))
```

运行结果:

```
2
False
False
```

3.3.4 字符串格式化

在输出字符串时,往往需要将该字符串进行格式化,以便增加可读性。支持格式化字符串的相关函数如下。

- center(width,[fillchar]):返回一个原字符串居中,并使用 fillchar 字符填充至长度 width 的新字符串,默认使用空格。
- ljust(width,[fillchar]):返回一个原字符串左对齐,并使用 fillchar 字符填充至长度 width 的新字符串,默认使用空格。
- rjust(width,[fillchar]):返回一个原字符串右对齐,并使用 fillchar 字符填充至长度 width 的新字符串,默认使用空格。
- lstrip([chars]):截掉 string 左边的字符串,默认使用空格。
- rstrip([chars]):截掉 string 末尾的空格,默认使用空格。
- strip([chars]):在 string 上执行 lstrip()和 rstrip(),默认使用空格。
- zfill(width):返回长度为 width 的字符串,原字符串 string 右对齐,前面填充 0。

下面通过例 3-4 来了解这些函数的用法。

【例 3-4】 字符串格式化

```
s1='12'
print(s1.center(10, '*'))
print(s1.ljust(10, '*'))
print(s1.rjust(10, '*'))
print(s1.zfill(10))
s2='001200'
print(s2.lstrip('00'))
print(s2.rstrip('0'))
print(s2.strip('0'))
```

运行结果:

```
****12****
12********
********12
0000000012
1200
0012
12
```

下面单独介绍一个非常强大的字符串方法,format()。该函数能够对字符串做出各种格式化操作,参数可以不限个数,位置可以不按顺序。示例如下:

```
#通过位置
print('{0},{1}'.format('Tom',20))
```

```
print('{},{}'.format('Tom',20))
print('{1},{0},{1}'.format('Tom',20))
```

运行结果：

```
Tom,20
Tom,20
20,Tom,20
```

也可以通过设置关键字参数，来指定位置：

```
#通过关键字参数
print('{name},{age}'.format(age=18,name='Tom'))
#通过列表索引设置参数
my_list=['Tom',18]
print("姓名：{0[0]}，年龄：{0[1]}".format(my_list))    #"0"是必须的
```

运行结果：

```
Tom,18
姓名：Tom，年龄：18
```

也可以用来实现填充和对齐，示例如下：

```
#填充与对齐
print('{:>8}'.format('189'))                #189右对齐
print('{:<8}'.format('189'))                #189左对齐
print('{:^8}'.format('189'))                #189中间对齐
print('{:0>8}'.format('189'))               #00000189右对齐并补0
print('{:a>8}'.format('189'))               #aaaaa189右对齐补a
```

输出结果：

```
     189
189
  189
00000189
aaaaa189
```

也可以实现不同精度和类型的设置，示例如下：

```
#精度与类型
print('{:.2f}'.format(321.33345))           #321.33 2表示小数位数
print('{:,}'.format(1234567890))            #1,234,567,890用来做金额的千位分隔符
print('{:.3%}'.format(0.25))                #25.000%3表示百分比中小数点位数
print('{:.3e}'.format(2500000000))          #2.500e+09指数输出，3表示小数点位数
```

运行结果：

```
321.33
```

```
1,234,567,890
25.000%
2.500e+09
```

最后还可以用来实现不同进制的输出：

#b、d、o、x 分别是二进制、十进制、八进制、十六进制。#x 小写输出，#X 大写输出

```
print('{:b}'.format(10))        #二进制 10010
print('{:d}'.format(10))        #十进制 18
print('{:o}'.format(10))        #八进制 22
print('{:x}'.format(10))        #十六进制 12
print('{:#x}'.format(10))       #十六进制 0xa
print('{:#X}'.format(10))       #十六进制 0XA
```

运行结果：

```
1010
10
12
a
0xa
0XA
```

3.3.5 字符串查找

字符串类型支持查找的方法有如下几种。

- string.find(str,beg=0,end=len(string))：检测 str 是否包含在 string 中,如果 beg 和 end 指定范围,则检查是否包含在指定范围内,如果是返回开始的索引值,否则返回−1。
- string.index(str,beg=0,end=len(string))：跟 find()方法一样,只不过如果 str 不在 string 中会报一个异常。
- max(str)：返回字符串 str 中最大的字母,根据 ASCII 码来比较;这是内置函数,不是字符串类型提供的方法。
- min(str)：返回字符串 str 中最小的字母,根据 ASCII 码来比较;这是内置函数,不是字符串类型提供的方法。
- string.rfind(str,beg=0,end=len(string))：类似于 find()函数,不过是从右边开始查找。
- string.rindex(str,beg=0,end=len(string))：类似于 index(),不过是从右边开始。

下面通过例 3-5 了解上面函数的使用方式。

【例 3-5】 字符串查找

```
s='Hello'
```

```
print(max(s))
print(min(s))
print(s.find('l'))
print(s.index('l'))
print(s.rfind('l'))
print(s.rindex('l'))
print(s.find('m'))
print(s.index('m'))
```

运行结果：

```
o
H
2
2
3
3
-1
Traceback (most recent call last):
  File "D:\Python32\chapter2\src\data.py", line 9, in <module>
    print(s.index('m'))
ValueError: substring not found
```

3.3.6 字符串修改

字符串修改涉及一些重要的字符串函数,具体介绍如下。

- join(seq)：以 string 作为分隔符,将 seq 中所有的元素(的字符串表示)合并为一个新的字符串。
- split(str="",num=string.count(str))：以 str 为分隔符切片 string,如果 num 有指定值,则仅分隔 num+1 个子字符串。Str 指分隔符,默认为所有的空字符,包括空格、换行(\n)、制表符(\t)等。Num 指定分隔次数,默认为−1,即分隔所有;若指定,则返回列表的元素个数,限定为 Num+1 个。
- splitlines([keepends])：按照行('\r','\r\n','\n')分隔,返回一个包含各行作为元素的列表,如果参数 keepends 为 False,不包含换行符,如果为 True,则保留换行符。
- partition(str)：str 为分隔符,该方法返回一个 3 元的元组,第一个为分隔符左边的子串,如果此字符串没有此分隔符,此子串为第一个字符串;第二个为分隔符本身;第三个为分隔符右边的子串。
- rpartition(str)：类似于 partition()函数,不过是从右边开始查找。
- replace(str1,str2,num=string.count(str1))：把 string 中的 str1 替换成 str2,如果 num 指定,则替换不超过 num 次。
- maketrans(intab,outtab])：maketrans()方法用于创建字符映射的转换表,对于接受两个参数的最简单的调用方式,第一个参数是字符串,表示需要转换的字符,第二个参数也是字符串表示转换的目标。

- translate(str)：根据 str 给出的表（包含 256 个字符）转换 string 的字符。

下面通过例 3-6 来阐述上述函数。

【例 3-6】 字符串修改

```
s='Hello world\tHello'
print('-'.join(s))
print(s.split())
print(s.split("l"))
print(s.split("l",1))
print(s.splitlines())
print(s.partition('l'))
print(s.partition('m'))
print(s.rpartition('l'))
print(s.replace('l','m',2))
trantab=s.maketrans('oled', '1234')
print(s.translate(trantab))
```

运行结果：

```
H-e-l-l-o--w-o-r-l-d-  -H-e-l-l-o
['Hello', 'world', 'Hello']
['He', '', 'o wor', 'd\tHe', '', 'o']
['He', 'lo world\tHello']
['Hello world\tHello']
('He', 'l', 'lo world\tHello')
('Hello world\tHello', '', '')
('Hello world\tHel', 'l', 'o')
Hemmo world Hello
H3221 w1r24 H3221
```

3.3.7 字符串编解码

字符串编码的知识 3.2.7 节已经介绍过,本节介绍字符串支持编解码的相关方法。

- encode(encoding＝'UTF-8', errors＝'strict')：以 encoding 指定的编码格式编码 string,得到一个 bytes 类型对象,如果出错默认报一个 ValueError 的异常,除非 errors 指定的是'ignore'或者'replace'. encoding 参数可选,即要使用的编码,默认 编码为 'utf-8'。字符串编码常用类型有 utf-8、gb2312、cp936、gbk 等。errors 参数 也可选,用来设置不同错误的处理方案。默认为 'strict',意为编码错误引起一个 UnicodeEncodeError。其他可能值有 'ignore'、'replace'、'xmlcharrefreplace'等。
- decode(encoding＝'UTF-8', errors＝'strict')：以 encoding 指定的编码格式解码 string,errors 参数和 encode()函数一样。

下面通过例 3-7 了解编解码函数的使用方式。

【例 3-7】 字符串编解码

```
str1="你好,世界"
str2="Hello world"
print("utf8 编码: ",str1.encode(encoding="utf8",errors="strict")) #等价于
print("utf8 编码: ",str1.encode("utf8"))
print("utf8 编码: ",str2.encode(encoding="utf8"))
print("gbk 编码: ",str1.encode(encoding="gbk"))
print("gbk 编码: ",str2.encode(encoding="gbk"))
```

运行结果:

```
utf8 编码: b'\xe4\xbd\xa0\xe5\xa5\xbd\xef\xbc\x8c\xe4\xb8\x96\xe7 \x95\x8c'
utf8 编码: b'Hello world'
gbk 编码: b'\xc4\xe3\xba\xc3\xa3\xac\xca\xc0\xbd\xe7'
gbk 编码: b'Hello world'
```

3.4 列 表 概 述

3.4.1 列表的定义

列表由一系列按特定顺序排列的元素组成,是一个用 list 类定义的序列,包括了创建、操作和处理列表的方法。可以创建包含字母表中所有字母、数字 0~9 或所有家庭成员姓名的列表;也可以将任何东西加入列表中,其中的元素之间可以没有任何关系。

鉴于列表通常包含多个元素,给列表指定一个表示复数的名称(如 letters、digits 或 names)是个不错的主意。

在 Python 中,用方括号([])来表示列表,并用逗号来分隔其中的元素。列表的定义有两种常见格式:使用方括号和使用 list 类的构造方法。

1. 使用方括号

常见的列表定义方式是使用下面这种格式:

列表名=[列表元素 1,列表元素 2, ...]

下面是一个简单的列表示例,这个列表包含一个星期的每天:

```
week_day=['星期一','星期二','星期三','星期四',
        '星期五','星期六','星期日']
print(week_day)
```

如果让 Python 将此列表打印出来,Python 将打印列表的内部表示,包括方括号:

```
['星期一', '星期二', '星期三', '星期四', '星期五', '星期六', '星期日']
```

也可以定义为

```
week_day=[]
```

这表示是一个空列表，里面什么元素也没有。但可以使用列表的一些操作添加新元素。

方括号内甚至可以放任何支持迭代的容器，或者迭代对象，如果该对象已经是一个list，那么定义新 list 实际上是一个复制过程。

```
week_day1=['星期一','星期二']
week_day2=[x for x in week_day1]
```

此时 week_day2 列表中的元素和 week_day1 中的一模一样。

2. 使用 list 类的构造方法

通过 list 类的构造方法，定义语法格式为

```
列表名=list(支持迭代的对象)
```

支持迭代的对象包括各种序列类型，如字符串、列表、元组、集合等。示例如下：

```
list1=list()              #空列表
list2=list([1,2,3])       #包含三个元素 1,2,3 的列表
list3=list(range(2,6))    #包含四个元素 2,3,4,5 的列表
list4=list('abd')         #包含三个元素 'a','b','d'的列表
```

列表是一种序列，看起来和其他语言中的数组差不多。实际上还是有区别的，因为一个列表是任何元素的序列，就是说列表中的元素的类型可以是各种类型，可以这样定义：

```
list5=[1, 2.9, 'name', [1,2]]
```

3.4.2 列表元素

列表是一个有序序列。刚才的例子中只能一次输出所有元素，如果想要访问列表中个别元素，需要通过元素的下标（也称位置或者索引）来得到。访问语法如下：

```
列表名[下标]
```

想要访问列表 week_day 中的"星期三"，可以这样：

```
week_day=['星期一','星期二','星期三','星期四',
        '星期五','星期六','星期日']
print(week_day[2])
```

当请求获取列表元素时，Python 只返回该元素，而不包括方括号和引号：

```
星期三
```

这正是要让用户看到的结果——整洁、干净的输出。

还可以对任何列表元素调用第 2 章介绍的字符串方法。例如,可使用字符串类的一个函数 title()让输出元素的格式更整洁:

```
print(week_day[2].title())
```

特别要注意的是,第一个元素的下标是从 0 开始的,而不是 1。一般情况下,一个 n 个元素的列表,其下标的范围是:0~n−1。如果不小心访问了超出下标范围的列表元素,例如:

```
week_day=['星期一','星期二','星期三','星期四', '星期五','星期六','星期日']
print(week_day[7])
```

就会得到这样的异常信息:

```
IndexError: list index out of range
```

图 3-2 给出了列表 week_day 中的 7 个元素。

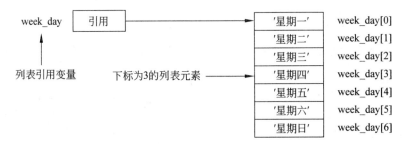

图 3-2　列表 week_day 中的 7 个元素

Python 为访问最后一个列表元素提供了一种特殊语法。通过将索引指定为−1,可以让 Python 返回最后一个列表元素:

```
week_day=['星期一','星期二','星期三','星期四',
        '星期五','星期六','星期日']
print(week_day[-1])
print(week_day[-7])
```

运行结果:

```
星期日
星期一
```

当下标为−1 时,访问的是倒数第一个元素,也就是最后一个元素。而下标为−7 时,访问的是倒数第 7 个元素,也就是第一个元素。实际上,如果下标值为负数,可以用列表元素的长度和下标进行计算,从而得到下标位置。在本例中,元素个数是 7,下标为−1 时,使用 7+(−1)=6,实际上访问的就是下标为 6 的元素。

下标为负数时,也是有范围的,如果这样访问也会有下标越界的错误:

```
print(week_day[-8])
```

到此可以总结出来,一个 n 个元素的列表的下标范围是－n～n－1。

3.4.3 列表切片

就像下标可以从列表中取得单个值一样,切片可以从列表中取得多个值,结果是一个新列表。切片输入在一对方括号中,像下标一样,但它有两个冒号分隔的整数。请注意下标和切片的不同。语法格式如下:

列表名[[切片开始值]:[切片终止值]]

切片可以得到一个列表中的子列表,也称一个片段。这个片段是从切片开始直到切片终止值－1 范围的元素构成的。示例如下:

```
week_day=['星期一','星期二','星期三','星期四',
        '星期五','星期六','星期日']
print(week_day[1:4])
```

上例中,想要获取 week_day 这个列表中的一个切片,得到结果如下:

['星期二','星期三','星期四']

切片开始值可以省略,省略的话意味着切片开始值就是 0。例如:

```
week_day=['星期一','星期二','星期三','星期四',
        '星期五','星期六','星期日']
print(week_day[:4])
```

运行结果:

['星期一','星期二','星期三','星期四']

切片终止值也可以省略,省略的话意味着切片终止值就是最后一个下标。例如:

```
week_day=['星期一','星期二','星期三','星期四',
        '星期五','星期六','星期日']
print(week_day[2:])
```

运行结果:

['星期三','星期四','星期五','星期六','星期日']

当切片开始值和终止值都省略的时候,其实就是获取整个列表。这种做法可以用来复制列表。但要注意,即使开始值和终止值都省略,中间的冒号“:”是不能省略的。

print(week_day[:])

也可以在切片过程中使用负数下标。例如:

print(week_day[:-2])

由前面的知识看出,这种切片方式和下面的方式等价。

```
print(week_day[:5])
```

请注意,换算之后,如果切片终止值还是小于或等于开始值的话,并不会引起异常,而是返回一个空表。例如:

```
week_day=['星期一','星期二','星期三','星期四',
        '星期五','星期六','星期日']
print(week_day[2:2])
```

运行结果:

```
[]
```

3.4.4 列表长度

通常情况下,如果定义了一个简单的列表,它的长度是可以看出来的。但列表是动态增长的,而且有时列表是从函数的参数传进来的,所以很难获取列表的当前长度。len()函数返回对象(字符、列表、元组等)长度,通过它可以随时获取当前列表的大小,也就是元素的个数。示例如下:

```
week_day=['星期一','星期二','星期三','星期四',
        '星期五','星期六','星期日']
print(len(week_day[2:2]))
```

运行结果:

```
0
```

len()函数很有用,遍历列表的时候需要用它来得到列表长度。

3.4.5 列表运算符

Python支持使用列表相关运算符进行列表的一些操作。如可以使用连接运算符"+"来组合两个列表,示例如下:

```
list1=[1,2,3]
list2=[4,5,6,7]
print(list1+list2)
```

将list1和list2进行拼接,得到一个更长的新列表如下:

```
[1, 2, 3, 4, 5, 6, 7]
```

同时,可以使用复制运算符" * "复制列表中的元素:

```
list1=[1,2,3]
print(list1 * 2)
```

将 list1 复制两次,得到一个新列表如下:

```
[1, 2, 3, 1, 2, 3]
```

还可以使用 in 或者 not in 运算符来判断一个元素是否在一个列表中。例如:

```
list1=[1,2,3]
if (2 in list1):
    print("在列表中")
else:
    print("不在列表中")
```

运行结果:

在列表中

3.5   列表基本操作

3.4 节介绍了如何创建简单的列表,以及如何操作列表元素。在本节介绍如何遍历整个列表,这只需要几行代码,无论列表有多长。循环可以对列表的每个元素都采取一个或一系列相同的措施,从而高效地处理任何长度的列表,包括包含数千乃至数百万个元素的列表。

3.5.1   遍历列表

编程中,经常需要遍历列表的所有元素,对每个元素执行相同的操作。例如,在游戏中,可能需要将每个界面元素平移相同的距离;对于包含数字的列表,可能需要对每个元素执行相同的统计运算;在网站中,可能需要显示文章列表中的每个标题。需要对列表中的每个元素都执行相同的操作时,可使用 Python 中的 for 循环。

试着使用 for 循环将 week_day 列表中的每个元素都打印出来:

```
week_day=['星期一','星期二','星期三','星期四',
        '星期五','星期六','星期日']
for day in week_day:
    print(day)
```

如果希望以不同的顺序遍历列表或者改变列表中的元素,那么仍然必须使用下标变量。例如只想显示 week_day 中的奇数项,可以这么写:

```
week_day=['星期一','星期二','星期三','星期四',
        '星期五','星期六','星期日']
for i in range(0,len(week_day),2):
    print(week_day[i])
```

这里 i 变量表示下标,len()函数取得列表的长度,步长 2 表示每次 i 下标增加 2。最后就会打印出奇数项了。

3.5.2 添加列表元素

一个已经定义的列表中,已经包含了若干元素,如果要添加新的元素进入列表该怎么做呢? 可以使用 append()函数,示例如下:

```
week_day=['星期一','星期二','星期三','星期四',
          '星期五','星期六']
week_day.append('星期日')
print(week_day)
```

运行结果:

['星期一','星期二','星期三','星期四','星期五','星期六','星期日']

可以看出,append()函数是列表类中的一个方法,能够将一个新的元素添加到列表的尾部。如果要添加元素到列表的其他位置,则需要使用列表类的另一个函数 insert(),示例如下:

```
week_day=['星期一','星期二','星期三','星期四',
          '星期五','星期六']
week_day.insert(0,'星期日')
print(week_day)
```

运行结果:

['星期日','星期一','星期二','星期三','星期四','星期五','星期六']

请注意,代码是 week_day.insert(0,'星期日'),而不是 week_day ＝ week_day.insert(0,'星期日')。append()和 insert()都不会将 spam 的新值作为其返回值(实际上,append()和 insert()的返回值是 None,所以大家肯定不希望将它保存为变量的新值)。

还有一个 extend()函数,可以用来扩展列表,类似于之前的连接运算符"＋",示例如下:

```
week_day=['星期一','星期二','星期三']
week_day.extend(['星期四',
          '星期五','星期六','星期日'])
print(week_day)
```

运行结果:

['星期一', '星期二', '星期三', '星期四', '星期五', '星期六', '星期日']

注意,此函数是用列表去拓展列表,而不是直接添加元素,所以"（）"中要加上"[]"。

3.5.3 删除列表元素

Python 中,删除列表元素一般有 3 种方法,具体介绍如下。

1. 使用 del 运算符

使用 del 运算符可以根据下标来进行元素的删除。示例如下:

```
week_day=['星期一','星期二','星期三']
del week_day[0]
print(week_day)
```

运行结果:

```
['星期二', '星期三']
```

除此之外,配合切片,del 还可以删除指定范围内的值。示例如下:

```
week_day=['星期一','星期二','星期三','星期四',
        '星期五','星期六']
del week_day[2:5]
print(week_day)
```

删除之后,运行结果:

```
['星期一', '星期二', '星期六']
```

Del 还可以删除整个数据对象,包括列表、集合等。

```
week_day=['星期一','星期二','星期三','星期四',
        '星期五','星期六']
del week_day
print(week_day)
```

使用 del 将整个列表删除后,访问这个列表就会出现下面的错误信息:

```
NameError: name 'week_day' is not defined
```

请注意:del 是删除引用(变量)而不是删除对象(数据),对象由自动垃圾回收机制 (GC)删除。

2. 使用 remove() 函数

使用 remove() 函数可以根据一个元素的内容,来进行某个元素的删除。示例如下:

```
week_day=['星期一','星期二','星期三','星期四',
        '星期五','星期六']
week_day.remove('星期六')
print(week_day)
```

删除之后的运行结果：

['星期一','星期二','星期三','星期四','星期五']

在使用该函数时，请确保参数的值是列表中的某个值，如果元素的内容不存在于列表中，会出现如下错误信息：

ValueError: list.remove(x): x not in list

因此，安全起见可以使用in运算符在删除前先判断：

```
week_day=['星期一','星期二','星期三','星期四',
        '星期五','星期六']
item='星期日'
if (item in week_day):
    week_day.remove(item)
print(week_day)
```

3. 使用 pop() 函数

使用pop()函数可以根据下标删除单个或多个元素。示例如下：

```
week_day=['星期一','星期二','星期三','星期四',
        '星期五','星期六']
item=week_day.pop(2)
print(week_day)
print(item)
```

删除后，运行结果：

```
['星期一','星期二','星期四','星期五','星期六']
星期三
```

可以看出，pop()函数和remove()函数不同的是，它删除元素后，还能返回删除的元素。另外，如果pop()函数没有任何参数的话，默认删除最后一个元素。示例如下：

```
week_day=['星期一','星期二','星期三','星期四',
        '星期五','星期六']
week_day.pop()
print(week_day)
```

运行结果：

['星期一','星期二','星期三','星期四','星期五']

3.5.4　查询列表元素

Python中，查询元素是否存在可以使用之前介绍过的in和not in运算符，但这两个运算符只能判断元素是否在列表中，而不能获取元素的位置。

查找在计算机程序设计中是一个常见任务,接下来讨论两种常见的查找方法。

1. 线性查找法

线性查找法比较简单,该方法顺序遍历每一个列表元素,然后和待查找的元素值进行比较,相等表示找到,返回该元素下标值;不相等则继续比较下一个。如果没有找到则返回−1。

```
lst=[3,1,3,4,0,9,5]
key=9
for i in range(len(lst)):
    if (key==lst[i]):
        index=i
print(index)
```

运行结果:

```
5
```

从结果来看,是正确的。但这个程序不完善,如果 key 设为 8,程序就会报错:

```
NameError: name 'index' is not defined
```

需要考虑没有 key 值的情况,要返回−1。示例如下:

```
lst=[3,1,3,4,0,9,5]
key=8
for i in range(len(lst)):
    index=-1
    if (key==lst[i]):
        index=i
```

程序就会返回:

```
-1
```

线性查找法依次比较每个元素,理想情况下第一个就能找到,也有可能最后一个才是,或者一个都没有找到,平均而言每次需要比较一半的元素。所以该算法查找的时间和列表元素的数量成正比,这对于元素个数很多的列表而言,效率不高。接下来介绍另一个查找算法:二分查找。

2. 二分查找

二分查找又称折半查找,是对列表值进行查找的另一种常用方法。如果想要用二分查找,列表中的元素必须是事先排好序的。

二分查找的思想是在列表中,找到中间值,判断要找的值和中间值大小的比较。如果中间值大一些,则在中间值的左侧区域继续按照上述方式查找。如果中间值小一些,则在中间值的右侧区域继续按照上述方式查找,直到找到需要获取的元素。例 3-8 给出了二分查找的具体代码。

【例 3-8】 二分查找

```
lst=[1,3,4,6,7,8,10,13,14,19]
#low 和 high 代表下标 最小下标,最大下标
low=0
key=4
high=len(lst)-1
while low <=high:#只有当 low 小于 High 的时候证明中间有数
    mid=(low+high)//2
    if lst[mid]==key:
        break
    elif lst[mid]>key:
        high=mid-1
    else:
        low=mid+1
if (low>high):
    mid=-1
print(mid)
```

图 3-3 给出了具体查找流程。

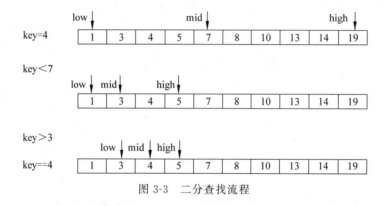

图 3-3　二分查找流程

　　比较刚才两种查找算法可以看出,二分查找算法优点是比较次数少,查找速度快,平均性能好;其缺点是要求待查表为有序表,且插入、删除困难。因此,折半查找方法适用于不经常变动而查找频繁的有序列表。首先,假设表中元素是按升序排列,将表中间位置记录的关键字与查找关键字比较,如果两者相等,则查找成功;否则利用中间位置记录将表分成前、后两个子表,如果中间位置记录的关键字大于查找关键字,则进一步查找前一子表,否则进一步查找后一子表。重复以上过程,直到找到满足条件的记录,使查找成功,或直到子表不存在为止,此时查找不成功。

　　实际编程时可以使用列表中的 count()和 index()方法进行查找。

　　使用 count()查询列表中某元素出现的次数,其参数只需要给出元素值就返回出现的次数,示例如下:

```
week_day=['星期一','星期二','星期三','星期二',
        '星期五','星期二']
c=week_day.count('星期二')
print(c)
```

运行结果：

```
3
```

如果想查找指定值在列表中的位置，则需要使用 index() 方法来实现，示例如下：

```
week_day=['星期一','星期二','星期三','星期二',
        '星期五','星期二']
i=week_day.index('星期二')
print(i)
```

运行结果：

```
1
```

注意，index() 返回的是第一次指定值出现的位置。如果一次都没有出现，示例如下：

```
week_day=['星期一','星期二','星期三','星期二',
        '星期五','星期二']
i=week_day.index('星期')
print(i)
```

则抛出异常信息：

```
ValueError: '星期' is not in list
```

3.5.5　修改列表元素

列表是可变数据类型，意味着列表中每个元素的值可以被改变。2.2.4 节介绍过可以使用赋值来改变一个变量的值，如 a＝4，也可以使用同样的形式改变下标处的值。例如：

```
week_day=['星期一','星期二','星期三','星期四',
        '星期五','星期六','星期日']
week_day[2]='Tuesday'
week_day[3]=week_day[1]
print(week_day)
```

运行结果：

```
['星期一', '星期二', 'Tuesday', '星期二', '星期五', '星期六', '星期日']
```

可以看出，列表元素的值是可以被改变的。

3.5.6　复制列表

经常需要在程序中复制一个列表或者列表的部分到另一个列表中。初学者可能会尝试使用赋值运算符来进行赋值。例如：

```
week_day1=['星期一','星期二','星期三','星期四',
          '星期五','星期六','星期日']
week_day2=[1,2,3,4,5,6,7]
week_day1=week_day2
print(week_day1)
print(week_day2)
```

运行结果：

```
[1, 2, 3, 4, 5, 6, 7]
[1, 2, 3, 4, 5, 6, 7]
```

这里表面上看列表好像被复制了，其实不然。因为列表名本身是一个引用。所谓引用，其实可以看作是一个内存中的地址。上面的程序对应的内存情况如图 3-4 所示。

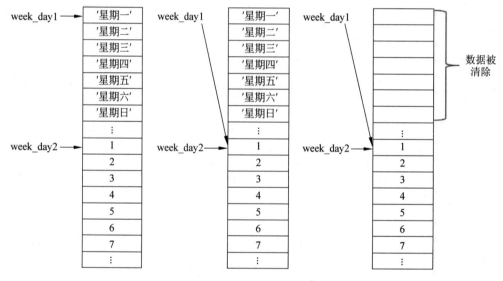

图 3-4　列表重新赋值时的内存情况

从图 3-4 可以看出，如果尝试修改列表名的对应引用，那么列表的内容就变成垃圾，自动收集起来被 Python 编译器重新使用了，这个过程也称为垃圾收集机制（GC）。

其实，可以使用一个函数 id()来验证上面的结论。id()函数可以获取一个引用变量的具体在内存中的位置值(本质上是一个地址)，下面通过例 3-9 了解如何使用该函数。

【例 3-9】　id()函数的使用

```
week_day1=['星期一','星期二','星期三','星期四',
          '星期五','星期六','星期日']
week_day2=[1,2,3,4,5,6,7]
print(id(week_day1))
print(id(week_day2))
```

```
week_day1=week_day2
print(id(week_day1))
print(id(week_day2))
```

运行结果：

```
2202184540744
2202184540808
2202184540808
2202184540808
```

可以看出，原来两个列表的引用值不一样，意味着这两个列表在内存中位置不同。但赋值语句执行后，两个引用值相等了，所以赋值引用变量不能复制一个列表。那么，怎么做才能正确地复制列表元素呢？具体方法介绍如下。

1. 使用切片

切片也可以复制一个列表。例 3-10 给出了使用切片的示例。

【例 3-10】 切片

```
week_day1=['星期一','星期二','星期三','星期四',
          '星期五','星期六','星期日']
week_day2=week_day1[:]
print(week_day1)
print(week_day2)
print(id(week_day1))
print(id(week_day2))
```

运行结果：

```
['星期一', '星期二', '星期三', '星期四', '星期五', '星期六', '星期日']
['星期一', '星期二', '星期三', '星期四', '星期五', '星期六', '星期日']
2908524339784
2908524339848
```

从结果中可以看出，切片可以很好地进行列表的复制。

2. 使用列表解析

可以循环遍历一个列表，然后将值插入另一个列表中，这种方式称为列表解析。这是一种根据已有列表，高效创建新列表的方式。列表解析是 Python 迭代机制的一种应用，它常用于实现创建新的列表。语法格式如下：

列表名=[迭代表达式 for 迭代对象 in 迭代序列 [if 条件表达式]]

迭代表达式是一个包含迭代对象的表达式。迭代序列是一个支持迭代的序列类型数据，如 range()函数、列表等。条件表达式可以指定迭代对象一些筛选条件，这是可选的。

列表解析很强大，可以简洁地实现一些功能。如用一个普通方法列出 1～10 所有数

字的平方,代码如下:

```
list1=[]
for i in range(1,11):
    list1.append(i * * 2)
print(list1)
```

使用列表解析,可以完成同样的功能,但代码大大减少:

```
list1=[ i * * 2 for i in range(1,11) ]
print(list1)
```

再看一个例子,列出 1~10 中大于或等于 4 的数字的平方。普通方法的代码如下:

```
list1=[]
for i in range(1,11):
    if (i >=4):
        list1.append(i * * 2)
print(list1)
```

使用列表解析如下:

```
list1=[i * * 2 for i in range(1,11) if i >=4]
print(list1)
```

最后,来看如何使用列表解析复制一个列表:

```
week_day1=['星期一','星期二','星期三','星期四',
        '星期五','星期六','星期日']
week_day2=[day for day in week_day1]
print(week_day2)
```

3. 使用 copy()函数

使用 list 类中提供的一个 copy()函数,也可以进行列表的复制,如例 3-11 所示。

【例 3-11】 copy()函数的使用

```
week_day1=['星期一','星期二','星期三','星期四',
        '星期五','星期六','星期日']
week_day2=week_day1.copy()
print(week_day1)
print(week_day2)
print(id(week_day1))
print(id(week_day2))
```

运行结果:

```
['星期一', '星期二', '星期三', '星期四', '星期五', '星期六', '星期日']
['星期一', '星期二', '星期三', '星期四', '星期五', '星期六', '星期日']
2503454909000
2503454909064
```

3.5.7 列表的排序

本节介绍几种常见的排序算法。

1. 冒泡排序

冒泡排序(bubble sort)是一种简单的排序算法。它重复地遍历要排序的数列,一次比较两个元素,如果它们的顺序错误就把它们交换过来。遍历数列的工作是重复地进行直到没有再需要交换,也就是说该数列已经排序完成。这个算法的名字由来是因为越小的元素会经由交换慢慢"浮"到数列的顶端。升序冒泡排序如例 3-12 所示。

【例 3-12】 冒泡排序

```
list1=[2,4,6,8,1,3,5,7,9]
n=len(list1)
for i in range(n-1):
    for j in range( 0,n-1-i):
        if list1[j]>list1[j+1]:
            list1[j], list1[j+1]=list1[j+1], list1[j]
print(list1)
```

运行结果:

```
[1, 2, 3, 4, 5, 6, 7, 8, 9]
```

分析这个程序,这是一个二层嵌套循环,内层循环中,依次比较两个相邻的元素,前面大的那个元素会和后面的元素调换位置,直到最后一个元素。外层循环的第一轮迭代最后的结果是最大的元素到了列表的最后位置。外层循环的第二轮结果是第二大的元素换到了列表的倒数第二个位置。以此类推,当外层循环结束时,列表就排序结束了。

2. 插入排序

插入排序(insertion sort)是一种简单直观的排序算法。它的工作原理是通过构建有序序列,对于未排序数据,在已排序序列中从后向前扫描,找到相应位置并插入。插入排序在实现上,在从后向前的扫描过程中,需要把已排序元素逐步向后挪位,为最新元素提供插入空间。例 3-13 给出了插入排序的代码。

【例 3-13】 插入排序

```
list1=[3,0,2,5,8,5,9,41,0,1,6]
n=len(list1)
for i in range(1, n):
    for j in range(i, 0, -1):
        if list1[j]<list1[j-1]:
            list1[j], list1[j-1]=list1[j-1], list1[j]
```

```
        else:
            break
print(list1)
```

3. 选择排序

选择排序(selection sort)是一种简单直观的排序算法。它的工作原理如下：首先在未排序序列中找到最小(大)元素，存放到排序序列的起始位置，然后再从剩余未排序元素中继续寻找最小(大)元素。放到已排序序列的末尾。以此类推，直到所有元素均排序完毕，如例 3-14 所示。

【例 3-14】 选择排序

```
list1=[3,0,2,5,8,5,9,41,0,1,6]
n=len(list1)
for i in range(0, n -1):
    min_index=i
    for j in range(i+1, n):
        if list1[min_index]>list1[j]:
            min_index=j
    if i !=min_index:
        list1[min_index], list1[i]=list1[i], list1[min_index]
print(list1)
```

当然，大部分情况下，在理解并掌握了这些常见排序算法之后，在实际的编程工作中并不需要使用上面的代码实现排序，因为 Python 提供了几个非常好用的排序函数。

4. sort()函数

此函数方法对列表内容进行正向排序，排序后的新列表会覆盖原列表(id 不变)，也就是 sort 排序方法是直接修改原列表 list 排序方法。示例如下：

```
list1=[3,0,2,5,8,5,9,41,0,1,6]
print(id(list1))
list1.sort()
print(list1)
print(id(list1))
```

运行结果：

```
2712295203400
[0, 0, 1, 2, 3, 5, 5, 6, 8, 9, 41]
2712295203400
```

如果要降序，sort()里面有个默认为 False 的默认参数 reverse 可以把它设为 True，示例如下：

```
list1.sort(reverse=True)
```

Python 程序设计与实践

从上面的例子可以看出,sort()函数确实给编程人员提供了很大的方便。而且,新的列表引用值没有变化,意味着原来的列表已经被排序之后的列表覆盖了。

要注意的是,sort()函数返回值是 None,所以不要写成这样:

```
list1=list1.sort()
```

那么怎么实现原来的列表在排序后不被覆盖呢? 那就要用 sorted()函数了。

5. sorted()函数

现在尝试用 sorted()函数来修改刚才的程序:

```
list1=[3,0,2,5,8,5,9,41,0,1,6]
print(id(list1))
list2=sorted(list1)
print(list1)
print(list2)
print(id(list1))
print(id(list2))
```

运行结果:

```
1390316905032
[3, 0, 2, 5, 8, 5, 9, 41, 0, 1, 6]
[0, 0, 1, 2, 3, 5, 5, 6, 8, 9, 41]
1390316905032
1390316905096
```

从结果来看,sorted()函数并没有改变原来的列表。但要注意,sorted()不是 list 的方法而是内置函数,它是有返回值的,它返回新的列表,这是和 sort()函数不同的。

6. reverse()函数

reverse()函数会把列表逆序,是把原列表中的元素顺序从左至右的重新存放,而不会对列表中的参数进行排序整理。注意逆序和降序是不同的,逆序是不排序的。示例如下:

```
list1=[3,0,2,5,8,5,9,41,0,1,6]
print(id(list1))
list1.reverse()
print(list1)
print(id(list1))
```

运行结果:

```
1891871515208
[6, 1, 0, 41, 9, 5, 8, 5, 2, 0, 3]
1891871515208
```

从结果来看,reverse()能实现逆序。它也是 list 类提供的一个方法,所以和 sort()一样,也会覆盖原列表。如果不想被覆盖,需要使用内置函数 reversed(),这里就不举例了,大家可以自行尝试。

总结一下,这几个和列表顺序相关的函数的区别如下。

(1) sort()是可变对象(字典、列表)的方法,无参数,无返回值,sort()会改变可变对象,因此无须返回值。sort()方法是可变对象独有的方法或者属性,而作为不可变对象如元组、字符串是不具有这些方法的,如果调用将会返回一个异常。

(2) sorted()是 Python 的内置函数,并不是可变对象(列表、字典)的特有方法,sorted()函数需要一个参数(可以是列表、字典、元组、字符串),无论传递什么参数,都将返回一个以列表为容器的返回值,如果是字典将返回键的列表。

(3) reverse()实现列表的逆序,与 sort 的使用方式一样,而 reversed()与 sorted()的使用方式相同。

3.6　二　维　列　表

数学计算中经常需要使用矩阵,而矩阵该如何表示呢? 这就要用到二维列表了。

3.6.1　二维列表简介

二维列表是将其他列表作为元素的列表,也就是列表的列表。可以使用列表来存储二维数据,如一张数据表或者矩阵等。某份成绩单如表 3-3 所示。

表 3-3　成绩单

姓名	语文	数学	物理	化学	生物	历史
张三	82	98	90	77	89	98
李四	79	90	89	89	86	87
王五	76	87	78	90	76	65

二维列表定义方式格式如下:

列表名 = [[列表元素 1,列表元素 2,...],[],[]...]

根据这个语法,就可以将刚才的成绩单使用二维列表表示如下:

```
score= [
[82, 98, 90, 77, 89, 98],
[79, 90, 89, 89, 86, 87],
[76, 87, 78, 90, 76, 65]
]
```

3.6.2　创建二维列表

创建二维列表的方法有如下 3 种。

1. 直接创建法

直接创建法就和刚才的例子一样,适用于列表元素内容不规则的情况。但缺点是写起来很麻烦。

```
lst=[[0,0,0],[0,0,0],[0,0,0]]
```

2. 列表解析法

列表解析可以用来创建一个二维列表。语法格式如下:

列表名=[[迭代表达式 for 迭代对象 1 in 迭代序列 1 [if 条件表达式 1]] for 迭代对象 2 in 迭代序列 2 [if 条件表达式 2]]

接下来,来看个例子:

```
lst=[[0 for i in range(3)] for j in range(3)]
print(lst)
```

运行结果:

```
[[0, 0, 0], [0, 0, 0], [0, 0, 0]]
```

3. 使用模块 NumPy

Python 提供了一个模块 NumPy,可以实现二维数组的创建。示例如下:

```
import numpy as np
lst=np.zeros((3, 3), dtype=np.int)
```

关于 NumPy 模块,11.2 节会详细介绍。

3.6.3　二维列表中的元素

二维列表可以理解为一个由行组成的列表。每一行也是一个列表,这个列表可以看作是表格中的一行。二维列表中的每一个行可以使用下标访问,称为行下标。每一行中的元素可以通过另一个下标访问,称为列下标。刚才的成绩列表使用下标表示如图 3-5 所示。

矩阵中的每个值由行下标和列下标来决定,如果一个元素的行下标是 i,列下标是 j,那么这个元素表示为 score[i][j]。如图 3-5 中的 score[0][1] 对应的值为 98。来看下例:

```
score=[
```

	[0]	[1]	[2]	[3]	[4]	[5]
[0]	82	98	90	77	89	98
[1]	79	90	89	89	86	87
[2]	76	87	78	90	76	65

图 3-5　成绩列表矩阵

```
[82, 98, 90, 77, 89, 98],
[79, 90, 89, 89, 86, 87],
[76, 87, 78, 90, 76, 65]
]
print(score[0][1])
print(score[2][4])
```

运行结果：

```
98
76
```

二维列表同样要注意越界问题，上例中如果这样访问：

```
score[0][7]
```

也会出现错误信息：

```
IndexError: list index out of range
```

另外，要注意的是：二维列表可以是常见的规则列表，也可以是不规则列表，示例如下：

```
score=[
[82, 98, 90, 77, 89, 98],
[79, 90, 89, 89],
[76, 87]
]
```

在此情况下，列表不会像 C 语言那样，自动填充默认值。如果这样访问也会有越界问题：

```
score[1][4]
```

3.6.4　二维列表常见操作

接下来介绍二维列表的常见操作。

1. 初始化二维列表

二维列表的初始化和一维列表相似，只是多了一层嵌套，如例 3-15 所示。

【例 3-15】 初始化二维列表

```
scores=[[0 for i in range(3)] for j in range(7)]
print(scores)
for i in range(len(scores)):
        for j in range(len(scores[i])):
                scores[i][j]=1
print(scores)
```

运行结果：

```
[[0, 0, 0], [0, 0, 0], [0, 0, 0], [0, 0, 0], [0, 0, 0], [0, 0, 0], [0, 0, 0]]
[[1, 1, 1], [1, 1, 1], [1, 1, 1], [1, 1, 1], [1, 1, 1], [1, 1, 1], [1, 1, 1]]
```

这里，len(lst)内获取列表的行数，而 len(lst[i])能获取列表第 i 行的元素个数，也就是列数。但值得注意的是，尽量不要写成 len(lst[0])，因为这个列表不一定是规则二维列表。

2. 遍历二维列表

遍历二维列表的方式和上例类似，如例 3-16 所示。

【例 3-16】 遍历二维列表

```
scores=[[82, 98, 90, 77, 89, 98], [79, 90, 89, 89, 86, 87],
        [76, 87, 78, 90, 76, 65]]
for i in range(len(scores)):
    for j in range(len(scores[i])):
        print(scores[i][j], end=' ')
```

遍历二维列表还有如下简单的写法：

```
scores=[[82, 98, 90, 77, 89, 98], [79, 90, 89, 89, 86, 87],
        [76, 87, 78, 90, 76, 65]]
for row in scores:
    for item in row:
        print(item, end=' ')
```

3. 元素的查找

二维列表中元素的查找要比一维列表复杂。例 3-17 给出分数为 90 的值所在行号和列号。

【例 3-17】 元素的查找

```
scores=[[82, 98, 90, 77, 89, 98], [79, 90, 89, 89, 86, 87],
```

```
        [76, 87, 78, 90, 76, 65]]
value=90
for i in range(len(scores)):
    for j in range(len(scores[i])):
        if (scores[i][j]==90):
            print('位置在: %d行,%d列' %(i, j))
```

4. 找出最大值

找出最大值仍然需要遍历二维列表,首先假定第一个元素是最大值,然后依次与后面的值进行比较,如果有值比最大值大,则更新最大值。这样到最后循环结束时,就可以找到最大值了,如例 3-18 所示。

【例 3-18】 找出最大值

```
scores=[[82, 98, 90, 77, 89, 98],[79, 90, 89, 89, 86, 87],
        [76, 87, 78, 90, 76, 65]]
max=scores[0][0]
for i in range(len(scores)):
    for j in range(len(scores[i])):
        if (max<scores[i][j]):
            max=scores[i][j]
print(max)
```

以上的操作都是基于列表是二维列表的情况。如果要更严谨一些,实际上需要先判断列表的维度是二维的才行,看如下的调用:

```
max=find_max_in_list([2,3])
```

会出现错误:

```
TypeError: 'int' object is not subscriptable
```

要解决这个问题,需要借助于 NumPy 模块。完善的例子如例 3-19 所示。

【例 3-19】 二维列表判断

```
import numpy as np
scores=[[82, 98, 90, 77, 89, 98],[79, 90, 89, 89, 86, 87],
        [76, 87, 78, 90, 76, 65]]
if (np.array(scores).shape !=2):
    print('不是二维列表')
else:
    max=scores[0][0]
    for i in range(len(scores)):
        for j in range(len(scores[i])):
            if (max<scores[i][j]):
                max=scores[i][j]
    print(max)
```

3.6.5 深拷贝和浅拷贝

3.5.6节介绍过列表的复制,实际上介绍的复制形式都是浅拷贝。在二维列表的复制中,涉及深拷贝问题。

首先,数字和字符串中的内存都指向同一个地址,所以深拷贝和浅拷贝对于它们而言都是无意义的,如例3-20所示。

【例3-20】 拷贝示例

```
import copy
list1=[1,2,[3,4]]
print('赋值前: ')
print(id(list1[0]))
print(id(list1[2]))
print(id(list1[2][0]))
list2=list1
list2[2].append(5)
list2[0]=3
print('赋值后: ')
print(id(list2[0]))
print(id(list2[2]))
print(id(list2[2][0]))
print(list1)
print(list2)
```

运行结果:

```
赋值前:
140706356507472
2164655850312
140706356507536
赋值后:
140706356507536
2164655850312
140706356507536
[3, 2, [3, 4, 5]]
[3, 2, [3, 4, 5]]
```

可以通过图3-6来了解赋值前后的变化。

接下介绍浅拷贝。对于字典、元组和列表这类不可变类型数据而言,进行浅拷贝和深拷贝时,内存的地址是不同的。浅拷贝只会拷贝内存中的第一层数据,对于二维列表来说,列表中每一行对应的数据不会被拷贝,而是两个列表共享,如例3-21所示。

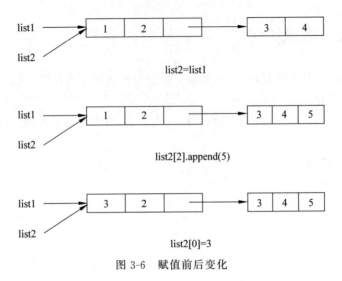

list2=list1

list2[2].append(5)

list2[0]=3

图 3-6　赋值前后变化

【例 3-21】　浅拷贝

```
import copy
list1=[1,2,[3,4]]
print('拷贝前: ')
print(id(list1[0]))
print(id(list1[2]))
print(id(list1[2][0]))
list2=copy.copy(list1)
list2[2].append(5)
list2[0]=3
print('拷贝后: ')
print(id(list2[0]))
print(id(list2[2]))
print(id(list2[2][0]))
print(list1)
print(list2)
```

这里用 copy 模块中的 copy() 函数实现了浅拷贝。

运行结果:

```
拷贝前:
140706356507472
2288366256904
140706356507536
拷贝后:
140706356507536
2288366256904
```

Python 程序设计与实践

```
140706356507536
[1, 2, [3, 4, 5]]
[3, 2, [3, 4, 5]]
```

可以看出，浅拷贝只是拷贝了第一层引用，列表中的子列表是共享的。尝试在子列表中添加了一个数据，两个列表中都发生了变化；而修改了第二个列表的第一个元素，第一个列表并没有变化，如图 3-7 所示。

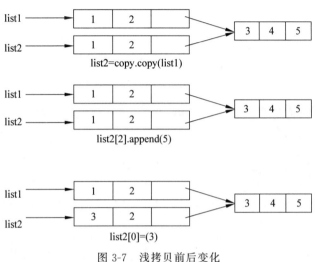

图 3-7　浅拷贝前后变化

最后介绍深拷贝。修改前面的代码，如例 3-22 所示。

【例 3-22】　深拷贝

```
import copy
list1=[1,2,[3,4]]
print('拷贝前: ')
print(id(list1[0]))
print(id(list1[2]))
print(id(list1[2][0]))
list2=copy.deepcopy(list1)
list2[2].append(5)
list2[0]=3
print('拷贝后: ')
print(id(list2[0]))
print(id(list2[2]))
print(id(list2[2][0]))
print(list1)
print(list2)
```

运行结果：

拷贝前：

140706356507472

2060785877576

140706356507536

拷贝后：

140706356507536

2060785918216

140706356507536

[1, 2, [3, 4]]

[3, 2, [3, 4, 5]]

仔细观察程序运行的结果，可以发现：由于是深拷贝，意味着子列表也被复制过，所以前后引用值发生了变化。

140706356507472

2288366256904

140706356507536

拷贝后：

140706356507536

2288366256904

140706356507536

[1, 2, [3, 4, 5]]

[3, 2, [3, 4, 5]]

图 3-8 给出了深拷贝前后详细的变化过程。

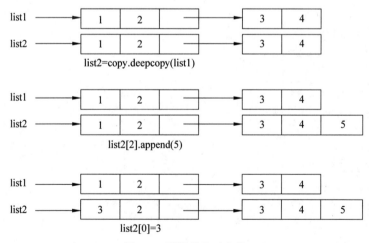

图 3-8　深拷贝前后变化

3.7 应用实例

本节将根据本章的知识来完善第 2 章介绍的家用电器销售系统。v1.0 版的系统存在一个问题：客户除了需要输入商品编号和数量外，还需要自己输入价格，实际上这是很不合理的，本节将使用列表和字符串的知识对系统进行修改，下面给出新系统的代码。

```
"""
家用电器销售系统
v1.1
"""

#欢迎信息
print('欢迎使用家用电器销售系统！')

#产品信息列表
print('产品和价格信息如下：')
print('****************************************************')
print('%-10s' %'编号', '%-10s' %'名称', '%-10s' %'品牌', '%-10s' %'价格', '%-10s' %'库存数量')
print('------------------------------------------- ')
print('%-10s' %'0001', '%-10s' %'电视机', '%-10s' %'海尔', '%10.2f' %5999.00, '%10d' %20)
print('%-10s' %'0002', '%-10s' %'冰箱', '%-10s' %'西门子', '%10.2f' %6998.00, '%10d' %15)
print('%-10s' %'0003', '%-10s' %'洗衣机', '%-10s' %'小天鹅', '%10.2f' %1999.00, '%10d' %10)
print('%-10s' %'0004', '%-10s' %'空调', '%-10s' %'格力', '%10.2f' %3900.00, '%10d' %0)
print('%-10s' %'0005', '%-10s' %'热水器', '%-10s' %'美的', '%10.2f' %688.00, '%10d' %30)
print('%-10s' %'0006', '%-10s' %'笔记本', '%-10s' %'联想', '%10.2f' %5699.00, '%10d' %10)
print('%-10s' %'0007', '%-10s' %'微波炉', '%-10s' %'苏泊尔', '%10.2f' %480.50, '%10d' %33)
print('%-10s' %'0008', '%-10s' %'投影仪', '%-10s' %'松下', '%10.2f' %1250.00, '%10d' %12)
print('%-10s' %'0009', '%-10s' %'吸尘器', '%-10s' %'飞利浦', '%10.2f' %999.00, '%10d' %9)
print('-------------------------------------------')

#商品数据
```

```
products=[
    ['0001', '电视机', '海尔', 5999.00, 20],
    ['0002', '冰箱', '西门子', 6998.00, 15],
    ['0003', '洗衣机', '小天鹅', 1999.00, 10],
    ['0004', '空调', '格力', 3900.00, 0],
    ['0005', '热水器', '格力', 688.00, 30],
    ['0006', '笔记本', '联想', 5699.00, 10],
    ['0007', '微波炉', '苏泊尔', 480.00, 33],
    ['0008', '投影仪', '松下', 1250.00, 12],
    ['0009', '吸尘器', '飞利浦', 999.00, 9],
]

#用户输入信息
product_id=input('请输入您要购买的产品编号：')
count=int(input('请输入您要购买的产品数量：'))

#获取编号对应商品的信息
product_index=len(product_id)-1
product=products[product_index]

#计算金额
print('购买成功,您需要支付', product[3] * count, '元')

#退出系统
print('谢谢您的光临,下次再见!')
```

运行结果：

欢迎使用家用电器销售系统！
产品和价格信息如下：
****

编号	名称	品牌	价格	库存数量
0001	电视机	海尔	5999.00	20
0002	冰箱	西门子	6998.00	15
0003	洗衣机	小天鹅	1999.00	v10
0004	空调	格力	3900.00	0
0005	热水器	美的	688.00	30
0006	笔记本	联想	5699.00	10
0007	微波炉	苏泊尔	480.50	33
0008	投影仪	松下	1250.00	12
0009	吸尘器	飞利浦	999.00	9

请输入您要购买的产品编号：0003
请输入您要购买的产品数量：3

购买成功,您需要支付 11700.0 元
谢谢您的光临,下次再见!

从上面的代码可以看出,对比 v1.0 版,新版系统里面增加了一个二维列表,列表中列出了所有的商品信息,每个列表元素对应一种商品,同时也是一个列表。该列表展示了一个商品的具体信息。

接下来的用户输入部分,用户只需要输入两个信息就可以购买一种商品:编号和数量。有了编号,系统就可以根据它到列表中得到对应的商品,从而得到该类商品的价格并计算总额。那么如何根据商品编号来获取对应商品呢? 这里有一个假定的前提,就是商品的编号和商品列表中的每个商品下标具有相关性,如编号为 0003 的商品,它在列表中的下标实际上是 2。第二就是假定商品编号按照顺序排列,这里将字符串类型的编号转为整数 3,然后减去 1 就能得到下标。

新版本系统也存在一些问题,如只考虑正常的情况,如无法判断用户输入是否合法,商品编号不存在,或者数量超库存等一些不正常的情况没有考虑,这些问题将在下一章解决。

小　　结

本章重点介绍了两个知识点。第一个是字符串。字符串是常见的数据形式,Python自带了许多有用的字符串方法,来处理保存在字符串中的文本。在几乎每个 Python 程序中,都会用到取下标、切片和字符串方法。

第二个是列表。列表是有用的数据类型,因为使用列表可以在写代码时使用一个变量代表一组可以修改的值。本章介绍了列表是什么以及如何使用其中的元素;如何定义列表以及如何增删元素;如何对列表进行永久性排序,以及如何为展示列表而进行临时排序;如何确定列表的长度,以及在使用列表时如何避免索引错误。

另外,本章还介绍了一些常见的列表操作:如何高效地处理列表中的元素,如何通过切片来使用列表的一部分和复制列表。变量不直接保存列表值,它们保存对列表的"引用"。在复制变量或将列表作为函数调用的参数时,这一点很重要。因为被复制的只是列表引用,所以要注意,对该列表的所有改动都可能影响到程序中的其他变量。如果需要对一个变量中的列表修改,同时不修改原来的列表,就可以用 copy()或 deepcopy()函数。

最后,本章介绍了二维列表的定义、创建和常见操作,并详细讨论了列表的赋值、浅拷贝和深拷贝的区别。

习　　题

1. 简述列表的定义和特点。
2. 什么是切片,其规则是怎样的?

3. 常见的列表运算符有哪些?

4. 字符串编码格式有哪些?

5. 字符串表达的形式有哪些? 各有什么作用?

6. 什么是列表索引,其范围是怎样的?

7. 简述深拷贝和浅拷贝的区别。

8. 常见的排序方法有哪些?

9. 提示用户输入 5 个字符串,并生成一个包含这些字符串的列表,最后将其显示出来。

10. 创建一个包含若干整数的列表,将列表中的偶数复制到另一个列表中。

11. 根据用户输入的整数值 n,自动创建一个长度为 n 的列表,每个元素都是 1。

12. 假定有下面的列表:names=['banana','orenge','pear','apple'],编程实现输出结果为'I have banana,orenge,pear and apple.'。

13. 输入一个手机号码,输出手机号码中的前三位字符和后三位字符。

14. 定义两个矩阵,实现两个矩阵的相加和乘积。

15. 输入一个身份证号码,将其中的生日号码提取出来,并使用一个列表来存储生日信息中的年、月、日信息。

16. 使用切片获取字符串 a='qwe123asd'中的数字字符。

17. 编程实现,将字符串 a='12-23-23'中的三个部分分开,并存放到一个列表中。

18. 有列表:list = [1,2,[3,4,5]],将其中的 4 改为 8。

19. 提示用户输入一个字符串,将用户输入字符串中的所有字符变成大写,并去掉其中的 A 字符。

20. 有段英文信息如下:

Nanjing University of Information Science & Technology (NUIST) was founded in 1960. Originally it is called Nanjing Institute of Meteorology (until 2004) which was designated as one of the national key institutions of higher education in 1978. The university occupies area of 140 hectares (nearly 346 acres). Furthermore NUIST presently has almost 679,000 square meters of building space with more under construction and in the planning stages.

请编程实现:

(1) 统计并输出单词数量;

(2) 所有单词首字母大写;

(3) 创建一个列表,存储文中出现的所有数值(如 2004),并输出。

第 4 章

选 择 结 构

4.1 导 学

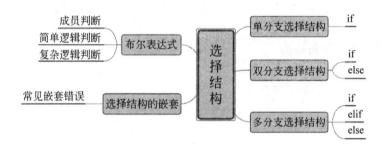

学习目标：

- 掌握布尔运算符的基本用法。
- 熟练掌握单分支、双分支、多分支 if 语句。
- 掌握分支语句的嵌套。
- 掌握避免常见的分支语句的错误。
- 熟悉使用逻辑运算符、比较运算符构造条件表达式。

在使用编程语言编程时,语句的执行顺序并不总是像第 3 章那样一行一行地往下执行。有时需要检查一系列条件,并据此决定采取什么措施。在 Python 中,分支语句让大家能够检查程序的当前状态,并据此采取相应的措施。

实际上,编程语言只有三种基本的结构。一种是顺序结构,这种结构中每条语句依次往下一行一行执行;第二种就是本章介绍的分支结构,程序可能会根据条件跳过某些分支而执行其后的语句;第三种是第 5 章介绍的循环结构,程序会重复执行某些语句多次。

在本章中,将学习条件测试,以检查感兴趣的任何条件。还将学习简单的分支语句,以及创建一系列复杂的分支语句来确定当前到底处于什么情形。

4.2　布尔表达式

每条 if 语句的核心都是一个值为 True 或 False 的表达式,这种表达式被称为布尔表达式。Python 根据条件测试的值为 True 还是 False 来决定是否执行 if 语句中的代码。如果布尔表达式的值为 True,Python 就执行紧跟在 if 语句后面的代码;如果为 False,Python 就忽略这些代码。先来看一个条件语句的例子,通过该例子掌握条件语句中布尔表达式的作用和条件语句的执行流程。

4.2.1　条件语句示例

首先来实现下面的功能,如果一个变量 a 大于另一个变量 b,输出 a 和 b 的和,否则输出 a 和 b 的积。代码如例 4-1 所示。

【例 4-1】　条件语句示例

```
a=5
b=6
if (a>b):
    print(a+b)
else:
    print(a * b)
```

这个列子包含本章介绍的若干概念。if 是分支语句的关键字,表示这是一个分支语句。后面括号里的是一个布尔表达式,下面先来介绍各种判断类型的布尔表达式。

4.2.2　等于判断

大多数条件测试都将一个变量的当前值同特定值进行比较。最简单的条件测试检查变量的值是否与特定值相等,将例 4-1 修改为例 4-2。

【例 4-2】　等于判断

```
a=5
b=6
if (a==b):
    print(a+b)
else:
    print(a * b)
```

条件表达式是 a==b,意思是判断变量 a 的值和变量 b 的值是否相等。如果相等则表达式的值为 True,否则为 False。在这个示例中,两边的值不相等,因此 Python 返回 False。

需要特别注意的是,一个等号是赋值,如 b＝6 的意思是,将 6 这个整数值赋给变量 b。而两个等号才是比较运算符,用来判断是否相等。

4.2.3　不等于判断

要判断两个值是否不等,可结合使用惊叹号和等号(！＝),其中的惊叹号表示不,在很多编程语言中都如此,将例 4-2 修改为例 4-3。

【例 4-3】　不等于判断

```
a=5
b=6
if (a !=b):
    print(a+b)
else:
    print(a * b)
```

条件表达式是 a!＝b,意思是判断变量 a 的值和变量 b 的值是否不相等。如果不相等则表达式的值为 True,否则为 False。在这个示例中,两边的值不相等,因此 Python 返回 True。

4.2.4　多个条件判断

有时可能想同时检查多个条件,例如,有时在两个条件都为 True 时才执行相应的操作,而有时只要求一个条件为 True 时就执行相应的操作。在这些情况下,需要使用逻辑运算符。

检查是否两个条件都为 True,可使用关键字 and 将两个条件测试合而为一;如果每个测试都通过了,整个表达式就为 True;如果至少有一个测试没有通过,整个表达式就为 False。

如想要检查一个变量 a 的值是否处于一个范围内,可以使用下面的测试:

```
a>0 and a<100
```

上例中如果 a 的值为 50,则左边的测试是 True,右边的测试也是 True,根据第 2 章中介绍的逻辑运算符 and 的知识可知,两个真值都是 True 的情况下,整个表达式的结果也是 True。

为了改善可读性,可将每个测试都分别放在一对括号内,但并非必须这样做。示例如下:

```
(a>0) and (a<100)
```

关键字 or 也能够检查多个条件,但只要至少有一个条件满足,就能通过整个测试。仅当两个测试都没有通过时,使用 or 的表达式才为 False。

如想要检查一个变量 a 的值是否处于一个范围之外,可以使用下面的测试:

```
a>0 or a<100
```

上例中如果 a 的值为 500,则左边的测试为 False,右边的测试为 True,根据第 2 章中介绍的逻辑运算符 or 的知识可知,整个表达式的结果是 True。

4.2.5　成员判断

有时候,执行操作前必须检查一个序列(如列表)是否包含特定的值。例如,结束用户的注册过程前,可能需要检查提供的用户名是否已包含在用户名列表中。在地图程序中,可能需要检查用户提交的位置是否包含在已知位置列表中。

要判断特定的值是否已包含在列表中,可使用关键字 in。如定义一个列表,然后观察一个元素是否是该列表中的一个,可以使用下面的测试:

```
lists=[1,2,3]
print(1 in lists)
```

该表达式的结果是 True。

还有些时候,确定特定的值未包含在列表中很重要。在这种情况下,可使用关键字 not in。示例如下:

```
lists=[1,2,3]
print(1 not in lists)
```

该表达式的结果是 False。

当然,这里只用了列表作为例子,实际上数据类型字符串、集合、列表、元素甚至字典都可以使用该运算符来完成成员判断,下面给出字典的例子:

如上例的结果:

```
person_info={'name':'tom', 'age':20}
print('name' in person_info)
```

该程序的输出结果为 True。但请注意,字典中只支持键的成员判断,不支持值的成员判断,观察下例:

```
person_info={'name':'tom', 'age':20}
print('tom' in person_info)
```

该程序的输出结果为 False。

4.3　单分支选择结构

理解条件表达式之后,就可以开始编写 if 语句了。if 语句有很多种,选择使用哪种取决于要测试的条件数。前面讨论条件测试时,列举了多个 if 语句示例,下面更深入地讨论这个主题。

最简单的 if 语句只有一个测试和一个操作,语法如下:

```
if (conditional_expression):
    do something
```

在第 1 行中,可包含任何条件测试,而紧跟在测试后面的缩进代码块中,可执行任何操作。如果条件测试的结果为 True,Python 就会执行紧跟在 if 语句后面的代码;否则 Python 将忽略这些代码。

接下来学习一个具体例子,要判断一个变量 a 的值是否小于 0,如果是,则将其改为正值,代码如例 4-4 所示。

【例 4-4】 单分支结构

```
a=-5
if (a<0):
    a=-1*a
print(a)
```

在 if 语句中,缩进的作用和其他语言中的括号类似。如果测试通过了,将执行 if 语句后面所有缩进的代码行,否则将忽略它们。在例 4-4 中,因为变量 a 的值小于 0,所有条件表达式的值为 True,因此缩进的代码将会被执行,最后本程序的输出结果为 5。

紧跟在 if 语句后面的代码块中,可根据需要包含任意数量的代码行。如果将本例中的打印语句页缩进,则本程序同样输出 5。但如果将修改 a 的初始值为 3,则不会有输出结果。

4.4　双分支选择结构

单分支语句只是在条件表达式满足时执行一些操作,条件不满足时直接跳过这些操作而执行下面的代码。但经常需要在条件测试通过时执行一个操作,并在没有通过时执行另一个操作;在这种情况下,可使用 Python 提供的 if-else 语句。if-else 语句块类似于简单的 if 语句,但其中的 else 语句能够指定条件测试未通过时要执行的操作,这种结构称为双分支语句。

接下来实现一个程序判断一个变量是奇数还是偶数,代码如例 4-5 所示。

【例 4-5】 双分支结构

```
a=5
if (a%2==1):
    print('奇数')
else:
    print('偶数')
```

如果条件表达式通过了,就执行第一个缩进的 print 语句块;如果测试结果为 False,就执行 else 代码块。这次变量 a 的值为 5,条件表达式的结果为 True,因此执行第一个缩进代码块中的代码。

上述代码之所以可行,是因为一个整数只有两种情形:要么为奇数,要么是偶数。

if-else 结构非常适合用于要让 Python 执行两种操作之一的情形。在这种简单的 if-else 结构中,总是会执行两个操作中的一个。

读者可能希望为受某些条件限制的变量赋值。例如,如果 x 大于 0,则以下语句将 1 赋给 y;如果 x 小于 0 或等于 0,则将 −1 赋给 y。代码如例 4-6 所示。

【例 4-6】 另一种双分支结构

```
x=4
if (x>0):
    y=1
else:
    y=-1
print(y)
```

这种双分支赋值语句有一种简化的写法,叫作条件表达式。条件表达式的格式:

变量=表达式 1 if 布尔表达式 else 表达式 2

如果布尔表达式为真,执行语句 1,否则执行语句 2。可以将例 4-6 改为

```
x=4
y=1 if x>0 else -1
print(y)
```

可以看出,这种表达式的优势是程序变得更加简洁,也可以把刚才的例 4-5 写成:

```
a=5
print('奇数') if (a %2==1) else print('偶数')
```

4.5　多分支选择结构

有时候,即使双分支也不足以表达需要判断的情况。检查超过两种情况的情形,可使用 Python 提供的 if-elif-else 结构。Python 只执行 if-elif-else 结构中的一个代码块,它依次检查每个条件测试,直到遇到通过了的条件测试。测试通过后,Python 将执行紧跟在它后面的代码,并跳过余下的测试。

下面的程序用来判断一个数是正数、负数还是 0。这里涉及 3 种情况,就需要使用 if-elif-else 结构,如例 4-7 所示。

【例 4-7】 多分支结构

```
a=5
if (a>0):
    print('正数')
elif (a<0):
```

```
    print('负数')
else:
    print('零')
```

第一个的 if 测试检查一个变量 a 值是否大于 0,如果是这样,Python 就打印一条合适的消息,并跳过余下的测试。elif 代码行其实是另一个 if 测试,它仅在前面的测试未通过时才会运行。

在这里,因为知道变量 a 的值大于 0,所以第一个测试通过。如果值为−5,Python 跳到 elif 语句,判断通过,并跳过 else 代码块。如果 if 测试和 elif 测试都未通过,Python 将运行 else 代码块中的代码。

接下来学习一个更复杂的例子,判断一个学生的成绩属于什么档次,0～59 为不及格,60～74 为中等,75～89 为良好,90～100 为优秀,其他为非法情况。代码如例 4-8 所示。

【例 4-8】 第一种成绩判断

```
score=88
if (score>100 or score<0):
    print('异常成绩')
elif (score >=90):
    print('优秀')
elif (score >=75):
    print('良好')
elif (score >=60):
    print('中等')
else:
    print('不及格')
```

从例 4-8 可以看出,和前面例子的区别在于多了几个 elif 语句块。本例中第一个 if 语句判断为 False,所以跳过;相应的第二个 elif 语句也不通过。第三个 elif 语句的表达式为 True,所以执行里面的打印语句,结果输出"良好"。

Python 并不要求 if-elif 结构后面必须有 else 代码块。在有些情况下,else 代码块很有用;而在其他一些情况下,使用一条 elif 语句来处理特定的情形更清晰。代码如例 4-9 所示。

【例 4-9】 第二种成绩判断

```
score=88
if (score>100 or score<0):
    print('异常成绩')
elif (score >=90):
    print('优秀')
elif (score >=75):
    print('良好')
elif (score >=60):
```

```
        print('中等')
    elif (score >=0):
        print('不及格')
```

else 是一条包罗万象的语句,只要不满足任何 if 或 elif 中的条件测试,其中的代码就会执行,这可能会引入无效甚至恶意的数据。如果知道最终要测试的条件,应考虑使用一个 elif 代码块来代替 else 代码块。这样,就可以肯定,仅当满足相应的条件时,代码才会执行。

4.6 选择结构的嵌套

4.6.1 分支语句的嵌套

一个 if 语句可以放置在另一个 if 语句中,以形成嵌套的 if 语句。if 或 if-else 语句中的语句可以是任何合法的 Python 语句,包括另一个 if 或 if-else 语句。内部 if 语句被称为嵌套在外部 if 语句。内部 if 语句可以包含另一个 if 语句;实际上,嵌套深度没有任何限制。下面把例 4-7 改为 if 嵌套语句,如例 4-10 所示。

【例 4-10】 分支语句嵌套

```
a=5
if (a>0):
    print('正数')
else:
    if (a<0):
        print('负数')
    else:
        print('零')
```

当一个数大于 0,输出结果。否则就放在一个嵌套的 if 语句里面继续判断,如果小于 0,输出"负数",否则输出"零"。

实际上,由例 4-10 可以看出,分支语句的嵌套通常用来实现一些多分支的语句。接下来,继续把 4.4 节中输出成绩的例子,改为嵌套形式,如例 4-11 所示。

【例 4-11】 第三种成绩判断

```
score=88
if (score>100 or score<0):
    print('异常成绩')
else:
    if (score >=90):
        print('优秀')
    else:
        if (score >=75):
```

```
            print('良好')
        else:
            if (score >= 60):
                print('中等')
            else:
                print('不及格')
```

但是,从这两个例子可以很明显地比较出,使用嵌套的方式会有两个缺点:①可读性差;②容易出错。所以如果不是在必要的情况下,尽量不要使用嵌套。接下来讨论使用分支语句容易出现的错误问题。

4.6.2 分支语句常见错误

初学者学习分支语句,特别是有较复杂的嵌套结构的语句时,常见的问题就是遇到复杂的多分支问题,会出现一些逻辑错误。下面列出一些常见错误。

1. 缩进问题

第一种情况就是缩进导致的错误,如 4.2 节举过的一个例子,判断一个变量 a 的值是否小于 0,如果是,则将其改为正值,代码如下:

```
a=-5
if (a<0):
    a=-1 * a
print(a)
```

但如果不小心写成:

```
a=-5
if (a<0):
    a=-1 * a
    print(a)
```

这种情况下,只有 a 小于 0 的时候才会输出,a 大于 0 的时候不会输出 a 的值。

2. 边界问题

在用布尔表达式来判断范围时,经常在边界是否等于的问题上犯错,如 4.4 节中的分数判断例子,如果写成如例 4-12 的情况,就会出错。

【例 4-12】 边界问题

```
score=60
if (score>100 or score<0):
    print('异常成绩')
elif (score>90):
    print('优秀')
```

```
elif (score>75):
    print('良好')
elif (score>60):
    print('中等')
else:
    print('不及格')
```

根据常理,分数为 60 的时候,刚好及格。而在例 4-12 中,会输出"不及格",原因在于最后一个 elif 语句中的 score 应该大于或等于 60 才行。另外,还有一个不算错误但在初学者中的常见问题就是冗余判断,如例 4-13 所示。

【例 4-13】　冗余判断

```
score=88
if (score>100 or score<0):
    print('异常成绩')
elif (score >=90 and score <=100):
    print('优秀')
elif (score >=75 and score<90):
    print('良好')
elif (score >=60 and score<75):
    print('中等')
elif (score >=0 and score<60):
    print('不及格')
```

例 4-13 中,虽然这样写看起来比较清晰易读,但其实 and 运算符后面的表达式肯定为 True,这就是冗余判断。

3. 条件遗漏问题

当需要多个嵌套的分支语句来判断复杂问题时,容易因为缺失条件,导致出错。接下来学习经典的判断闰年问题。

闰年的定义是:如果是世纪年,如 1900、2000 等可以被 100 整除的年份,只有可以被 400 整除的年份是闰年,其他年份是平年;其他不是世纪年的年份可以被 4 整除的就是闰年,否则就是平年。正确的写法如例 4-14 所示。

【例 4-14】　闰年判断

```
year=2018
if (year %4)==0:
    if (year %100)==0:
        if (year %400)==0:
            print("是闰年")        #整百年能被 400 整除的是闰年
        else:
            print("不是闰年")
    else:
```

```
            print("是闰年")             #非整百年能被 4 整除的为闰年
    else:
    print("不是闰年")
```

但如果有条件遗漏,如例 4-15 所示。

【例 4-15】 条件遗漏

```
year=2100
if (year %4)==0:
    if (year %100)==0:
        if (year %400)==0:
            print("是闰年")         #整百年能被 400 整除的是闰年
    else:
        print("是闰年")             #非整百年能被 4 整除的为闰年
else:
print("不是闰年")
```

在例 4-15 中,因为年份为 2100 年,不满足上面的各种分支情况,所以不会有任何输出。实际上,在这种情况下,为避免有条件遗漏,可以考虑把判断条件合成一条语句,则条件遗漏的可能性将会大大降低,如例 4-16 所示。

【例 4-16】 改进闰年判断

```
year=2100
if (year %4==0 or (year %100==0 and year %400 !=0)):
    print("是闰年")
else:
    print("不是闰年")
```

4.7 应 用 实 例

本节继续完善家用电器销售系统,来解决一些非法输入问题。另外,为提高销售量,商城决定加大促销力度,规定如果购买总额在 5000 元和 10000 元(含)之间,会给 5% 的折扣;如果购买金额在 10000 元(不含)和 20000 元(含),则有 10% 折扣;如果超过 20000元,则折扣提高到 15%。根据这样的需求,代码如下:

```
"""
家用电器销售系统
v1.2
"""

#欢迎信息
print('欢迎使用家用电器销售系统! ')
```

```python
#产品信息列表
print('产品和价格信息如下：')
print('**********************************************************')
print('%-10s' %'编号', '%-10s' %'名称', '%-10s' %'品牌', '%-10s' %'价格', '%-10s' %'库存数量')
print('--------------------------------------------------')
print('%-10s' %'0001', '%-10s' %'电视机', '%-10s' %'海尔', '%10.2f' %5999.00, '%10d' %20)
print('%-10s' %'0002', '%-10s' %'冰箱', '%-10s' %'西门子', '%10.2f' %6998.00, '%10d' %15)
print('%-10s' %'0003', '%-10s' %'洗衣机', '%-10s' %'小天鹅', '%10.2f' %1999.00, '%10d' %10)
print('%-10s' %'0004', '%-10s' %'空调', '%-10s' %'格力', '%10.2f' %3900.00, '%10d' %0)
print('%-10s' %'0005', '%-10s' %'热水器', '%-10s' %'美的', '%10.2f' %688.00, '%10d' %30)
print('%-10s' %'0006', '%-10s' %'笔记本', '%-10s' %'联想', '%10.2f' %5699.00, '%10d' %10)
print('%-10s' %'0007', '%-10s' %'微波炉', '%-10s' %'苏泊尔', '%10.2f' %480.50, '%10d' %33)
print('%-10s' %'0008', '%-10s' %'投影仪', '%-10s' %'松下', '%10.2f' %1250.00, '%10d' %12)
print('%-10s' %'0009', '%-10s' %'吸尘器', '%-10s' %'飞利浦', '%10.2f' %999.00, '%10d' %9)
print('--------------------------------------------------')

#商品数据
products=[
    ['0001', '电视机', '海尔', 5999.00, 20],
    ['0002', '冰箱', '西门子', 6998.00, 15],
    ['0003', '洗衣机', '小天鹅', 1999.00, 10],
    ['0004', '空调', '格力', 3900.00, 0],
    ['0005', '热水器', '格力', 688.00, 30],
    ['0006', '笔记本', '联想', 5699.00, 10],
    ['0007', '微波炉', '苏泊尔', 480.00, 33],
    ['0008', '投影仪', '松下', 1250.00, 12],
    ['0009', '吸尘器', '飞利浦', 999.00, 9],
]

#用户输入信息
product_id=input('请输入您要购买的产品编号：')

#编号合法性判断
if product_id not in [item[0] for item in products]:
```

```
    print('编号不存在,系统退出...')
    exit(0)
count=int(input('请输入您要购买的产品数量:'))

#获取编号对应商品的信息
product_index=int(product_id)-1
product=products[product_index]

#数量有效性判断
if count>product[4]:
    print('数量超出库存,系统退出...')
    exit(0)

#计算金额
amount=product[3] * count
if 5000<amount <=10000:
    amount=amount * 0.95
elif 10000<amount <=20000:
    amount=amount * 0.90
elif amount>20000:
    amount=amount * 0.85

print('购买成功,您需要支付%8.2f 元' %amount)

#退出系统
print('谢谢您的光临,下次再见!')
```

运行结果:

欢迎使用家用电器销售系统!
产品和价格信息如下:
****

编号	名称	品牌	价格	库存数量
0001	电视机	海尔	5999.00	20
0002	冰箱	西门子	6998.00	15
0003	洗衣机	小天鹅	1999.00	10
0004	空调	格力	3900.00	0
0005	热水器	美的	688.00	30
0006	笔记本	联想	5699.00	10
0007	微波炉	苏泊尔	480.50	33
0008	投影仪	松下	1250.00	12
0009	吸尘器	飞利浦	999.00	9

请输入您要购买的产品编号:0003

请输入您要购买的产品数量：5

购买成功，您需要支付 9495.25 元

谢谢您的光临，下次再见！

从上面的代码可以看出，对比 v1.1 版，增加了三个重要的内容。第一个是对编号合法性的判断，这里使用了列表解析式，[item[0] for item in products]会获取二维列表中每项第一个元素组成的新列表，not in 运算符用来判断编号是否在此列表中。如果不在列表中，那么使用 exit(0)函数退出程序。

第二个新增内容是对购买数量的有效性判断，如果数量超过了库存数量，也无法继续。

第三个新增内容是对购买总额的打折计算，使用条件语句进行判断。但要注意的是边界问题，如金额如果正好是 10000 元，那么享受的是 5％折扣。

但目前的版本也存在一些问题，程序运行后，只能一次购买一种产品。实际上可能需要购买多种产品，那么就需要使用循环来让程序一直运行着，直到用户购完物自己选择退出才符合要求。第 5 章会介绍使用循环来完成这个任务。

小　　结

本章重点讨论了选择结构，选择结构作为一种非常常见的结构需要读者重点掌握。本章首先介绍了布尔表达式，让读者了解布尔表达式的形式。然后重点介绍了常见的单分支、双分支和多分支结构。

另外，对于分支语句的嵌套做了介绍，并对多层嵌套来完成复杂任务时要注意的问题做了说明，让读者在使用分支嵌套时少走一些弯路。

习　　题

1. 什么是布尔表达式？

2. 分支语句的嵌套需要注意哪些问题？

3. 根据用户输入的整数，输出该数据是正数、负数还是零。

4. 输入一个手机号码，判断该手机号码是否正确。

5. 输入一个身份证号码，判断该身份证号码是否正确。

6. 某系统的注册用户名的规则是：长度必须 6 位以上，必须由数字和字母组成，必须以字母开头。根据该规则判断输入的用户名是否符合要求。

7. 输入一个年份，判断该年份是否为闰年。

8. 输入某年某月某日，判断这一天是这一年的第几天。

9. 输入一个成绩（分数），判断该分数是优秀（90～100）、良好（75～89）、中等（60～74）还是不及格（0～59）。

10. 输入 3 个实数,按照由大到小的顺序输出这 3 个数。

11. 输入一个数,判断它能否被 3 整除或者被 5 整除,如果至少能被这两个数中的一个整除则将此数打印出来,否则不打印,编出程序。

12. 运输公司对用户计算运输费用。路程越远,运费越低。折扣系数规则如下:

系数\里程	100km 以内	100~200km	200~500km	500km 以上
加急	1.2	1.1	0.95	0.75
普通	0.95	0.9	0.8	0.5

实际价格计算公式:里程×重量×上表中的折扣系数。输入各种参数,并输出价格。

13. 编程实现一个简易计算器,能够实现简单的加、减、乘和除运算。

第5章

循 环 结 构

5.1 导 学

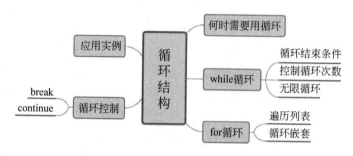

学习目标：

- 了解循环语句的执行流程。
- 掌握 while 循环语句的基本用法。
- 熟练掌握 for 语句的单循环和多重循环方法。
- 掌握 continue 和 break 的使用。
- 熟悉循环的嵌套。
- 了解死循环的概念。

有时需要程序重复执行类似的代码很多次，如果使用之前学习过的知识来完成这个任务是吃力不讨好的。如从 1 开始到 1000 输出每个整数，只能写成：

```
print(1)
print(2)
...
print(1000)
```

可见，这是一个非常乏味并容易出错的过程。那么该如何解决这个问题呢？答案是使用循环。Python 提供的这种非常强大的功能，支持自动多次执行语句。通过使用循环，就不需要写成上面的形式，只需要写成下面这样：

```
i=0
while i <=1000:
    print(i)
    i=i+1
```

比较这两个程序,上面的语句需要写 1000 行,而现在只需要短短 4 行就解决,是不是很神奇? 循环是一种控制一个语句块重复执行的控制结构,它是 3 种语句结构之一,是语言的重要基础。Python 提供了两种类型的控制语句:while 循环和 for 循环。while 循环是一个条件控制循环,由真/假条件控制。for 循环是一个由计数控制的循环,它重复指定的次数。

5.2 while 循环

5.2.1 while 循环语法

Python 编程中 while 语句用于循环执行程序,即在某条件下,循环执行某段程序,以处理需要重复处理的相同任务。while 循环的语法是

```
while 判断条件:
执行语句
...
```

执行语句可以是单个语句或语句块。判断条件可以是任何表达式,任何非零、或非空(null)的值均为 True。当判断条件为 False 时,循环结束。执行流程图如图 5-1 所示。

5.1 节中输出从 1 到 1000 的例子使用上面的流程图如图 5-2 所示。

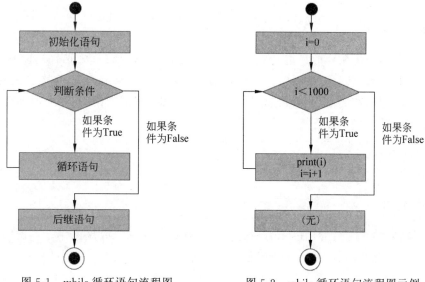

图 5-1 while 循环语句流程图   图 5-2 while 循环语句流程图示例

5.2.2 while 语句体

接下来看另一个例子,如要计算 $1+2+3+\cdots+100$ 的和。试着思考这个任务,这里应该使用循环,那么就需要考虑如图 5-1 所示的几个部分。

1. 初始化语句

初始化语句部分其实不属于循环的一部分,但对于循环的正确运行有着重要的作用,如果没有设置足够的循环变量并设置正确的初始值,那么很可能循环得到的结果是错误的。在这个例子里面,要考虑使用一个变量来存储每个加法项,就是上面的 1、2、3 等数字。另外,还需要考虑使用另一个变量来保存当前加法的和。两个变量确定下来之后,加法项变量的初值简单,设为 1 就可以了。和变量的初值不能设为 1,必须设为 0 才行,因为如果没开始加的时候,和为 0。根据上面的分析,就完成了初始化语句:

```
sum=0
item=1
```

2. 判断条件

判断条件判断是否应该继续循环,它其实是一个布尔表达式,如果布尔表达式结果为 True,则继续循环,否则退出循环而执行其他后继语句。那么这个例子中,什么时候该结束循环呢?根据题目要求,item 从 1 开始一直到 100,那么意味着只需要判断 item 的值是否在 1 到 100 这样一个范围内。而 item 初值为 1,所以只需要判断 item 是否小于或等于 100,判断条件如下:

```
item<=100
```

3. 循环语句

循环语句是一个循环的最重要部分,它是每次循环(有时也称为迭代)都会执行的部分。在给定初值和判断条件的情况下,循环语句比较容易得到。这里,每次要做的事情分两步。首先是把当前的 item 值累加到 sum(和)中,其次是需要把 item 的值加 1,使其成为下一代累加项。代码如下:

```
sum=sum+item
item=item+1
```

4. 后继语句

要想圆满完成一个循环任务,有时还需要后继语句做一些收尾工作。本例中 sum 的输出工作放在后继语句中执行。代码如下:

```
print(sum)
```

最后把刚才这几个部分综合在一起,代码如例 5-1 所示。

【例 5-1】 完整循环示例

```
sum=0
item=1
while (item <=100):
    sum=sum+item
    item=item+1
print(sum)
```

最后的输出结果为 5050,表明代码是正确的,任务完成。

5.2.3　简单语句组

while 循环支持类似 if 语句的语法,如果 while 循环体中只有一条语句,可以将该语句与 while 写在同一行中,如下所示:

```
while(True): print("hello")
print("Good bye!")
```

这种语句并不常见,实际上这种循环是一个死循环。

5.2.4　while 循环常见错误

初学者在学习循环时是比较容易出现各种错误的,主要有如下几种情况。

1. 死循环

死循环也称无限循环,意味着循环永远无法结束。原因在于判断条件语句总是为 True,根本原因在于忘了修改循环迭代对象的值,例 5-1 修改后如例 5-2 所示。

【例 5-2】 死循环

```
sum=0
item=1
while (item <=100):
    sum=sum+item
print(sum)
```

在尝试上面的语句时,会发现程序一直没有输出。原因是 item 的值一直保持为 1,每次迭代的时候没有变化,那么 item <= 100 这个表达式的结果永远为 True,这就陷入死循环。还有一种情况如例 5-3 所示。

【例 5-3】 循环缩进问题

```
sum=0
item=1
```

```
while (item <=100):
    sum=sum+item
item=item+1
print(sum)
```

例 5-3 中的错误很明显,虽然想要改变 item 的值,但是因为错误的缩进,导致 item 的值变化发生在循环语句之外,同样陷入了死循环,这一点请大家注意。

2. 错误的边界

错误的边界发生在判断条件中,如例 5-4 所示。

【例 5-4】 错误的边界

```
sum=0
item=1
while (item<100):
    sum=sum+item
item=item+1
print(sum)
```

可以看出,item 的终止值应该是小于或等于 100 才对,或者写成 item<101 也可以。当需要完成比这个布尔表达式更复杂的语句时一定要注意这个问题。

3. 错误的语句顺序

错误的语句顺序带来错误的结果,而且比较难以查找错误的位置,如例 5-5 所示。

【例 5-5】 错误的语句顺序

```
sum=0
item=1
while (item<100):
    item=item+1
    sum=sum+item
print(sum)
```

运行结果:

```
5049
```

造成错误的原因是,累加项的变化语句放在了累加语句的前面,导致少加了第一项:1,多加了一项:101。

5.3 for 循环

for 循环提供了 Python 中最强大的循环结构(for 循环是一种迭代循环机制,而 while 循环是条件循环,迭代即重复相同的逻辑操作,每次操作都是基于上一次的结果而进行的)。Python 中 for 循环常用于遍历序列类型数据,如一个列表或者一个字符串等。

5.3.1 for 循环语法

for 循环的一般格式如下：

```
for  迭代变量  in  迭代序列：
执行语句
...
```

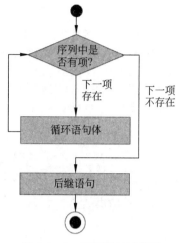

图 5-3 for 循环语句流程图

每次循环时，迭代变量可以设置为迭代序列（也可为迭代器，或是其他支持迭代的对象，这些在后面的章节中介绍）的当前元素，提供给循环语句块使用。流程图如图 5-3 所示。

5.3.2 for 语句体

接下来将 5.2 节中从 1 累加到 100 的例子使用 for 循环做一遍。大体上，for 语句体里面的大部分和 while 语句体是一致的，也可以分为如下几部分。

1. 初始化语句

初始化语句和 while 循环是一样的，如下：

```
sum=0
item=1
```

2. 项判断语句

项判断语句主要判断当前项，是否存在于迭代序列中。这里序列为 1、2 一直到 100 的各个整数。那么如何表达一个迭代序列呢？需要用到一个函数 range()，该函数里面有两个参数，第一个参数表示为初值，第二个参数表示为终值。range(a,b) 函数返回一系列连续的整数：$a, a+1, a+2, \cdots, b-2$ 和 $b-1$。本例中，项判断语句如下：

```
for item in range(1,101)
```

3. 循环语句

循环语句也和 while 循环一致。代码如下：

```
sum=sum+item
item=item+1
```

4. 后继语句

后继语句代码如下：

```
print(sum)
```

最后把刚才这几个部分综合在一起,代码如例 5-6 所示。

【例 5-6】 for 循环完整示例

```
sum=0
item=1
for item in range(1,101):
    sum=sum+item
    item=item+1
print(sum)
```

最后的输出结果为 5050,表明代码是正确的,任务完成。

5.3.3　range()函数

例 5-6 成功实现了累加 1 到 100 的例子,大家可能对 range()这个函数比较好奇。实际上的 range()函数比想象中更加强大,本节重点讨论这个函数。

range()函数的语法格式如下:

```
range([起始值,]终止值[,步长])
```

这里的起始值表示计数从它开始,默认是从 0 开始。例如 range(5)即 range(0,5)。终止值表示计数到它结束,但不包括它本身。例如:range(0,5) 是[0,1,2,3,4]没有 5。步长,表示每次迭代对象改变的大小,默认为 1。例如:range(0,5)等价于 range(0,5,1)。下面来看一个具体例子,这里为了输出方便,使用列表的构造方法将 range()函数的结果转换成了列表:

```
print(list(range(0, 10, 2)))
print(list(range(10)))
print(list(range(10, 2)))
print(list(range(10, 0, -3)))
```

运行结果:

```
[0, 2, 4, 6, 8]
[0, 1, 2, 3, 4, 5, 6, 7, 8, 9]
[]
[10, 7, 4, 1]
```

需要注意的是,因为起始值和步长都是可以省略的。当省略了一个值,那么默认省略的是步长。另外,起始值是可以大于终止值的,起始值大于终止值的情况下,步长是负数才能输出结果。还有,起始值是包含在 range()函数的范围内的,而终止值不在范围内,这点和切片相似。

接下来通过一个例子学习它,打印 0 到 20 中所有的偶数,代码如例 5-7 所示。

【例 5-7】 range()函数

```
for item in range(0,21,2):
    print(item)
```

运行结果：

```
0
2
4
6
8
10
12
14
16
18
20
```

5.4 循环控制语句

关键字 continue 和 break 提供了另一种控制循环的方式，在某些情况下，使用这两个关键字可以简化程序设计。

5.4.1 break 语句

要立即退出 while 循环，不再运行循环中余下的代码，也不管条件测试的结果如何，可使用 break 语句。break 语句用于控制程序流程，可使用它来控制哪些代码行将执行，哪些代码行不执行，从而让程序按要求执行要执行的代码。

例如，可以使用 break 语句在满足某些条件时立即退出 while 循环，如例 5-8 所示。

【例 5-8】 break 语句

```
for i in range(1,10):
    if (i==3):
        break
    print(i)
```

运行结果：

```
1
2
```

例 5-8 中，从 1 开始通过循环依次输出每一个整数。但当 i 等于 3 的时候，执行了 break 语句，循环就被终止了，print 语句不会被执行并且也不会继续下一次的循环。

5.4.2　continue 语句

要返回循环开头,并根据条件测试结果决定是否继续执行循环,可使用 continue 语句,它不像 break 语句那样不再执行余下的代码并退出整个循环。把例 5-8 修改一下,如例 5-9 所示。

【例 5-9】　continue 语句

```
for i in range(1,10):
    if (i==3):
        continue
    print(i)
```

运行结果:

```
1
2
4
5
6
7
8
9
```

例 5-9 中,通过循环从 1 开始依次输出每一个整数。但是当 i 等于 3 的时候,执行了 continue 语句,本次循环被终止,print 语句不会被执行。但与 break 语句不同的是:程序会继续下一次的循环,所以会输出数字 4~9。

需要注意的是,在有多层嵌套的情况下,无论是 continue 还是 break,都只会对语句所在的循环起作用,而不会对外层嵌套的循环起作用,如例 5-10 所示。

【例 5-10】　多层嵌套的作用域

```
for j in range(1,3):
    for i in range(1,5):
        if (i==3):
            break
        print(i)
```

运行结果:

```
1
2
1
2
```

可以看出,当 i 等于 3 的时候,只有内层循环被终止了,而外层循环不受影响。

5.5 循环嵌套

一层循环只能解决一些简单的循环问题,复杂问题如列表的冒泡排序有时需要多层循环嵌套来解决。嵌套循环是由一个外层循环和一个或多个内层循环构成。每次重复外层循环时,内层循环都被重新进入并且重新开始。

5.5.1 循环嵌套结构

for 循环嵌套语法(以两层嵌套为例)如下:

```
for 迭代变量 1 in 序列 1:
    for 迭代变量 2 in 序列 2:
        第二层循环语句块
        第一层循环语句块
```

相应地,while 循环嵌套语法如下:

```
while 布尔表达式 1:
    while 布尔表达式 2:
        第二层循环语句块
        第一层循环语句块
```

来看一个更加复杂的问题,计算 1 的阶乘加上 2 的阶乘,然后加上 3 的阶乘,直到累加到 10 的阶乘的问题。这里阶乘的相加需要使用循环来实现,那就是外层循环。而阶乘的计算实际上可以使用内层循环来实现,内层循环的结果成为外层循环的一次累加中的一项,如例 5-11 所示。

【例 5-11】 循环嵌套

```
sum=0
for i in range(1,11):
    item=1
    for j in range(1,i+1):
        item=item * j
    sum=sum+item
print(sum)
```

运行结果:

```
4037913
```

从例 5-11 可以看到,这个程序有两层嵌套。内层嵌套负责计算阶乘的结果,然后成为外层循环中的一项;外层循环则负责将每一项相加,最后得到总和。

5.5.2　循环嵌套常见错误

初学者在学习循环嵌套的常见错误主要有如下两种。

1. 重新初始化问题

例 5-11 中的 item=1 是一句重要的语句。请注意它的位置,如果放在其他地方就很可能出现逻辑错误。例 5-11 修改为例 5-12:

【例 5-12】　重新初始化错误

```
sum=0
item=1
for i in range(1,11):
    for j in range(1,i+1):
        item=item * j
    sum=sum+item
print(sum)
```

执行结果将是一个非常大的数:

```
6658608419043265483506006063
```

造成错误结果的原因是:每次内存循环完后,item 的值会是上一项的值,如果不重新初始化将直接用上一项的值开始相乘,所以会产生非常大的结果。

2. 错误的边界

错误的边界发生在 range() 函数中,如例 5-13 所示。

【例 5-13】　错误的边界

```
sum=0
for i in range(1,10):
    item=1
    for j in range(1,i):
        item=item * j
    sum=sum+item
print(sum)
```

range() 函数的终止值是不包括在循环项中的。当使用该函数时一定要注意这个问题。

5.6　循环中的 else 语句

Python 提供了一种很多编程语言都不支持的功能,那就是可以在 for 或者 while 循环内部的语句后面直接编写 else。这种机制并不常用,容易让初学者费解,下面来看例 5-14。

【例 5-14】　else 语句

```
for i in range(0,3):
    print(i)
else:
    print('else 代码块')
```

运行结果:

```
0
1
2
else 代码块
```

从结果来看,这种 else 块会在整个循环执行完之后立刻执行。大家或许会感到疑惑,不用 else 的结果是一样的,为什么要使用 else 呢? 而且之前介绍过 else 语句,在 if-else 语句中,else 的意思是:如果不执行前面那个 if 块,那就执行 else 块,这里并没有同样的作用。如例 5-15 所示。

【例 5-15】　else 语句的作用

```
for i in range(0,3):
    if (i==1):
        break
    print(i)
else:
    print('else 代码块')
```

运行结果:

```
0
```

可以看出,else 的作用是用来检查循环语句是否跳出过,跳出就不执行 else。

5.7　应　用　实　例

本节继续完善家用电器销售系统,实现下列需求:能够进一步优化代码;能够随时查看商品列表;能够一次购买多种商品,购买商品后,商品列表中的库存数量也做相应变化;增加购物车功能,能够在购物过程中随时查看所购商品。根据这样的需求,新版本的程序代码如下:

```
"""
家用电器销售系统
v1.3
"""
```

```python
#欢迎信息
print('欢迎使用家用电器销售系统!')

#商品数据初始化
products=[
    ['0001', '电视机', '海尔', 5999.00, 20],
    ['0002', '冰箱', '西门子', 6998.00, 15],
    ['0003', '洗衣机', '小天鹅', 1999.00, 10],
    ['0004', '空调', '格力', 3900.00, 0],
    ['0005', '热水器', '格力', 688.00, 30],
    ['0006', '笔记本', '联想', 5699.00, 10],
    ['0007', '微波炉', '苏泊尔', 480.00, 33],
    ['0008', '投影仪', '松下', 1250.00, 12],
    ['0009', '吸尘器', '飞利浦', 999.00, 9],
]

#初始化用户购物车
products_cart=[]

option=input('请选择您的操作: 1-查看商品;2-购物;3-查看购物车;其他-结账')
while option in ['1', '2', '3']:
    if option=='1':
        #产品信息列表
        print('产品和价格信息如下: ')
        print('*****************************************')
        print('%-10s' %'编号', '%-10s' %'名称', '%-10s' %'品牌', '%-10s' %'价格',
        '%-10s' %'库存数量')
        print('------------------------------')
        for i in range(len(products)):
            print('%-10s' %products[i][0], '%-10s' %products[i][1], '%-10s'
            %products[i][2],
                    '%10.2f' %products[i][3],
                    '%10d' %products[i][4])
        print('------------------------------')
    elif option=='2':
        product_id=input('请输入您要购买的产品编号: ')
        while product_id not in [item[0] for item in products]:
            product_id=input('编号不存在,请重新输入您要购买的产品编号: ')

        count=int(input('请输入您要购买的产品数量: '))
        while count>products[int(product_id)-1][4]:
            count=int(input('数量超出库存,请重新输入您要购买的产品数量: '))

        #将所购买商品加入购物车
```

```
    if product_id not in [item[0] for item in products_cart]:
        products_cart.append([product_id, count])
    else:
        for i in range(len(products_cart)):
            if products_cart[i][0]==product_id:
                products_cart[i][1]+=count

    #更新商品列表
    for i in range(len(products)):
        if products[i][0]==product_id:
            products[i][4] -=count
else:
    print('购物车信息如下：')
    print('********************************')
    print('%-10s' %'编号', '%-10s' %'购买数量')
    print('------------------------')
    for i in range(len(products_cart)):
        print('%-10s' %products_cart[i][0], '%6d' %products_cart[i][1])
    print('------------------------')
option=input('操作成功!请选择您的操作：1-查看商品；2-购物；3-查看购物车；其他-
结账')

#计算金额
if len(products_cart)>0:
    amount=0
    for i in range(len(products_cart)):
        product_index=0
        for j in range(len(products)):
            if products[j][0]==products_cart[i][0]:
                product_index=j
                break
        price=products[product_index][3]
        count=products_cart[i][1]
        amount+=price * count

    if 5000<amount <=10000:
        amount=amount * 0.95
    elif 10000<amount <=20000:
        amount=amount * 0.90
    elif amount>20000:
        amount=amount * 0.85
    else:
        amount=amount * 1
    print('购买成功,您需要支付%8.2f元' %amount)
```

```
#退出系统
print('谢谢您的光临,下次再见!')
```

运行结果：

```
欢迎使用家用电器销售系统！
请选择您的操作：1-查看商品；2-购物；3-查看购物车；其他-结账 1
产品和价格信息如下：
*******************************************************************
编号        名称         品牌         价格         库存数量
-----------------------------------------------------------------
0001       电视机        海尔         5999.00      20
0002       冰箱         西门子        6998.00      15
0003       洗衣机        小天鹅        1999.00      10
0004       空调         格力         3900.00      0
0005       热水器        格力         688.00       30
0006       笔记本        联想         5699.00      10
0007       微波炉        苏泊尔        480.00       33
0008       投影仪        松下         1250.00      12
0009       吸尘器        飞利浦        999.00       9
-----------------------------------------------------------------
操作成功！请选择您的操作：1-查看商品；2-购物；3-查看购物车；其他-结账 2
请输入您要购买的产品编号：0003
请输入您要购买的产品数量：4
操作成功！请选择您的操作：1-查看商品；2-购物；3-查看购物车；其他-结账 2
请输入您要购买的产品编号：0003
请输入您要购买的产品数量：2
操作成功！请选择您的操作：1-查看商品；2-购物；3-查看购物车；其他-结账 2
请输入您要购买的产品编号：0005
请输入您要购买的产品数量：2
操作成功！请选择您的操作：1-查看商品；2-购物；3-查看购物车；其他-结账 3
购物车信息如下：
***************************************
编号        购买数量
----------------------------
0003       6
0005       2
----------------------------
操作成功！请选择您的操作：1-查看商品；2-购物；3-查看购物车；其他-结账 0
购买成功，您需要支付 12033.00 元
谢谢您的光临,下次再见！
```

新版本的代码中,定义了一个购物车列表,并且增加了一个操作列表提供给用户选择,当用户选择第一个选项时,系统输出所有待售商品列表信息。选择第二个选项时,使

用两个循环分别让用户输入商品编号和商品数量,并且在输入无效的情况下支持重复输入。选择第三个选项时,输出购物车中的商品信息,包括商品编号和商品数量。当用户输入其他值时,系统将进行结账并退出。

到目前为止,系统的功能已经比较丰富了,代码行数也比以前多了,相对于上一个版本更加复杂了。但是,还有一个问题,就是代码中都是使用二维列表表示购物车和商品列表,然后使用下标进行商品信息的访问,如 products[product_index][3],这里的 3 必须查看列表才能知道这是对应什么信息。如果不用下标访问而是使用其他更加明显的信息来表示,将会进一步提高程序的可读性。第 6 章介绍使用字典来完成这个任务。

小　　结

循环结构是用来解决复杂问题的关键,本章重点讨论如何使用循环结构来解决这类问题。首先介绍了 while 循环的语法和常见错误,特别是要避免使用死循环。然后介绍了另一种常用的循环:for 循环,要注意这两种循环各有各的用途。

其次,还介绍了循环控制语句中的 break 和 continue 语句,这两个语句的作用非常相似,读者要注意区别。另外,对于循环语句的嵌套也做了介绍,并对多层嵌套来完成复杂任务时要注意的问题也做了说明,从而避免大家编程时出现类似错误。

习　　题

1. while 循环和 for 循环有什么区别?

2. 循环语句的基本结构是怎样的?

3. break 语句和 continue 语句有什么区别?

4. 循环中的 else 语句有什么作用?

5. 简述 range() 函数的三个参数的作用。

6. 循环输入的一个整数,输出该数据是正数、负数还是零。如果输入的不是整数,退出程序。

7. 使用循环判断一个数是否为素数。

8. 编写程序输出 1 到 100 以内的所有素数。

9. 编写程序输出 Fibonacci 数列,直到值超过 1000 为止。

10. 输入一个年份和月份,判断该月份的最大天数。

11. 使用循环实现一个整数列表的递增排序和递减排序。

12. 输出九九乘法口诀表。

13. 编程求 $1+2!+3!+\cdots+20!$ 的和。

14. 有序列如 2/1,3/2,5/3,8/5,13/8,21/13$\cdots$。求出这个数列的前 20 项之和。

15. 输入一行字符,分别统计出其中英文字母、空格、数字和其他字符的个数。

16. 使用循环实现一个整数列表的逆序。

17. 将一个正整数分解质因数。例如：输入 90，打印出 90＝2＊3＊3＊5。

18. 现有一个包含多个字符串的列表，统计其中非字母的字符个数。

19. 一个整数，它加上 100 后是一个完全平方数，再加上 168 又是一个完全平方数，求该数是多少？

20. 求 s＝a＋aa＋aaa＋aaaa＋aa…a 的值，其中 a 是一个数字。例如 2＋22＋222＋2222＋22222(此时共有 5 个数相加)，几个数相加有键盘控制。

21. 有 1、2、3、4 个数字，能组成多少个互不相同且无重复数字的三位数？各是多少？

22. 一个数如果恰好等于它的因子之和，这个数就称为"完数"。例如 6＝1＋2＋3。编程找出 1000 以内的所有完数。

23. 一个球从 100 米高处自由落下，每次落地后反弹回原高度的一半落下，求它在第 10 次落地时，共经过多少米？第 10 次反弹多高？

24. 打印出所有的"水仙花数"。所谓"水仙花数"是指一个三位数，其各位数字的立方和等于该数本身。例如：153 是一个"水仙花数"，因为 $153＝1^3＋5^3＋3^3$。

25. 两个乒乓球队进行比赛，各出三人。甲队为 a,b,c 三人。乙队为 x,y,z 三人。已抽签决定比赛名单。有人向队员打听比赛的名单。a 说他不和 x 比，c 说他不和 x,z 比，请编程找出三队选手的名单。

26. 兔子问题：有一对兔子，从出生后第 3 个月起每个月都生一对兔子，小兔子长到第三个月后每个月又生一对兔子，假如兔子都不死，问每个月的兔子总数为多少？

27. 猴子吃桃问题：猴子第一天摘下若干个桃子，当即吃了一半，还不够，又多吃了一个，第二天早上又将剩下的桃子吃掉一半，又多吃了一个。以后每天早上都吃了前一天剩下的一半多一个。到第 10 天早上想再吃时，见只剩下一个桃子了。求第一天共摘了多少。

28. 百钱买百鸡问题。现有 100 文钱，公鸡 5 文钱一只，母鸡 3 文钱一只，小鸡一文钱 3 只，要求：公鸡，母鸡，小鸡都要有，使用 100 文钱买 100 只鸡，买的鸡是整数。求共买了多少只公鸡，多少只母鸡和多少只小鸡。

29. 企业发放的奖金根据利润提成。利润(I)低于或等于 10 万元时，奖金可提 10%；利润高于 10 万元，低于 20 万元时，低于 10 万元的部分按 10% 提成，高于 10 万元的部分，可以提 7.5%；20 万元到 40 万元之间时，高于 20 万元的部分，可提成 5%；40 万元到 60 万元之间时高于 40 万元的部分，可提成 3%；60 万元到 100 万元之间时，高于 60 万元的部分，可提成 1.5%，高于 100 万元时，超过 100 万元的部分按 1% 提成，从键盘输入当月利润 I，求应发放奖金总数？

30. 建立一个包含 3 个用户名的用户名列表，再建立一个包含 3 个密码的密码列表。当用户输入用户名信息时，如果不存在该用户信息，则提示用户重新输入，直到输入的用户名存在为止。然后提示用户输入对应密码，如果用户输入密码不正确，提示用户重新输入，直到输入的密码正确为止。当用户密码输入正确后，提示登录成功。

第**6**章

元组、集合、字典

6.1 导　　学

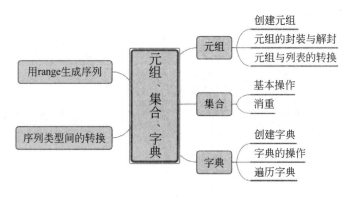

学习目标：

- 掌握元组、集合和字典的创建方法。
- 掌握元组、集合和字典中的常见操作。
- 掌握元组、集合和字典中的元素遍历。
- 理解 3 种结构的性能区别。
- 掌握 3 种结构的比较。
- 了解如何使用字典开发应用程序。

　　第 3 章已经介绍了如何使用列表来表达多个元素的序列，除了列表之外，Python 中还有 3 种特殊的数据类型：元组、集合和字典。第一种数据类型是元组（tuple），它和 Python 列表数据类似，是线性表。唯一不同的是，Python 元组赋值后所存储的数据不能被程序修改，可以将元组看作是只能读取数据不能修改数据的列表。另一种数据类型是集合（set），它是一个无序的、不重复的数据组合。集合的作用主要是自动去重（因为不能有重复元素存在于集合中），以及测试两组数据之间的交、并、差集等关系。字典（dictionary）是 Python 中又一种非常有用的内置数据类型。字典是无序的对象集合，由一个一个键-值对组成。本章重点介绍这 3 种数据类型。

6.2 元　　组

列表非常适合用于存储在程序运行期间可能变化的数据集。列表是可以修改的,这对处理网站的用户列表或游戏中的角色列表至关重要。然而,有时候需要创建一系列不可修改的元素,元组可以满足这种需求。Python 中不能修改的类型称为不可变数据类型,而不可变的列表被称为元组。

6.2.1　元组定义

可以通过将元素用一对括号括起来来创建一个元组,这些元素使用逗号隔开,格式如下:

元组名=(元素 1,元素 2,...,元素 n)

下面是一些元组的例子:

```
tup1=(1, 2, 3)
tup2=(1.2, 0.0, 4.8)
tup3=('a','b','c','d')
```

元组中元素的数据类型可以不一样,例如:

```
tup=('1', 2, True)
```

元组的括号也可以省略,例如:

```
tup='1', 2, True
```

元组中也可以没有任何元素,此时该元组称为空元组。

```
tup=()
```

注意的是,元组中只包含一个元素时,需要在元素后面添加逗号,否则括号会被当作运算符使用,如例 6-1 所示。

【例 6-1】 括号运算符

```
tup1=(50)
print(type(tup1))          #不加逗号,类型为整型
tup2=(50,)
print(type(tup1))          #加上逗号,类型为元组
```

运行结果:

```
<class 'int'>
<class 'tuple'>
```

6.2.2　访问元组

和列表一样,元组中元素访问也可以通过下标获取。

```
tup=('Google', 'Runoob', 1997, 2000)
print("tup1[0]: ", tup1[0])
```

运行结果:

```
tup[0]:  Google
```

元组中元素访问也可以通过下标的切片获取元组中的一部分。

```
tup=(1, 2, 3, 4, 5, 6, 7)
print("tup[1:5]: ", tup[1:5])
```

运行结果:

```
tup[1:5]:  (2, 3, 4, 5)
```

6.2.3　修改元组

元组中的值是不可以修改的,如果像这样修改元组:

```
tup=('Google', 'Runoob', 1997, 2000)
tup[0]='baidu'
```

程序输出如下错误信息:

```
TypeError: 'tuple' object does not support item assignment
```

但是,元组支持连接操作,可以使用连接运算符来将两个元组拼接为一个更大的元组,如例 6-2 所示。

【例 6-2】　元组的连接

```
tup1=(1,2)
tup2=(3,4)
print(tup1+tup2)
```

运行结果:

```
(1, 2, 3, 4)
```

实际上,这里并没有修改元组 tup1 或者 tup2。程序只是将两个元组的元素合并,并创建了一个新的元组而已。

6.2.4　删除元组

元组中的值不可以修改,也不可以被删除,在第 2 章中介绍过,使用 del 语句可以删

除一个变量,如果使用它修改元组元素,结果如下:

```
tup=('Google', 'Runoob', 1997, 2000)
del tup[0]
```

程序输出如下错误信息:

```
TypeError: 'tuple' object doesn't support item deletion
```

但是,元组支持使用 del 语句,将整个元组删除掉,如例 6-3 所示。

【例 6-3】 元组的删除

```
tup=('Google', 'Runoob', 1997, 2000)
del tup
print(tup)
```

运行结果:

```
NameError: name 'tup' is not defined
```

从结果中可以看出,tup 这个元组变量已经被删除了。

6.2.5 元组内置函数

Python 元组中包含了以下几个常用的函数,可以实现元组的各种操作。

1. len(tuple)

该函数返回元组中的元素个数,例如:

```
tup=('Google', 'Runoob', 1997, 2000)
print(len(tup))
```

运行结果:

```
4
```

2. max(tuple)

该函数可以获取元组中的最大值,例如:

```
tup=(1,3,4,-5,0,8)
print(max(tup))
```

运行结果:

```
8
```

3. min(tuple)

该函数可以获取元组中的最小值,例如:

```
tup=(1,3,4,-5,0,8)
print(min(tup))
```

运行结果：

```
-5
```

4. tuple(seq)

该函数可以将其他序列转换为元组，如例 6-4 所示。

【例 6-4】 tuple()函数

```
list=[1,3,4,-5,0,8,0]
str='Hello'
set={1,2,3}
dic={'name':'whb','age':12}
print(tuple(list))
print(tuple(str))
print(tuple(set))
print(tuple(dic))
```

运行结果：

```
(1, 3, 4, -5, 0, 8, 0)
('H', 'e', 'l', 'l', 'o')
(1, 2, 3)
('name', 'age')
```

6.2.6　元组的遍历

和列表一样，元组的遍历从头到尾依次从元组中获取数据，如例 6-5 所示。

【例 6-5】 元组的遍历

```
tup=("zhangsan",18,1.75)
for item in tup:
    print(item)
```

运行结果：

```
zhangsan
18
1.75
```

6.3　集　　合

集合与列表类似，可以用来存储一个元素集合。但是集合的显著特点是，元素是没有顺序的，并且不可以重复，集合的概念和特点与数学中的集合概念是一样的。

6.3.1 创建集合

将若干元素使用花括号{}括起来，其中的相邻元素间使用逗号相隔，就构成了集合。集合可以理解为一个没有重复元素的列表，也可以理解为一个舍弃了值，仅剩下键的字典。如果仅仅想知道某一元素是否存在而不关心其他，使用集合是非常好的选择。集合的创建方式有如下几种。

1. 使用花括号创建

使用花括号创建集合是一种常见的创建方式，格式为

集合名={元素 1,元素 2,元素 3,...}

下面的例子使用了这种形式：

```
num={1, 2, 3}
fruit={'apple', 'orange', 'apple', 'pear', 'orange', 'banana'}
```

如果想要创建一个空的集合，需要记住，下面的例子是错误示范：

```
num={}
print(type(num))
```

此时，程序的输出为

```
<class 'dict'>
```

可以看出，此时的集合是一个字典，而不是集合。如果要创建空的集合，必须使用 set()函数来创建。

2. 使用 set()函数创建

set()函数可以创建一个集合，其格式如下：

集合名=set([迭代对象])

下面的例子可以创建一个空的集合：

```
num=set()
```

如果创建非空集合，可以在 set()函数中添加元素，用逗号隔开：

```
num3=set('123')
print(num3)
```

上例中，可将字符串作为函数的参数传入，set()函数将其转换为集合。此时，多执行几次程序，就会发现每次程序的输出结果中，元素的次序有可能不同，这是集合中元素没有次序所致。

除了可以放入字符串之外，迭代对象还有其他几种数据类型，如例 6-6 所示。

【例 6-6】 set()函数

```
num1=set((1, 2, 3))          #元组
num2=set('123')              #字符串
num3=set()
num4=set([1, 2, 3])          #列表
num5=set({})                 #字典
```

set()函数还支持使用迭代表达式来创建集合,例如:

```
num=set(x * 4 for x in range(1, 8, 2))
print(num)
```

运行结果:

```
{20, 28, 4, 12}
```

另外,在做转换时,如果有重复元素,set()函数会自动将重复元素去掉。因此,有时可以使用这种方法来完成去重的运算,例如:

```
num=set('1223')
print(num)
```

此时,会得到如下结果:

```
{'3', '2', '1'}
```

最后,和列表类似,一个集合可以包含类型相同或者不同的元素,例如:

```
num1={1, True, '3', ['a', 3.4]}
```

这就是一个包含了各种元素类型的集合。实际上,因为元素必须不同,集合中的每个元素都必须是哈希的。在 Python 中,每个对象都有一个哈希值。

6.3.2 集合运算符

集合经常用来实现一些集合之间的运算,可以使用集合运算符来实现,如例 6-7所示。

【例 6-7】 集合运算符

```
a=set('abracadabra')
b=set('alacazam')
print(a)
print(b)
print(a-b)          #集合 a 中包含而集合 b 中不包含的元素
print(a | b)        #集合 a 或 b 中包含的所有元素
print(a & b)        #集合 a 和 b 中都包含了的元素
print(a ^ b)        #不同时包含于 a 和 b 的元素
```

运行结果：

```
{'b', 'a', 'c', 'r', 'd'}
{'a', 'c', 'z', 'm', 'l'}
{'b', 'd', 'r'}
{'b', 'a', 'c', 'r', 'z', 'd', 'm', 'l'}
{'a', 'c'}
{'l', 'b', 'z', 'd', 'm', 'r'}
```

除了这些运算符之外，列表中支持的 in 和 not in 运算符也可以用于集合中，例如：

```
s=set('Hello')
print('e' in s)
print('c' not in s)
```

运行结果：

```
True
True
```

另外，也可以使用运算符＝＝和！＝来判断两个集合中是否包含相同的元素，例如：

```
x={1, 2, 3}
y={1, 3, 2}
print(x==y)
print(x !=y)
```

运行结果：

```
True
False
```

这里尽管两个集合中相同元素出现的顺序不同，不会影响两个集合的相等比较。集合可以使用大于(＞)、小于(＜)、大于或等于(＞＝)、小于或等于(＜＝)来判断某个集合是否完全包含于另一个集合，也可以使用子父集判断函数，如例 6-8 所示。

【例 6-8】 子父集判断函数

```
s1=set([1, 2, 3, 4, 5])
s2=set([1, 2, 3, 4])
s3=set([1, 2, 3, 4])
print(s1>s2)
print(s2 >=s3)
print(s2<s1)
print(s3 <=s1)
```

从中可以看出，大于和大于或等于的区别是，判断为子集还是真子集。

6.3.3 集合基本函数

1. 集合基本操作

和列表一样,集合也可以使用函数 len、min、max 和 sum 等对集合进行常见的操作,如例 6-9 所示。

【例 6-9】 集合基本操作

```
num={3, 1, 2}
length=len(num)
max_value=max(num)
min_value=min(num)
sum_value=sum(num)
print(length)
print(max_value)
print(min_value)
print(sum_value)
```

运行结果:

```
3
3
1
6
```

也可以使用 for 循环来遍历集合中的每一个元素:

```
num={3, 1, 2}
for x in num:
print(x)
```

运行结果:

```
1
2
3
```

2. 添加元素

集合拥有 add()方法可以将元素添加到集合中,如果元素已经存在,则不进行任何操作,示例如下:

```
num={1, 2, 3}
num.add(4)
print(num)
```

运行结果:

```
{1, 2, 3, 4}
```

还有一个 update()方法也可以添加元素,且参数可以是列表、元组、字典等,示例如下:

```
num={1, 2, 3}
num.update([4])
print(num)
```

运行结果:

```
{1, 2, 3, 4}
```

3. 移除元素

集合拥有 remove()方法可以将集合中的某个元素移除,示例如下:

```
num={1, 2, 3}
num.remove(3)
print(num)
```

运行结果:

```
{1, 2}
```

但是,如果移除的元素不存在,如将上例中的 3 改为 4,则会报如下异常:

```
KeyError: 4
```

还有一个 discard()方法也可以移除元素,示例如下:

```
num={1, 2, 3}
num.discard(2)
print(num)
```

运行结果:

```
{1, 3}
```

而且,和 remove()不同的是,discard()在元素不存在的情况下,并不会报错。

还有一个 pop()函数也可以用来随机删除一个集合元素,示例如下:

```
num={3, 1, 2}
a=num.pop()
print(a)
```

运行结果:

```
1
```

可以看出,pop()是删除集合的第一个元素(排序后的集合的第一个元素)。

还有一个 clear()函数可以将所有元素删除,即清空集合,示例如下:

```
num={3, 1, 2}
num.clear()
print(num)
```

运行结果:

```
set()
```

4. 集合关系的判断

集合的 issubset()方法可以判断指定集合是否为该方法参数集合的子集,示例如下:

```
x={"a", "b", "c"}
y={"f", "e", "d", "c", "b", "a"}
print(x.issubset(y))
```

运行结果:

```
True
```

同理,issuperset()方法用于判断指定集合的所有元素是否都包含在原始的集合中,如果是则返回 True,否则返回 False,示例如下:

```
x={"f", "e", "d", "c", "b", "a"}
y={"a", "b", "c"}
print(x.issuperset(y))
```

运行结果:

```
True
```

5. 集合运算

集合里的 union()方法返回两个集合的并集,即包含了两个集合的所有元素,重复的元素只会出现一次,如例 6-10 所示。

【例 6-10】 集合运算

```
x={"apple", "banana", "cherry"}
y={"google", "runoob", "apple"}
z=x.union(y)
print(z)
```

运行结果:

```
{'apple', 'cherry', 'google', 'banana', 'runoob'}
```

intersection()方法用于返回两个或更多集合中都包含的元素,即交集。该方法返回一个新集合,该集合的元素在各集合中都存在。

```
x={"apple", "banana", "cherry"}
y={"google", "runoob", "apple"}
```

```
z=x.intersection(y)
print(z)
```

运行结果：

```
{'apple'}
```

difference()方法用于返回两个集合的差集,即返回的集合元素包含在第一个集合中,但不包含在第二个集合(方法的参数)中,示例如下：

```
x={"apple", "banana", "cherry"}
y={"google", "runoob", "apple"}
z=x.difference(y)
print(z)
```

运行结果：

```
{'banana', 'cherry'}
```

6.4 字　　典

相对于前面介绍的数据类型,字典是一个比较特殊的数据表示形式。通过使用字典,能更准确地为各种真实物体建模。如创建一个表示人的字典,然后存储姓名、年龄、地址、职业以及要描述的任何类型信息。还能够存储任意两种相关的信息,如单词及其解释意义,物种及其描述,食物名称和属性等。

6.4.1　创建字典

在 Python 中,字典是由一系列键-值对组成的。每个键都与一个值相关联,便可以使用键来访问与之相关联的值。与键相关联的值可以是数字、字符串、列表乃至字典。事实上,可将任何 Python 对象用作字典中的值。

在 Python 中,字典用放在花括号{}中的一系列键-值对表示,格式为

字典名={键 1: 值 1,键 2: 值 2,...}

在学习字典之前,如果想表示水果的数量信息,需要建立两个列表。

```
fruit=['apple', 'orange', 'pear', 'banana']
num=[1, 2, 3, 2]
```

但若使用字典,可以将其合并,示例如下：

```
fruit_num={'apple': 1, 'orange': 2, 'banana':3, 'apple':2}
```

字典的结构和前面的数据结构都不同,是由一个个的键-值对组成的,相当于给每个信息加上了一个独一无二的名称。

一个字典中,键和值的类型都可以不一样,例如:

```
any_type={'Hi':[4,9.0], 2: 8, True: {'Hello'}, 5.00: '122'}
```

需要注意,无论是键还是值,类型都可以不同。

键和值都可以重复,如果键重复,则后一个有效。在键不重复的情况下,值重复是正常的,示例如下:

```
fruit_num={'apple': 2, 'orange': 8, 'banana': 10, 'apple': 5}
print(fruit_num['apple'])
```

运行结果:

```
5
```

还有一个需要注意的是,键必须不可变,因此,键可以用数字、字符串或元组充当,不能用字典、列表、集合以及内部至少带有上述 3 种类型之一的内容,示例如下:

```
fruit_num={['apple']: 2, 'orange': 8, 'banana': 10}           #出错,列表可变
```

Python 会抛出如下错误:

```
TypeError: unhashable type: 'list'
```

同样,字典也是可变类型,所以:

```
fruit_num={'apple': 2, 'orange': 8, 'banana': 10, {1:2}: 5}    #出错,字典可变
```

Python 会抛出如下错误:

```
TypeError: unhashable type: 'dict'
```

但是,元组是可变类型,所以一般情况下,元组可以作为字典中的键。

```
fruit_num={'apple': 2, 'orange': 8, 'banana': 10, (2,3): 5}    #正确,元组不可变
```

但也有例外,如果元组中包含不可变数据类型,例如:

```
fruit_num={'apple': 2, 'orange': 8, 'banana': 10, (2,{}): 5}   #出错,元组不可变,
                                                                但含有可变类型
```

为什么元组可以作为字典的键,而字典和列表不可以呢?要理解这个问题,需要明白字典的工作原理。Python 中,字典也就是一个个的"映射",将键映射到值,对一个特定的键可以得到一个值。为了实现这个功能,Python 必须能够做到,给出一个键,找到哪一个值与这个键对应。一种办法是将所有的键-值对存放到一个列表中,每当需要的时候,就去遍历这个列表,如果找到键,就拿到值,但是这种实现在数据量很大的时候就变得很低效。为此,Python 使用了 hash(哈希)的方法来实现,要求每一个存放到字典中的对象都要实现哈希函数,这个函数可以产生一个 int 值,叫作 hash value(哈希值),通过这个 int 值,就可以快速确定对象在字典中的位置。而列表、集合和字典是不能哈希的,这就解释了上面的报错信息中为什么有 unhashable,就是不能哈希的意思。

6.4.2 字典元素的操作

1. 字典的元素读取

字典的值读取可以通过相应的键作为标记来获取值。格式如下：

值=字典名[键]

例如：

```
fruit_num={'apple': 2, 'orange': 8, 'banana': 10}
print(fruit_num['apple'])
```

运行就会输出：

```
2
```

但是，如果键不存在，示例如下：

```
fruit_num={'apple': 2, 'orange': 8, 'banana': 10 }
print(fruit_num['pear'])                          #出错
```

输出错误信息：

```
KeyError: 'pear'
```

另一种方法是使用 get(key,[default])函数，第一个参数为 key，第二个参数为给定的 key 不存在时返回的默认值，通常不需要设置。

```
fruit_num={'apple': 2, 'orange': 8, 'banana': 10}
print(fruit_num.get('orange'))
```

此时，程序输出：

```
8
```

但如果执行：

```
print(fruit_num.get('pear'))
```

和上面的情况不同的是，使用 get()函数，如果字典中不存在 pear 这个键，并不会返回错误，只会返回：

```
None
```

如果不希望返回 None，而是返回一个默认值，就可以添加第二个参数，例如：

```
print(fruit_num.get('pear', 0))
```

那么就会返回 0，而不是 None 了。

还可以使用 setdefault(key,[default])函数来修改某个键的值，例如：

```
fruit_num={'apple': 2, 'orange': 8, 'banana': 10}
print(fruit_num.setdefault('orange'))
```

结果同样返回 8。

2. 字典的元素修改

修改字典中值的方法也很简单，只需要根据字典的键来获取就行，格式如下：

字典名[键]=新值

来看例 6-11：

【例 6-11】 字典的修改

```
fruit_num={'apple': 2, 'orange': 8, 'banana': 10}
fruit_num['apple']=4
print(fruit_num)
```

运行结果：

```
{'apple': 4, 'orange': 8, 'banana': 10}
```

可见，键 apple 对应的值已经成功被修改。

也可以使用 update()函数来进行值的修改，update()方法使用一个新的字典来修改旧的字典对应元素值，如例 6-12 所示。

【例 6-12】 update()函数

```
fruit_num1={'apple': 2, 'orange': 8, 'banana': 10}
fruit_num2={'apple': 4, 'orange': 2, 'pear': 3}
fruit_num1.update(fruit_num2)
print(fruit_num1)
```

运行结果：

```
{'apple': 4, 'orange': 2, 'banana': 10, 'pear': 3}
```

例 6-12 中，apple 和 orange 两个键对应的值已经被修改。

3. 字典的元素添加

第一种添加新元素的方式很简单，只要给一个当前字典不存在的键的元素赋值就会添加新元素，例如：

```
fruit_num={'apple': 2, 'orange': 8, 'banana': 10}
fruit_num['pear']=56
print(fruit_num)
```

此时，程序输出：

```
{'apple': 2, 'orange': 8, 'banana': 10, 'pear': 56}
```

结果表明,上例字典中新加了一个元素 pear,并拥有了值。

第二种方法仍然使用 setdefault(key,[default])函数,如果 key 不存在,就会添加新元素。

```
fruit_num={'apple': 2, 'orange': 8, 'banana': 10}
fruit_num.setdefault('pear', 23)
print(fruit_num)
```

此时程序输出:

```
{'apple': 2, 'orange': 8, 'banana': 10, 'pear': 23}
```

和 get()函数一样,如果 setdefault()函数没有给出 default 值,则会使用 None 作为值,例如:

```
fruit_num={'apple': 2, 'orange': 8, 'banana': 10}
fruit_num.setdefault('pear')
print(fruit_num)
```

那么字典就变成如下形式:

```
{'apple': 2, 'orange': 8, 'banana': 10, 'pear': None}
```

另外,不要尝试使用 setdefault()函数去修改值,程序如下:

```
fruit_num={'apple': 2, 'orange': 8, 'banana': 10}
fruit_num.setdefault('banana', 23)
print(fruit_num)
```

运行结果:

```
{'apple': 2, 'orange': 8, 'banana': 10}
```

可以看出,banana 的值并没有改成 23。

4. 字典的元素删除

如果要删除一个元素,可以使用 del 语句。例如:

```
fruit_num={'apple': 2, 'orange': 8, 'banana': 10}
del fruit_num['apple']
print(fruit_num)
```

运行结果:

```
{'orange': 8, 'banana': 10}
```

可以看出,apple 对应的键-值对元素已被移除。

甚至,可以使用 del 语句来删除整个字典,例如:

```
fruit_num={'apple': 2, 'orange': 8, 'banana': 10}
```

```
del fruit_num
print(fruit_num)
```

结果会给出如下报错信息，证明字典已经没有了。

```
NameError: name 'fruit_num' is not defined
```

第二个办法是使用 pop(key)函数，用来删除 key 对应的元素，并返回该元素的值。示例如下：

```
fruit_num={'apple': 2, 'orange': 8, 'banana': 10}
print(fruit_num.pop('banana'))
print(fruit_num)
```

运行结果：

```
10
{'apple': 2, 'orange': 8}
```

第三个办法是使用 popitem()函数，和 pop()函数不同的是，这个函数只能删除最后一个元素，返回该元素。示例如下：

```
fruit_num={'apple': 2, 'orange': 8, 'banana': 10}
print(fruit_num.popitem())
print(fruit_num)
```

运行结果：

```
('banana', 10)
{'apple': 2, 'orange': 8}
```

如果想要清空所有元素，可以使用 clear()函数，示例如下：

```
fruit_num={'apple': 2, 'orange': 8, 'banana': 10}
fruit_num.clear()
print(fruit_num)
```

运行结果：

```
{}
```

可见，字典已被清空。要注意和 del 语句删除字典的区别：del 语句删除整个字典，删除后字典就没了；而 clear()函数只是清空字典，字典仍然存在。

5. 字典的其他操作

1) 字典的信息获取

在字典的实际使用中，不仅需要进行元素的增、删、改、查操作，还需要其他相关信息，如获取字典元素的个数等。Python 提供的一些函数，极大地方便了字典的使用。

可以使用 len(dict)获取字典元素的个数，示例如下：

```
fruit_num={'apple': 2, 'orange': 8, 'banana': 10}
print(len(fruit_num))
```

运行结果：

```
3
```

也可以使用 items()、keys() 和 values() 三个函数分别得到所有的项、键和值，示例如下：

```
fruit_num={'apple': 2, 'orange': 8, 'banana': 10}
print(fruit_num.items())
print(fruit_num.keys())
print(fruit_num.values())
```

运行结果：

```
dict_items([('apple', 2), ('orange', 8), ('banana', 10)])
dict_keys(['apple', 'orange', 'banana'])
dict_values([2, 8, 10])
```

可以看出，得到的都是列表数据类型。函数 items() 返回的是一个由元组组成的列表，keys() 返回所有的键，values() 返回所有的值。通过这几个函数，可以很方便的进行键和值的一些相关操作。

2）字典的拷贝

字典的拷贝可以使用 copy() 函数，此拷贝是浅拷贝，如例 6-13 所示。

【例 6-13】 字典的拷贝

```
fruit_num1={'name': 2, 'age': 8, 'banana': 10}
fruit_num2=fruit_num1.copy()    #浅拷贝：深拷贝父对象(一级目录)，子对象(二级目录)不
                                 拷贝，还是引用
print(fruit_num2)
fruit_num2.clear()
print(fruit_num2)
print(fruit_num1)
```

运行结果：

```
{'name': 2, 'age': 8, 'banana': 10}
{}
{'name': 2, 'age': 8, 'banana': 10}
```

可以看出，copy() 函数实现了字典的拷贝。需要注意复制和赋值的区别，示例如下：

```
fruit_num1={'name': 2, 'age': 8, 'banana': 10}
fruit_num2=fruit_num1              #浅拷贝：引用对象
print(fruit_num2)
fruit_num2.clear()
```

```
print(fruit_num2)
print(fruit_num1)
```

运行结果：

```
{'name': 2, 'age': 8, 'banana': 10}
{}
{}
```

6.4.3 字典和其他序列类型的区别

到目前为止，4 种重要的序列类型：列表、元组、集合和字典都介绍完毕了。实际上，这几种数据类型的很多操作是非常类似的，所以初学者容易混淆这些数据结构，本节总结它们的不同之处。

列表是动态数组，它们可变且可以重设长度（改变其内部元素的个数）。元组是静态数组，它们不可变，且其内部数据一旦创建便无法改变，也不能追加元素、弹出元素等。元组缓存于 Python 运行时环境，这意味着每次使用元组时无须访问内核去分配内存。所以，元组是不能改变长度的列表。那应该在什么时候考虑使用元组呢？实际上，如果一系列元素不需要改变值，如常量，可以使用元组。使用元组的好处在于对元组进行操作更为高效。

字典的查找和插入的速度极快，不会随着 key 的增加而变慢。但是需要占用大量的内存，内存浪费多。相反，列表查找和插入的时间随着元素的增加而增加。但是占用空间小，浪费内存很少。

唯一的区别在于没有存储对应的 value，但是，集合的原理和字典一样，所以，同样不可以放入可变对象，因为无法判断两个可变对象是否相等，也就无法保证集合内部"不会有重复元素"。

下面通过表 6-1 来比较它们之间的区别。

表 6-1 序列类型的比较

类型\\项目	列 表	元 组	集 合	字 典
表示	[]	()	{}	{}
举例	list = [1, True, "aa"]	tuple = (1, True, "aa");	set = {1, True, "aa"};	dict = {"name": "xuan", "age": 21}
是否有序	有序	有序	无序	无序
空定义	list=[]	tuple=()	set=set();	dict={}
是否可修改	是	否	否	是
下标访问	list[0]=23	tuple[0]	否	dict["age"]=30
添加元素	+、append、extend、insert	不可添加	add、update	dict["new_key"]='value'

类型 项目	列　表	元　　组	集　　合	字　　典
删除元素	del、remove、pop()、 pop(1)、clear	不可删除	discard、remove、 pop、clear	pop、popitem、clear
元素查找	index、count、in	in	in	a_dict["key"]
布尔真值	非空	非空	非空	非空

6.5　应　用　实　例

5.7 节中,电器系统里面用来表示商品,使用的是列表。但是从程序可读性来说,这种做法并不是很好的选择,因为类似于 products[i][2]这样的表达方式,大家不容易知道是哪个商品属性。所以,本节修改商品数据结构,使用字典来表示每个商品,根据这样的需求,新版本的程序代码如下:

```python
"""
家用电器销售系统
v1.4
"""

# 欢迎信息
print('欢迎使用家用电器销售系统!')

# 商品数据初始化
products=[
    {'id': '0001', 'name': '电视机', 'brand': '海尔', 'price': 5999.00, 'count': 20},
    {'id': '0002', 'name': '冰箱', 'brand': '西门子', 'price': 6998.00, 'count': 15},
    {'id': '0003', 'name': '洗衣机', 'brand': '小天鹅', 'price': 1999.00, 'count': 10},
    {'id': '0004', 'name': '空调', 'brand': '格力', 'price': 3900.00, 'count': 0},
    {'id': '0005', 'name': '热水器', 'brand': '格力', 'price': 688.00, 'count': 30},
    {'id': '0006', 'name': '笔记本', 'brand': '联想', 'price': 5699.00, 'count': 10},
    {'id': '0007', 'name': '微波炉', 'brand': '苏泊尔', 'price': 480.00, 'count': 33},
    {'id': '0008', 'name': '投影仪', 'brand': '松下', 'price': 1250.00, 'count': 12},
    {'id': '0009', 'name': '吸尘器', 'brand': '飞利浦', 'price': 999.00, 'count': 9},
]

# 初始化用户购物车
products_cart=[]

option=input('请选择您的操作: 1-查看商品;2-购物;3-查看购物车;其他-结账')
```

```python
while option in ['1', '2', '3']:
    if option=='1':
        #产品信息列表
        print('产品和价格信息如下: ')
        print('*************************************************************')
        print('%-10s' %'编号', '%-10s' %'名称', '%-10s' %'品牌', '%-10s' %'价格',
        '%-10s' %'库存数量')
        print('---------------------------------------------')
        for i in range(len(products)):
            print('%-10s' %products[i]['id'], '%-10s' %products[i]['name'],
                '%-10s' %products[i]['brand'],
                '%10.2f' %products[i]['price'], '%10d' %products[i]['count'])
        print('---------------------------------------------')
    elif option=='2':
        product_id=input('请输入您要购买的产品编号: ')
        while product_id not in [item['id'] for item in products]:
            product_id=input('编号不存在,请重新输入您要购买的产品编号: ')

        count=int(input('请输入您要购买的产品数量: '))
        while count>products[int(product_id)-1]['count']:
            count=int(input('数量超出库存,请重新输入您要购买的产品数量: '))

        #将所购买商品加入购物车
        if product_id not in [item['id'] for item in products_cart]:
            products_cart.append({'id': product_id, 'count': count})
        else:
            for i in range(len(products_cart)):
                if products_cart[i].get('id')==product_id:
                    products_cart[i]['count']+=count

        #更新商品列表
        for i in range(len(products)):
            if products[i]['id']==product_id:
                products[i]['count'] -=count
    else:
        print('购物车信息如下: ')
        print('**********************************')
        print('%-10s' %'编号', '%-10s' %'购买数量')
        print('-------------------------')
        for i in range(len(products_cart)):
            print('%-10s' %products_cart[i]['id'], '%6d' %products_
            cart[i]['count'])
        print('-------------------------')
```

```
        option=input('操作成功!请选择您的操作:1-查看商品;2-购物;3-查看购物车;其他-
结账')
```

\#计算金额
```
if len(products_cart)>0:
    amount=0
    for i in range(len(products_cart)):
        product_index=0
        for j in range(len(products)):
            if products[j]['id']==products_cart[i]['id']:
                product_index=j
                break
        price=products[product_index]['price']
        count=products_cart[i]['count']
        amount+=price * count

    if 5000<amount <=10000:
        amount=amount * 0.95
    elif 10000<amount <=20000:
        amount=amount * 0.90
    elif amount>20000:
        amount=amount * 0.85
    else:
        amount=amount * 1
    print('购买成功,您需要支付%8.2f 元' %amount)
```

\#退出系统
```
print('谢谢您的光临,下次再见!')
```

运行结果:

欢迎使用家用电器销售系统!
请选择您的操作:1-查看商品;2-购物;3-查看购物车;其他-结账 1
产品和价格信息如下:
****

编号	名称	品牌	价格	库存数量
0001	电视机	海尔	5999.00	20
0002	冰箱	西门子	6998.00	15
0003	洗衣机	小天鹅	1999.00	10
0004	空调	格力	3900.00	0
0005	热水器	格力	688.00	30
0006	笔记本	联想	5699.00	10
0007	微波炉	苏泊尔	480.00	33

0008	投影仪	松下	1250.00	12
0009	吸尘器	飞利浦	999.00	9

操作成功!请选择您的操作:1-查看商品;2-购物;3-查看购物车;其他-结账 2

请输入您要购买的产品编号:0002

请输入您要购买的产品数量:2

操作成功!请选择您的操作:1-查看商品;2-购物;3-查看购物车;其他-结账 2

请输入您要购买的产品编号:0001

请输入您要购买的产品数量:2

操作成功!请选择您的操作:1-查看商品;2-购物;3-查看购物车;其他-结账 3

购物车信息如下:

****

编号	购买数量

| 0002 | 2 |
| 0001 | 2 |

操作成功!请选择您的操作:1-查看商品;2-购物;3-查看购物车;其他-结账 0

购买成功,您需要支付 22094.90 元

谢谢您的光临,下次再见!

从显示结果来看,本节并没有增加新的功能,只是使用字典来重新定义商品信息。现在获取商品属性使用 products[i]['name'],可以立刻知道获取的是商品的名称,从而提高了程序的可读性。但是,这个版本还有缺陷,那就是代码没有模块化,有些功能如显示商品列表和购物车列表非常相似,程序中的代码并没有复用,第 7 章会使用函数来完成这个任务。

小　　结

本章主要介绍了 Python 中 3 种重要的数据结构:元组、集合和字典,分别解释了它们的定义,每种数据结构的增、删、改、查操作,相关函数以及一些简单的应用。

元组的核心特点是,它是不可变序列,使用()包含若干个元素。

集合是一个无序的、元素不可重复的序列,使用{}包含元素,各元素之间用逗号隔开;创建空集合时,必须使用 set([]),而不是{}。因为{}是用来创建一个空字典的。

字典由若干个键-值对组成,也是使用{}包含键-值对。键必须是唯一的,就像如果有两个人恰巧同名,就无法找到正确的信息。

需要注意的是,如何区分每种不同结构,掌握它们的特点。在实际编程工作中,必须知道在不同场景下,使用哪种数据结构最合适。

习　　题

1. 简述常见数据结构元组、集合、列表和字典的区别。

2. 集合的常见操作有哪些？

3. 字典的结构是怎样的？

4. 假定 lst 列表内容为[1,2,3,4,1,1,2,5]，使用集合进行去重。

5. 将两个元组进行连接，生成一个大元组，并去掉其中的重复元素。

6. 使用集合求 100 到 200 以内的 3 的倍数且为素数的值。

7. 产生 10 个 1～100 的随机数，并放到一个集合中。

8. 有两个列表，第一个列表为[黑龙江省,浙江省,江西省,广东省,福建省]，第二个列表为[哈尔滨,杭州,南昌,广州,福州]，将第一个列表元素作为 key，第二个列表元素作为 value 存储到字典中。如{黑龙江省＝哈尔滨,浙江省＝杭州,…}。

9. 双色球规则：双色球每注投注号码由 6 个红色球号码和 1 个蓝色球号码组成。红色球号码从 1～33 中选择；蓝色球号码从 1～16 中选择；请随机生成一注双色球号码（要求同色号码不重复）。

10. 定义一个学生签到的长字符串 totalStr，某同学签到多少次就在字符串里出现多少次，以空格分隔。用 totalStr.split(' ')将字符串拆分成列表 totalList；用 set(totalList)将列表转换成集合 totalSet；对集合里的每个同学 s 用 totalList.count(s)计算签到次数；生成同学姓名、签到次数的字典并输出。

11. 建立一个历届世界杯冠军字典。从命令行读入一个字符串，表示一个年份，输出该年的世界杯冠军是哪支球队。如果该年没有举办世界杯，则输出：没有举办世界杯。读入一支球队的名字，输出该球队夺冠的年份列表。例如，读入"巴西"，应当输出 1958 1962 1970 1994 2002；读入"荷兰"，应当输出 没有获得过世界杯。

第7章

函数与异常处理

7.1 导　　学

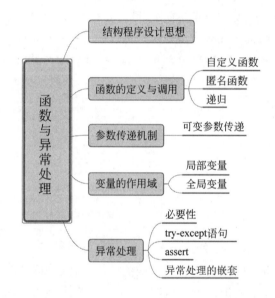

学习目标：

- 了解函数的作用和功能。
- 掌握定义函数的语法格式。
- 熟悉函数的参数、返回值的作用。
- 掌握实参和形参的区别。
- 掌握变量的作用域。
- 掌握异常的定义。
- 掌握异常的处理过程。
- 了解自定义异常的方法。

所谓函数(也称方法)，就是一段组织好的，可重复使用的，用来实现单一或相关联功能的代码段。函数能提高应用的模块性，和代码的重复利用率。前面章节中大家见过

Python 提供的内建函数,如 print()。但也可以自己创建函数,这被叫作用户自定义函数。本章就来学习编写函数。函数是带名字的代码块,用于完成具体的工作。

要执行函数定义的特定任务,可调用该函数。需要在程序中多次执行同一项任务时,无须反复编写完成该任务的代码,而只需调用执行该任务的函数,让 Python 运行其中的代码。通过使用函数,程序的编写、阅读、测试和修复都更容易。

在本章中,还会学习向函数传递信息的方式,学习如何编写主要任务是显示信息的函数,还有用于处理数据并返回一个或一组值的函数。最后,将学习如何将函数存储在被称为模块的独立文件中,让主程序文件的组织更为有序。

程序运行时常会碰到一些错误,例如除数为 0、年龄为负数、数组下标越界等,这些错误如果不能发现并加以处理,很可能会导致程序崩溃。和 C++、Java 这些编程语言一样,Python 也提供了处理异常的机制,可以捕获并处理这些错误,让程序继续沿着一条不会出错的路径执行。可以简单地理解异常处理机制,就是在程序运行出现错误时,让 Python 解释器执行事先准备好的除错程序,进而尝试恢复程序的执行。

借助异常处理机制,甚至在程序崩溃前也可以做一些必要的工作,例如将内存中的数据写入文件、关闭打开的文件、释放分配的内存等。Python 异常处理机制会涉及 try、except、else、finally 这 4 个关键字,同时还提供了可主动使程序引发异常的 raise 语句,本章都会一一讲解。

7.2　函　　数

7.2.1　函数的定义

可以定义一个由自己想要功能的函数,以下是简单的规则:

- 函数代码块以 def 关键词开头,后接函数标识符名称和圆括号()。
- 任何传入参数和自变量必须放在圆括号中间。圆括号之间可以用于定义参数。
- 函数的第一行语句可以选择性地使用文档字符串——用于存放函数说明。
- 函数内容以冒号起始,并且缩进。
- return [表达式] 结束函数,选择性地返回一个值给调用方。不带表达式的 return 相当于返回 None。

函数的定义格式如下:

```
def   函数名([参数列表]):
      函数体
      [return [返回值表达式]]
```

一个函数,必须包含函数名。函数名应该为小写,可以用下画线风格单词以增加可读性,如 myfunction,my_example_function。

函数的参数可以有 0 个、一个或者多个。如果没有参数,括号仍然需要有。参数有多个的时候,需要用逗号隔开。注意,在写参数的时候,不需要在参数前面添加类型。

函数体是函数的灵魂,由多个 Python 语句构成,实现了函数的具体功能。

return 语句返回函数的执行结果,如果不需要返回值,这行可以省略。

一个程序中,函数的定义可以出现在程序的任意位置。多个函数定义之间没有顺序要求。

7.2.2 函数的调用

当一个函数定义完之后,需要在程序其他某处调用。一个从没被调用的函数是没有意义的,因为其中的函数体不会被执行到。调用函数的程序成为调用者,根据函数是否有返回值,调用函数有两种方式。

有返回值的函数如例 7-1 所示。

【例 7-1】 函数返回值

```
def mul():
    mul=1
    for i in range(1,10):
        mul *=i
    return mul
```

上面的函数计算 1 到 10 的累积,然后使用 return 语句返回计算得到的积。调用形式如下:

```
a=mul()
print(a)
```

上面这两个语句也可以合并成一句:

```
print(mul())
```

需要注意的是,带返回值的函数也可以当作语句被调用。在这种情况下,函数返回值就会被忽略。虽然很少有人这样用,但如果函数调用者对返回值不感兴趣,也是允许的。

需要注意的是,如同变量的使用一样,函数必须先定义,才能调用,但是如果调用语句出现在其他函数里面就没有这个要求,即函数的定义必须出现在函数的调用之前,否则会出现如下错误信息:

```
NameError: name 'sum' is not defined
```

7.2.3 函数的参数

没有参数的函数,其灵活性有很大的限制。先来看例 7-2 中的代码:

【例 7-2】 重复代码

```
sum=0
```

```
for i in range(1,10):
    if (i %2==1):
        sum=sum+i
print(sum)
sum=0
for i in range(1,20):
if (i %2==1):
    sum=sum+i
print(sum)
sum=0
for i in range(1,30):
if (i %2==1):
    sum=sum+i
print(sum)
sum=0
for i in range(1,40):
if (i %2==1):
    sum=sum+i
print(sum)
sum=0
for i in range(1,50):
if (i %2==1):
    sum=sum+i
print(sum)
```

上面的程序中,每次循环的终止值均不一致。这种情况下,写对应的 5 个函数,就失去了函数的优越性。实际上,可以增加参数来代替这个变化的变量,以增加函数的灵活性。现在将例 7-2 中的函数修改为例 7-3。

【例 7-3】 带参数的函数

```
def sum(end):
    sum=0
    for i in range(1,end):
        if (i %2==1):
            sum=sum+i
    print(sum)
```

添加一个名叫 end 的参数,该参数从调用者那里将具体每次循环的不同的终止值传递进来。这是一种形式上的参数,所以可以称为形参。所以调用语句也要相应地改成:

```
sum(10)
sum(20)
sum(30)
sum(40)
sum(50)
```

sum()函数的调用只需要添加一个实际的值作为参数,这种实际的参数被称为实参。现在的函数因为一个参数的加入而变得灵活了,但功能远远不够。假如进一步要求,该函数能够计算任何整数范围内的奇数或者偶数形式的累加。那么一个参数就不适用,任何整数范围则意味着初始值也要用参数代替,奇数或者偶数也要用一个参数来代替,共需要3个参数,修改后的代码见例7-4。

【例7-4】 多个参数的函数

```
def sum(begin,end,model):
    sum=0
    for i in range(begin,end):
        if (i %2==model):
            sum=sum+i
    print(sum)
```

添加3个参数:begin、end 和 model,第一个参数是初始值,第二个参数是终止值,第三个参数是用来判断对2求余的值。调用语句也要相应地改成:

```
sum(1,10,0)
sum(15,30,1)
sum(20,40,0)
sum(35,50,1)
sum(70,100,0)
```

现在3个参数的函数与前面一个参数的函数相比,灵活性大大增加。不难得出结论,参数的主要作用就是增加函数的灵活性,相当于函数的输入。这一点,和数学上的函数 $f(x,y)$ 里面的 x 和 y 的意义实际上是一样的。

函数的作用就在于它处理参数的能力。当调用函数时,需要将实参传递给形参。Python 中,函数的参数类型有如下几种。

1. 位置参数

位置参数须以正确的顺序传入函数。调用时的数量必须和声明时的一样。例 7-4 中,sum()函数需要3个参数,每个参数都有固定的意义,在传参时必须保持一致,位置不能变,所以它们是位置参数。关于位置参数,需注意以下几方面。

1)形参和实参顺序问题

使用位置参数要求参数按它们在函数头部的顺序进行传递。

2)形参和实参个数问题

通常情况下,形参和实参个数必须完全一致,不能省略。如上例中使用3个形参,调用者就必须传递3个实参。如果数量不一致,会报错:

```
TypeError: sum() missing 1 required positional argument: 'end'
```

3)形参和实参类型必须一致

形参和实参的类型也需要一致,如果把第二个参数改为浮点数,如下:

```
sum(35,50.0,1)
```

会出现语法错误,如下：

```
TypeError: 'float' object cannot be interpreted as an integer
```

最后,将几种正确的调用形式一并给出,供大家参考,如例 7-5 所示。

【例 7-5】 位置参数

```
def sum(begin,end=100,model=0):
    sum=0
    for i in range(begin,end):
        if (i %2==model):
            sum=sum+i
    print(sum)
sum(begin=1,end=10,model=0)
sum(end=30,begin=10,model=1)
sum(20,end=40,model=0)
sum(10)
sum(70,100)
```

2. 关键字参数

关键字参数和函数调用关系紧密,函数调用使用关键字参数来确定传入的参数值。

使用关键字参数允许函数调用时参数的顺序与声明时不一致,因为 Python 解释器能够用参数名匹配参数值。

也可以使用关键字参数来传参,只需要通过 name=value 的形式传递就可以执行,如例 7-6 所示。

【例 7-6】 关键字参数

```
def sum(begin,end,model):
    sum=0
    for i in range(begin,end):
        if (i %2==model):
            sum=sum+i
    print(sum)
sum(begin=1,end=10,model=0)
sum(end=30,begin=10,model=1)
sum(20,40,0)
sum(35,50,1)
sum(70,100,0)
```

例 7-6 中,使用关键字参数计算了 1 到 10 的偶数和,以及 10 到 30 的奇数和。可以看出,使用关键字参数的好处是位置可以不固定,参数可以以任何顺序出现。

可以将位置参数和关键字参数混在一起使用,关键字参数位于位置参数的后面,示例如下：

```
sum(20,end=40,model=0)
```

但不能在关键字参数之后再使用位置参数,示例如下:

```
sum(begin=35,50,1)
```

会报错:

```
SyntaxError: positional argument follows keyword argument
```

3. 默认参数

Python 提供了一个很方便的机制,叫作默认参数,在编写函数时,可以给每个形参指定默认值。调用函数时,默认参数的值如果没有传入,则被认为是默认值。在调用函数中给形参提供了实参时,Python 将使用指定的实参值;否则,将使用形参的默认值。因此,给形参指定默认值后,可以在函数调用中省略相应的实参。使用默认值可简化函数调用,还可以清楚地指出函数的典型用法,如例 7-7 所示。

【例 7-7】 默认参数

```
def sum(begin,end,model=0):
    sum=0
    for i in range(begin,end):
        if (i %2==model):
            sum=sum+i
    print(sum)
```

例 7-7 中,可以给 model 参数一个默认值 0。意味着在传实际参数的时候,可以给出 model 实参,也可以忽略而用默认值 0。在这种情况下,调用语句可以写为

```
sum(35,50)
```

但是需注意,使用默认值时,在形参列表中必须先列出没有默认值的形参,再列出有默认值的实参。这让 Python 依然能够正确地解读位置实参,如例 7-8 所示。

【例 7-8】 不正确的参数顺序

```
def sum(begin=35,end=50,model):
    sum=0
    for i in range(begin,end):
        if (i %2==model):
            sum=sum+i
    print(sum)
```

在调用时如果只传一个实参给 model,示例如下:

```
sum(1)
```

就会出现如下错误:

```
SyntaxError: non-default argument follows default argument
```

出现这个问题的原因是,Python 不知道是想把 1 传给 model,还是 1 作为 begin 的实参。

4. 不定长参数

一个函数能处理比当初声明时更多的参数,这些参数叫作不定长参数,和普通形参不同,不需要声明所有的形参,声明时不会命名。基本语法如下:

```
def  函数名([参数列表,] * 不定长参数):
    函数体
    [return [返回值表达式]]
```

请观察例 7-9。

【例 7-9】 不定长参数

```
def print_info(arg1, * arg2):
    "打印任何传入的参数"
    print("输出: ")
    print(arg1)
    for var in arg2:
        print(var)
    return
print_info(10)
print_info(10,20)
print_info(10,20,30)
```

运行结果:

```
输出:
10
输出:
10
20
输出:
10
20
30
```

7.2.4　函数的返回值

函数并非总是直接显示输出,相反,它可以处理一些数据,并返回一个或一组值。函数返回的值被称为返回值。在函数中,可以使用 return 语句将值返回调用函数的代码行。返回值能够将程序的大部分繁重工作移至函数中去完成,从而简化主程序。return 语句可以有 3 种返回形式:返回一个值、返回空值和返回多个值。

1. 返回一个值

大部分函数会返回一个结果,这个结果是返回值。前述的 sum() 函数有个小缺陷,即其计算和而输出结果实际上并不合适放在 sum() 函数中,会降低该函数的复用性,且并不是所有时候都需要输出结果。所以,更好的做法是把 print() 函数放在函数外部,而需要打印的值通过 sum() 函数的返回值返回,如例 7-10 所示。

【例 7-10】 一个返回值

```
def sum(begin,end=100,model=0):
    sum=0
    for i in range(begin,end):
        if (i %2==model):
            sum=sum+i
    return sum
s=sum(begin=1,end=10,model=0)
print(s)
s=sum(end=30,begin=10,model=1)
print(s)
s=sum(20,end=40,model=0)
print(s)
s=sum(10)
print(s)
s=sum(70,100)
print(s)
```

例 7-10 的程序中,增加了 return 语句,将计算得到的和返回出去,然后让 main() 函数负责进一步处理。

2. 返回空值

return 语句还可以单独使用,用来提前退出函数,返回到调用处。通常用此语句来处理一些异常情况。例 7-10 中的函数还可以使用 return 语句做得更加完善,修改如例 7-11 所示。

【例 7-11】 返回空值

```
def sum(begin,end=100,model=0):
    if (begin>end):
        return        #等价于 return None
    sum=0
    for i in range(begin,end):
        if (i %2==model):
            sum=sum+i
    return sum
```

在函数开始处,笔者做了一个判断:如果起始值比终止值大的话,是没有结果的,此时直接就返回。实际上,return 后面什么都不写和 return None 是等价的。而且如果不是作为特殊情况的返回,且不要求返回值的话,这句话写与不写都是可以的。

注意,实际上,不管有没有 return 语句,Python 中的每个函数都返回一个值。如果函数不返回值,默认情况下,它返回一个特殊值 None。因此,不返回值的函数也称为 None 函数。这个函数可以赋值给一个变量,以指示变量不指向任何对象。所以如果像这样调用上面的程序:

```
sum(40,20,0)
```

只能得到这样的结果:

```
None
```

3. 返回多个值

和其他很多语言不同的是,Python 支持一次返回多个值,这种机制在很多时候是很有用的。如想要一次性获取多个数据中的最大值和最小值,就可以像例 7-12 这样写。

【例 7-12】 返回多个值

```
def get_max_min(num1, * num):
    max=num1
    min=num1
    for item in num:
        if (max<item):
            max=item
        if (min>item):
            min=item
    return max,min
max,min=get_max_min(1,2,6,9,5,4,3)
print(max)
print(min)
```

注意例 7-12 中的 return 语句,它同时返回了 max 和 min 两个变量作为返回值。而接受这两个返回值也需要同样的两个变量。因此,可以尝试仅用一个函数一次数据遍历完成两个函数的任务,更加便捷。

7.2.5 函数的嵌套调用

函数经常会被嵌套调用,所谓嵌套调用,就是指一个函数里面再调用其他函数。

习惯上,程序里面通常还定义了一个包含程序主要功能的名为 main 的函数,使得程序看起来更加规范易读。在 7.2.4 节的例子上稍加改动,并添加一个 main()函数,完整的程序如例 7-13 所示。

【例 7-13】 **main()函数**

```
def sum(begin,end,model):
    sum=0
    for i in range(begin,end):
        if (i %2==model):
            sum=sum+i
    return sum
def main():
sum=sum(1,10,0)
print(sum)
main()
```

图 7-1 展示了它们的调用过程。

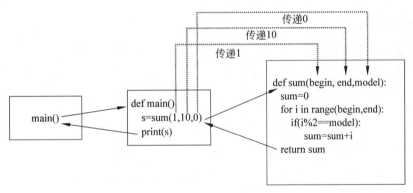

图 7-1　函数调用过程

7.2.6　调用栈

内存中的堆栈和数据结构堆栈不是一个概念,可以说内存中的堆栈是真实存在的物理区,数据结构中的堆栈是抽象的数据存储结构。每次调用函数时,系统都会创建一个激活记录,该记录存储函数的参数和变量,并将激活记录放在一个叫作调用栈的内存区域中。调用栈也称为执行栈、运行栈或机器栈。当一个函数调用另一个函数时,调用者的激活记录保持不变,并为另一个函数创建一个新的激活记录。当新的函数完成它的工作并将控制权返回给它的调用方时,对应的激活记录将从调用堆栈中删除。

不妨思考为什么用栈来存储激活记录?因为栈有一个特殊的机制,叫作后进先出。从上述函数调用图可以看出,函数调用方式是遵循后进先出的方式的。因为 main()函数先调用,所以运行时系统将 main()函数的激活记录压入栈中,然后 main()函数调用 sum()函数,sum()函数的激活记录也压入栈中;当 sum()函数执行完毕后,它的激活记录就从栈中被弹出。main()函数的工作完成之后,它的激活记录也被弹出栈。

7.2.7　函数递归调用

前面几节中,见到的例子都是一个函数调用其他函数,但也有一些情况下,一个函数需要自己调用自己,这种现象称为函数的递归调用。

可以尝试使用函数 fact(n) 来计算阶乘 n!=1 * 2 * 3 * … * n,如下所示:

fact(n)=n!=1 * 2 * 3 * 4 * … * n=n * fact (n-1)

而 fact(n−1) 又可以表示为(n−1) * fact(n−2)。所以,一步一步地推下去,fact(n) 变为由很多 fact() 函数递归调用完成计算,唯一需要特殊处理的是 n 为 1 的情况。基于此,用递归的方式呈现,则为如下形式:

```
def fact(n):
    if n==1:
        return 1
    return n * fact(n-1)
```

如果计算 fact(5),可以根据函数定义看到计算过程如下:

```
fact(5)
===>5 * fact(4)
===>5 * (4 * fact(3))
===>5 * (4 * (3 * fact(2)))
===>5 * (4 * (3 * (2 * fact(1))))
===>5 * (4 * (3 * (2 * 1)))
===>5 * (4 * (3 * 2))
===>5 * (4 * 6)
===>5 * 24
===>120
```

递归函数的优点是定义简单,逻辑清晰。理论上,所有的递归函数都可以写成循环的方式,但循环的逻辑不如递归清晰。

使用递归函数需要注意防止栈溢出。前面说过,函数调用是通过调用栈实现的,每当进入一个函数调用,栈就会加一条记录,每当函数返回,栈就会减一条记录。由于栈的大小不是无限的,递归调用的次数过多,会导致栈溢出。

7.3　变量作用域

7.3.1　作用域的类型

在 Python 中,使用一个变量时并不严格要求需要预先声明它,但是在真正使用它之前,它必须被绑定到某个内存对象(被定义、赋值);这种变量名的绑定将在当前作用域中引入新的变量,同时屏蔽外层作用域中的同名变量。

1. 局部作用域(local,L)

局部变量:包含在 def 关键字定义的语句块中,即在函数中定义的变量。每当函数被调用时都会创建一个新的局部作用域。Python 中也有递归,即自己调用自己,每次调用都会创建一个新的局部命名空间。在函数内部的变量声明,除非特别地声明为全局变量,否则均默认为局部变量。有些情况需要在函数内部定义全局变量,这时可以使用 global 关键字来声明变量的作用域为全局。局部变量域就像一个栈,仅仅是暂时的存在,依赖创建该局部作用域的函数是否处于活动的状态。所以,应尽量少定义全局变量,因为全局变量在模块文件运行的过程中会一直存在,占用内存空间。

如果需要在函数内部对全局变量赋值,需要在函数内部通过 global 语句声明该变量为全局变量。

2. 嵌套作用域(enclosing,E)

E 也包含在 def 关键字中,E 和 L 是相对的,E 相对于更上层的函数而言也是 L。与 L 的区别在于,对一个函数而言,L 是定义在此函数内部的局部作用域,而 E 是定义在此函数的上一层父级函数的局部作用域。主要是为了实现 Python 的闭包,而增加的实现。

3. 全局作用域(global,G)

即在模块层次中定义的变量,每一个模块都是一个全局作用域。也就是说,在模块文件顶层声明的变量具有全局作用域,从外部来看,模块的全局变量就是一个模块对象的属性。

需要注意,全局作用域的作用范围仅限于单个模块文件内。

4. 内置作用域(built-in,B)

系统内固定模块里定义的变量,如预定义在 builtin 模块内的变量 max。

通过例 7-1,可以熟悉上述 4 种作用域。

【例 7-14】 4 种作用域

```
var=100          #全局作用域
def fun1():
var=200          #外部嵌套函数作用域
print(var)
def fun2():
    var=300      #局部作用域
    print(var)
    print(max)   #max 函数都没有创建,在内建函数作用域中,只读,不能改变
                 #可以在其余 3 个作用域重新创建
fun2()
fun1()
```

```
print(var)
```

运行结果：

```
200
300
<built-in function max>
100
```

7.3.2 作用域

在 Python 程序中创建、改变、查找变量名时，都是在一个保存变量名的空间中进行，可以称为命名空间，也可以称为作用域。Python 的作用域是静态的，在源代码中变量名被赋值的位置决定了该变量能被访问的范围。Python 变量的作用域由变量所在源代码中的位置决定。

在被调用函数内赋值的变量，处于该函数的局部作用域。在所有函数之外赋值的变量，属于全局作用域。处于局部作用域的变量，被称为局部变量。处于全局作用域的变量，被称为全局变量。一个变量必是其中一种，不能既是局部的又是全局的。

可以将作用域看成是变量的容器。当作用域被销毁时，所有保存在该作用域内的变量的值就被丢弃了。只有一个全局作用域，它是在程序开始时创建的。如果程序终止，全局作用域就被销毁，它的所有变量就被丢弃了。否则，在下次运行程序的时候，这些变量就会记住它在上次运行时的值。

一个函数被调用时，就创建了一个局部作用域。在这个函数内赋值的所有变量，存在于该局部作用域内。该函数返回时，这个局部作用域就被销毁了，这些变量就丢失了。下次调用这个函数，局部变量不会记得该函数上次被调用时它们保存的值。作用域很重要，理由如下：
- 全局作用域中的代码不能使用任何局部变量；
- 局部作用域可以访问全局变量；
- 一个函数的局部作用域中的代码，不能使用其他局部作用域中的变量；
- 如果在不同的作用域中，可以用相同的名字命名不同的变量，即可以有一个名为 spam 的局部变量，和一个名为 spam 的全局变量。

既然全局作用域的范围很大，生命周期长，是不是在写程序时应该把所有的变量都设置为全局的呢？答案是否定的。因为这样一来，相当于函数和函数之间的耦合性因为这些变量大大增加。如果程序只包含全局变量，又有一个变量赋值错误的缺陷，那就很难追踪这个赋值错误发生的位置。它可能在程序的任何地方赋值，而程序可能有几百到几千行。但如果使用局部变量，在函数调用中的代码修改变量时，该函数与程序其他部分的交互，只能通过它的参数和返回值。这缩小了可能导致缺陷的代码作用域。如果缺陷是因为局部变量错误赋值，就能发现，仅那一个函数中的代码可能产生赋值错误。虽然在小程序中使用全局变量没有太大问题，但当程序变得越来越大时，依赖全局变量就是一个坏习惯。

7.3.3　作用域优先级

搜索变量名的优先级：局部作用域 > 嵌套作用域 > 全局作用域 > 内置作用域。

LEGB 法则：当在函数中使用未确定的变量名时，Python 会按照优先级依次搜索 4 个作用域，以此来确定该变量名的意义。首先搜索局部作用域（L），之后是上一层嵌套结构中 def 或 lambda 函数的嵌套作用域（E），之后是全局作用域（G），最后是内置作用域（B）。按这个查找原则，在第一处找到的地方停止。如果没有找到，则会出现 NameError 错误。如例 7-15 所示。

【例 7-15】　LEGB 法则

```
def func():
    variable=300
    print(variable)
variable=100
func() #300
print(variable)  #100
```

错误的例子如例 7-16 所示。

【例 7-16】　错误的变量引用

```
variable=300
def test_scopt():
    print(variable)     #variable 是 test_scopt()的局部变量,但是在打印时并没有绑
                          定内存对象
    variable=200        #因为这里,所以 variable 就变为局部变量
test_scopt()
print(variable)
```

例 7-16 会报出错误，因为在执行程序时的预编译能够在 test_scopt() 中找到局部变量 variable（对 variable 进行了赋值）。在局部作用域找到了变量名，所以不会升级到嵌套作用域去寻找。但是在使用 print 语句将变量 variable 打印时，局部变量 variable 并没有绑定到一个内存对象（没有定义和初始化，即没有赋值）。本质上还是 Python 调用变量时遵循的 LEGB 法则和 Python 解析器的编译原理，决定了这个错误的发生。所以，在调用一个变量之前，需要为该变量赋值（绑定一个内存对象）。

为什么在这个例子中触发的错误是 UnboundLocalError 而不是 NameError：name variable is not defined。因为变量 variable 不在全局作用域。Python 中的模块代码在执行之前，并不会经过预编译，但是模块内的函数体代码在运行前会经过预编译，因此不管变量名的绑定发生在作用域的哪个位置，都能被编译器知道。Python 虽然是一个静态作用域语言，但变量名查找是动态发生的，直到在程序运行时，才会发现作用域方面的问题。

7.3.4　global 语句

如果需要在一个函数内修改全局变量,就使用 global 语句。如果在函数里面有 global 语句,Python 工具默认 global 后面的变量指的是全局变量,因此不需要用这个名字创建一个局部变量,例如:

```
def do():
    global a
    a=1
a=2
do()
print(a)
```

因为 a 在 do() 的顶部被声明为 global,所以当 a 被赋值为 1 时,赋值发生在全局作用域的 a 上,没有创建局部 a 变量。运行结果:

```
1
```

区分一个变量是处于局部作用域还是全局作用域有如下 4 条法则。

(1) 如果变量在全局作用域中使用(即在所有函数之外),它就是全局变量。

(2) 如果在一个函数中,有针对该变量的 global 语句,它就是全局变量。

(3) 如果该变量用于函数中的赋值语句,它就是局部变量。

(4) 如果该变量没有用在赋值语句中,它就是全局变量。

7.4　异常处理

程序运行时常会碰到一些错误,如除数为 0、年龄为负数、数组下标越界等,这些错误如果不能发现并加以处理,很可能会导致程序崩溃。和 C++、Java 这些编程语言一样,Python 也提供了处理异常的机制,可以捕获并处理这些错误,让程序继续沿着一条不会出错的路径执行。

简单地理解异常处理机制,就是在程序运行出现错误时,让 Python 解释器执行事先准备好的除错程序,进而尝试恢复程序的执行。借助异常处理机制,甚至在程序崩溃前也可以做一些必要的工作,例如将内存中的数据写入文件、关闭打开的文件、释放分配的内存等。

Python 异常处理机制会涉及 try、except、else、finally 这 4 个关键字,同时还提供了可主动使程序引发异常的 raise 语句,本节将会一一讲解。

7.4.1　异常定义

开发人员在编写程序时,难免会遇到错误,有的是编写人员疏忽造成的语法错误,有的是程序内部隐含逻辑问题造成的数据错误,还有的是程序运行时与系统的规则冲突造成的系统错误等。

总的来说,编写程序时遇到的错误可大致分为两类,分别为语法错误和运行时错误。

1. 语法错误

语法错误指的是解析代码时出现的错误。当代码不符合 Python 语法规则时,Python 解释器在解析时就会报出 SyntaxError 语法错误,与此同时还会明确指出最早探测到错误的语句。语法错误多是开发者疏忽导致的,属于真正意义上的错误,是解释器无法容忍的,因此,只有将程序中的所有语法错误全部纠正,程序才能执行。

2. 运行时错误

运行时错误,即程序在语法上都是正确的,但在运行时发生了错误。例如:

```
a=1/0
```

上面这句代码的意思是“用 1 除以 0,并赋值给 a。因为 0 作除数是没有意义的,所以运行后会产生如下错误:

```
ZeroDivisionError: division by zero
```

在 Python 中,把这种运行时产生错误的情况叫作异常(exceptions)。这种异常情况还有很多,常见的几种异常情况如下所示。

AssertionError:当 assert 关键字后的条件为假时,程序运行会停止并抛出该异常。

AttributeError:当试图访问的对象属性不存在时抛出的异常。

IndexError:索引超出序列范围会引发此异常。

KeyError:字典中查找一个不存在的关键字时,引发此异常。

NameError:尝试访问一个未声明的变量时,引发此异常。

TypeError:不同类型数据之间的无效操作。

ZeroDivisionError:除法运算中除数为 0,引发此异常。

当一个程序发生异常时,代表该程序在执行时出现了非正常的情况,无法再执行下去。默认情况下,程序是要终止的。如果要避免程序退出,开发者可以使用捕获异常的方式获取这个异常的名称,再通过其他的逻辑代码让程序继续运行,这种根据异常做出的逻辑处理叫作异常处理。

开发者可以使用异常处理全面地控制自己的程序。异常处理不仅能够管理正常的流程运行,还能够在程序出错时对程序进行必要的处理,大大提高了程序的健壮性和人机交互的友好性。

7.4.2 try-except 语句

使用 try 语句,可以快速捕获和处理异常,其语法结构如下:

```
try:
    可能产生异常的代码块
except〔(Error1, Error2, ...)〔as e〕〕:
    处理异常的代码块 1
except〔(Error3, Error4, ...)〔as e〕〕:
    处理异常的代码块 2
except 〔Exception〕:
    处理其他异常
〔else:
    没有异常时执行〕
〔finally:
    无论是否有异常都执行〕
```

该格式中，〔〕括起来的部分可以使用，也可以省略。其中各部分的含义如下：

(Error1, Error2, ...)、(Error3, Error4, ...)

其中，Error1、Error2、Error3 和 Error4 都是具体的异常类型。显然，一个 except 块可以同时处理多种异常。

〔as e〕：作为可选参数，表示给异常类型起一个别名 e，这样做的好处是方便在 except 块中调用异常类型（后续会用到）。

〔Exception〕：作为可选参数，可以代指程序可能发生的所有异常情况，其通常用在最后一个 except 代码块。

〔else 语句块〕：没有异常时将执行的语句，有异常则不会执行，可选。

〔finally 语句块〕：无论是否有异常时都将执行的语句，通常进行扫尾工作，可选。

从 try-except 的基本语法格式可以看出，try 代码块有且仅有一个，但 except 代码块可以有多个，且每个 except 代码块都可以同时处理多种异常。当程序发生不同的意外情况时，会对应特定的异常类型，Python 解释器会根据该异常类型选择对应的 except 代码块来处理该异常。

try-except 语句的执行流程如下。

首先执行 try 中的代码块，如果执行过程中出现异常，系统会自动生成一个异常类型，并将该异常提交给 Python 解释器，此过程称为捕获异常。

当 Python 解释器收到异常对象时，会寻找能处理该异常对象的 except 代码块，如果找到合适的 except 代码块，则把该异常对象交给该 except 代码块处理，这个过程被称为处理异常。如果 Python 解释器找不到处理异常的 except 代码块，则程序运行终止，Python 解释器也将退出。

事实上，不管程序代码块是否处于 try 代码块中，甚至包括 except 代码块中的代码，只要执行该代码块时出现了异常，系统都会自动生成对应类型的异常。但是，如果此段程序没有用 try 包裹，又或者没有为该异常配置处理它的 except 代码块，则 Python 解释器将无法处理，程序就会停止运行；反之，如果程序发生的异常经 try 捕获并由 except 处理完成，则程序可以继续执行，如例 7-17 所示。

【例 7-17】 try-except 语句

```
try:
    a=int(input("输入被除数: "))
    b=int(input("输入除数: "))
    c=a / b
    print("您输入的两个数相除的结果是: ", c)
except (ValueError, ArithmeticError):
    print("程序发生了数字格式异常、算术异常之一")
except :
    print("未知异常")
print("程序继续运行")
```

运行结果:

```
输入被除数: a
程序发生了数字格式异常、算术异常之一
程序继续运行
```

例 7-17 中,第 6 行代码使用了(ValueError,ArithmeticError)来指定所捕获的异常类型,这就表明该 except 代码块可以同时捕获这两种类型的异常;第 8 行代码只有 except 关键字,并未指定具体要捕获的异常类型,这种省略异常类的 except 语句也是合法的,它表示可捕获所有类型的异常,一般会作为异常捕获的最后一个 except 代码块。

除此之外,由于 try 代码块中引发了异常,并被 except 代码块成功捕获,因此程序才可以继续执行,才有了"程序继续运行"的输出结果。

另外,在原本的 try-except 结构的基础上,Python 异常处理机制还提供了一个 else 代码块,也就是原有 try-except 语句的基础上再添加一个 else 代码块,即 try-except-else 结构。使用 else 包裹的代码,只有当 try 代码块没有捕获到任何异常时,才会得到执行;反之,如果 try 代码块捕获到异常,即便调用对应的 except 处理完异常,else 代码块中的代码也不会得到执行,如例 7-18 所示。

【例 7-18】 else 语句

```
try:
    result=20 / int(input('请输入除数:'))
    print(result)
except ValueError:
    print('必须输入整数')
except ArithmeticError:
    print('算术错误,除数不能为 0')
else:
    print('没有出现异常')
print("继续执行")
```

可以看到,在原有 try-except 的基础上,为其添加了 else 代码块。现在执行该程序:

```
请输入除数:4
5.0
没有出现异常
继续执行
```

如上所示，当输入正确的数据时，try代码块中的程序正常执行，Python解释器执行完try代码块中的程序之后，会继续执行else代码块中的程序，继而执行后续的程序。

既然Python解释器按照顺序执行代码，那么else代码块有什么存在的必要呢？直接将else代码块中的代码编写在try-except代码块的后面，不是一样吗？当然不一样，现在可再次尝试执行上面的代码：

```
请输入除数:a
必须输入整数
继续执行
```

当试图进行非法输入时，程序会发生异常并被try捕获，Python解释器会调用相应的except代码块处理该异常。但是异常处理完毕之后，Python解释器并没有接着执行else代码块中的代码，而是跳过else，去执行后续的代码。

也就是说，else的功能，只有当try代码块捕获到异常时才能显现出来。在这种情况下，else代码块中的代码不会得到执行的机会。而如果直接把else代码块去掉，将其中的代码编写到try-except的后面：

```
try:
    result=20 / int(input('请输入除数:'))
    print(result)
except ValueError:
    print('必须输入整数')
except ArithmeticError:
    print('算术错误,除数不能为 0')
print('没有出现异常')
print("继续执行")
```

运行结果：

```
请输入除数:a
必须输入整数
没有出现异常
继续执行
```

可以看到，如果不使用else代码块，try代码块捕获到异常并通过except成功处理，后续所有程序都会依次被执行。

Python异常处理机制还提供了一个finally语句，通常用来为try代码块中的程序做扫尾清理工作。注意，和else语句不同，finally只要求和try搭配使用，而至于该结构中是否包含except以及else，对于finally不是必须的（else必须和try-except搭配使用）。在整个异常处理机制中，finally语句的功能是无论try代码块是否发生异常，最终都要进入 finally 语句,并执行其中的代码块。

基于 finally 语句的这种特性,在某些情况下,当 try 代码块中的程序打开了一些物理资源(文件、数据库连接等)时,由于这些资源必须手动回收,而回收工作通常就放在 finally 代码块中。Python 垃圾回收机制,只能回收变量、类对象占用的内存,而无法自动完成类似关闭文件、数据库连接等工作。

回收这些物理资源,必须使用 finally 代码块吗? 当然不是,但使用 finally 代码块是比较好的选择。首先,try 代码块不适合做资源回收工作,因为一旦 try 代码块中的某行代码发生异常,则其后续的代码将不会得到执行;其次,except 和 else 也不适合,它们都可能不会得到执行。而 finally 代码块中的代码,无论 try 代码块是否发生异常,该块中的代码都会被执行,见例 7-19。

【例 7-19】 finally 语句

```
try:
    a=int(input("请输入 a 的值:"))
    print(20/a)
except:
    print("发生异常!")
else:
    print("执行 else 代码块中的代码")
finally :
    print("执行 finally 代码块中的代码")
```

运行此程序:

```
请输入 a 的值:4
5.0
执行 else 代码块中的代码
执行 finally 代码块中的代码
```

可以看到,当 try 代码块中代码为发生异常时,except 代码块不会执行,else 代码块和 finally 代码块中的代码会被执行。再次运行程序:

```
请输入 a 的值:a
发生异常!
执行 finally 代码块中的代码
```

可以看到,当 try 代码块中代码发生异常时,except 代码块得到执行,而 else 代码块中的代码将不执行,finally 代码块中的代码仍然会被执行。finally 代码块的强大还远不止此,即便当 try 代码块发生异常,且没有合适的 except 处理异常时,finally 代码块中的代码也会得到执行。示例如下:

```
try:
    #发生异常
    print(20/0)
finally :
```

```
    print("执行 finally 代码块中的代码")
```

运行结果：

```
执行 finally 代码块中的代码
ZeroDivisionError: division by zero
```

可以看到，当 try 代码块中代码发生异常，导致程序崩溃时，在崩溃前 Python 解释器也会执行 finally 代码块中的代码。

捕获程序中可能发生的异常并处理的方法大家已经了解。但是，由于一个 except 可以同时处理多个异常，那么如何知道当前处理的到底是哪种异常呢？其实，每种异常类型都提供了如下几个属性和方法，通过调用它们，就可以获取当前处理异常类型的相关信息。

- args：返回异常的错误编号和描述字符串。
- str(e)：返回异常信息，但不包括异常信息的类型。
- repr(e)：返回较全的异常信息，包括异常信息的类型。

例 7-20 给出了有用的异常信息。

【例 7-20】 异常信息

```python
try:
    1/0
except Exception as e:
    #访问异常的错误编号和详细信息
    print(e.args)
    print(str(e))
    print(repr(e))
```

运行结果：

```
('division by zero',)
division by zero
ZeroDivisionError('division by zero',)
```

从程序中可以看到，由于 except 可能接收多种异常，因此为了操作方便，可以直接给每一个进入到 except 代码块的异常，起一个统一的别名：e。

7.4.3 抛出异常

在前面章节的学习中，遗留了一个问题，即是否可以在程序的指定位置手动抛出一个异常？答案是肯定的，Python 允许在程序中手动设置异常，使用 raise 语句即可。

从来都是想方设法地让程序正常运行，为什么还要手动设置异常呢？首先要分清楚程序发生异常和程序执行错误，它们完全是两码事，程序由于错误导致的运行异常，是需要程序员想办法解决的；但还有一些异常，是程序正常运行的结果，如用 raise 手动引发的异常。raise 语句的基本语法格式为

```
raise [exceptionName [(reason)]]
```

其中,用[]括起来的为可选参数,其作用是指定抛出的异常名称,以及异常信息的相关描述。如果可选参数全部省略,则 raise 会把当前错误原样抛出;如果仅省略(reason),则在抛出异常时,将不附带任何的异常描述信息。raise 语句有如下 3 种常用的用法:

- raise:单独一个 raise。该语句引发当前上下文中捕获的异常(如在 except 代码块中),或默认引发 RuntimeError 异常。
- raise 异常类名称:raise 后带一个异常类名称,表示引发执行类型的异常。
- raise 异常类名称(描述信息):在引发指定类型的异常的同时,附带异常的描述信息。

显然,每次执行 raise 语句,都只能引发一次执行的异常。可以测试一下以上 3 种 raise 的用法:

```
try:
    a=1 / 0
except:
    raise          # raise ZeroDivisionError
```

如果用 raise 或 raise ZeroDivisionError 程序结果都是

```
ZeroDivisionError: division by zero
```

如果改为 raise ZeroDivisionError("除数不能为零"),那么结果变成:

```
ZeroDivisionError: 除数不能为零
```

当然,手动让程序引发异常,很多时候并不是为了让其崩溃。事实上,raise 语句引发的异常通常用 try except(else finally)异常处理结构来捕获并进行处理。如例 7-21 所示。

【例 7-21】 抛出异常

```
try:
    a=input("输入一个数: ")
    #判断用户输入的是否为数字
    if(not a.isdigit()):
        raise ValueError("a 必须是数字")
except ValueError as e:
    print("引发异常: ",repr(e))
```

运行结果:

```
输入一个数: a
引发异常: ValueError('a 必须是数字',)
```

可以看到,当用户输入的不是数字时,程序会进入 if 判断语句,并执行 raise 引发 ValueError 异常。但由于其位于 try 代码块中,因为 raise 抛出的异常会被 try 捕获,并由 except 代码块进行处理。因此,虽然程序中使用了 raise 语句引发异常,但程序的执行是正常的,手动抛出的异常并不会导致程序崩溃。

正如前面所看到的,在使用 raise 语句时可以不带参数,如例 7-22 所示。

【例 7-22】 不带参数的 raise 语句

```
try:
    a=input("输入一个数: ")
    if(not a.isdigit()):
        raise ValueError("a 必须是数字")
except ValueError as e:
    print("引发异常: ",repr(e))
    raise
```

运行结果:

```
输入一个数: a
引发异常: ValueError('a 必须是数字',)
Traceback (most recent call last):
File "D:\python3.6\1.py", line 4, in <module>
raise ValueError("a 必须是数字")
ValueError: a 必须是数字
```

这里重点关注位于 except 代码块中的 raise,由于在其之前已经手动引发了 ValueError 异常,因此这里当再使用 raise 语句时,它会再次引发一次。当在没有引发过异常的程序使用无参的 raise 语句时,它默认引发的是 RuntimeError 异常。如例 7-23 所示。

【例 7-23】 RuntimeError 异常

```
try:
    a=input("输入一个数: ")
    if(not a.isdigit()):
        raise
except RuntimeError as e:
    print("引发异常: ",repr(e))
```

运行结果:

```
输入一个数: a
引发异常: RuntimeError('No active exception to reraise',)
```

7.4.4 自定义异常类

实际开发中,有时候系统提供的异常类型不能满足开发的需求。这时候可以通过创建一个新的异常类来拥有自己的异常。异常类继承自 Exception 类,可以直接继承,或者间接继承。

用户自定义异常类型,只要该类继承了 Exception 类即可,至于类的主题内容用户自定义,可参考官方异常类。

```
class TooLongExceptin(Exception):
    "this is user's Exception for check the length of name "
    def __init__(self,leng):
        self.leng=leng
    def __str__(self):
        print("姓名长度是"+str(self.leng)+",超过长度了")
```

系统自带的异常只要触发会自动抛出,如 NameError,但用户自定义的异常需要用户自己决定何时抛出。

raise 唯一的一个参数指定了要被抛出的异常。它必须是一个异常的实例或者是异常的类(也就是 Exception 的子类)。大多数的异常的名字都以 Error 结尾,所以实际命名时尽量跟标准的异常命名一样,如例 7-24 所示。

【例 7-24】 自定义异常

```
#1.用户自定义异常类型
class TooLongExceptin(Exception):
    "this is user's Exception for check the length of name "
    def __init__(self,leng):
        self.leng=leng
    def __str__(self):
        print("姓名长度是"+str(self.leng)+",超过长度了")


#2.手动抛出用户自定义类型异常
    def name_Test():
        name=input("enter your name:")
        if len(name)>4:
            raise TooLongExceptin(len(name))      #抛出异常很简单,使用 raise 即
                                                    可,但是没有处理,即捕捉
        else :
            print(name)


#调用函数,执行
name_Test()
```

执行代码,结果为

```
enter your name:Alice Flarry
Traceback (most recent call last):
姓名长度是 6,超过长度了
File "D:/pythoyworkspace/file_demo/Class_Demo/extion_demo.py", line 21, in
<module>
name_Test()
__main__.TooLongExceptin: <exception str() failed>
```

可以尝试自己来捕捉自定义异常，如例 7-25 所示。

【例 7-25】 捕获自定义异常

```
#捕捉用户手动抛出的异常,跟捕捉系统异常方式一样
def name_Test():
try:
    name=input("enter your naem:")
    if len(name)>4:
        raise TooLongExceptin(len(name))
    else:
        print(name)
except TooLongExceptin as e:    #这里异常类型是用户自定义的
    print("捕捉到异常了")
    print("打印异常信息: ",e)


#调用函数,执行
name_Test()
```

运行结果：

```
enter your name:Alice
捕捉到异常了
...
打印异常信息: 姓名长度是 5,超过长度了
姓名长度是 5,超过长度了
enter your name:Alice
捕捉到异常了
...
打印异常信息: 姓名长度是 5,超过长度了
姓名长度是 5,超过长度了
```

7.5　应　用　实　例

在 6.5 节,电器系统里面用来表示商品,使用的是列表。但是从程序可读性来说,这种做法并不是很好的选择,因为类似于 products[i][2]这样的表达方式,不容易知道是哪个商品属性。所以,本节将修改商品数据结构,使用字典来表示每个商品,根据这样的需求,新版本的程序代码如下：

```
"""
家用电器销售系统
v1.5
"""
```

```python
def ini_system():
    """
    初始化系统
    :return: 初始化的商品列表和购物车
    """
    print('欢迎使用家用电器销售系统!')

    #商品数据初始化
    products=[
        {'id': '0001', 'name': '电视机', 'brand': '海尔', 'price': 5999.00, 'count': 20},
        {'id': '0002', 'name': '冰箱', 'brand': '西门子', 'price': 6998.00, 'count': 15},
        {'id': '0003', 'name': '洗衣机', 'brand': '小天鹅', 'price': 1999.00, 'count': 10},
        {'id': '0004', 'name': '空调', 'brand': '格力', 'price': 3900.00, 'count': 0},
        {'id': '0005', 'name': '热水器', 'brand': '格力', 'price': 688.00, 'count': 30},
        {'id': '0006', 'name': '笔记本', 'brand': '联想', 'price': 5699.00, 'count': 10},
        {'id': '0007', 'name': '微波炉', 'brand': '苏泊尔', 'price': 480.00, 'count': 33},
        {'id': '0008', 'name': '投影仪', 'brand': '松下', 'price': 1250.00, 'count': 12},
        {'id': '0009', 'name': '吸尘器', 'brand': '飞利浦', 'price': 999.00, 'count': 9},
    ]

    #初始化用户购物车
    products_cart=[]

    return products, products_cart

def input_product_id(products):
    """
    用户输入商品编号
    :param products: 商品列表
    :return: 商品编号
    """
    product_id=input('请输入您要购买的产品编号: ')
    while product_id not in [item['id'] for item in products]:
        product_id=input('编号不存在,请重新输入您要购买的产品编号: ')
    return product_id

def input_product_count(products, product_id):
    """
    用户输入购买数量
    :param products: 商品列表
    :param product_id: 商品编号
    :return: 购买数量
    """
```

```python
        count=int(input('请输入您要购买的产品数量：'))
        while count>products[int(product_id)-1]['count']:
            count=int(input('数量超出库存,请重新输入您要购买的产品数量：'))
        return count


def output_products(products):
    """
    显示商品信息
    :param products:商品列表
    :return: 无
    """
    print('产品和价格信息如下：')
    print('********************************************')
    print('%-10s' %'编号', '%-10s' %'名称', '%-10s' %'品牌', '%-10s' %'价格', '%-
10s' %'库存数量')
    print('--------------------------------------------------')
    for i in range(len(products)):
        print('%-10s' %products[i]['id'], '%-10s' %products[i]['name'],
              '%-10s' %products[i]['brand'],
              '%10.2f' %products[i]['price'], '%10d' %products[i]['count'])
    print('--------------------------------------------------')


def output_products_cart(products_cart):
    """
    显示购物车信息
    :param products_cart:购物车列表
    :return: 无
    """
    print('购物车信息如下：')
    print('********************************************')
    print('%-10s' %'编号', '%-10s' %'购买数量')
    print('-------------------------')
    for i in range(len(products_cart)):
        print('%-10s' %products_cart[i]['id'], '%6d' %products_cart[i]['count'])
    print('-------------------------')


def exist_product_id(product_id, lst_product):
    """
    验证商品编号是否存在
    :param product_id: 商品编号
    :param lst_product: 商品列表
    :return: True-存在; False-不存在;
    """
```

```python
        return product_id in [item['id'] for item in lst_product]


def renew_products_cart(products_cart, product_id, count):
    """
    购买商品后,更新购物车
    :param products_cart: 购物车
    :param product_id: 商品编号
    :param count: 购买数量
    :return: None
    """
    for i in range(len(products_cart)):
        if products_cart[i].get('id')==product_id:
            products_cart[i]['count']+=count


def renew_products(products, product_id, count):
    """
    更新商品列表中的库存数量
    :param products: 商品列表
    :param product_id: 商品编号
    :param count: 数量
    :return: None
    """
    for i in range(len(products)):
        if products[i]['id']==product_id:
            products[i]['count'] -=count


def find_product(products, product_id):
    """
    在商品列表中根据编号查找对应商品
    :param products: 商品列表
    :param product_id: 商品编号
    :return: 商品
    """
    for j in range(len(products)):
        if products[j]['id']==product_id:
            return products[j]


def get_products_amount(products, products_cart):
    """
    计算所购商品金额
    :param products: 商品列表
    :param products_cart: 购物车
    :return: 购买金额
    """
```

```python
    amount=0
    for i in range(len(products_cart)):
        product=find_product(products, products_cart[i]['id'])
        price=product['price']
        count=products_cart[i]['count']
        amount+=price * count
    return amount


def buy_product(products, products_cart):
    """
    购买商品
    :param products: 商品列表
    :param products_cart: 购物车
    :return: None
    """
    product_id=input_product_id(products)
    count=input_product_count(products, product_id)
    if not exist_product_id(product_id, products_cart):
        products_cart.append({'id': product_id, 'count': count})
    else:
        renew_products_cart(products_cart, product_id, count)
    renew_products(products, product_id, count)


def calculate_discount_amount(amount):
    """
    计算折扣后金额
    :param amount: 折扣前金额
    :return: 折扣后金额
    """
    if 5000<amount<=10000:
        amount=amount * 0.95
    elif 10000<amount<=20000:
        amount=amount * 0.90
    elif amount>20000:
        amount=amount * 0.85
    else:
        amount=amount * 1
    return amount


def exit_system(amount):
    """
    退出系统
    :param amount:
    :return:
```

```
    """
    print('购买成功,您需要支付%8.2f 元' %amount)
    print('谢谢您的光临,下次再见!')

def main():
    """
    #主函数,程序入口点
    :return: None
    """
    #初始化系统
    products, products_cart=ini_system()

    #用户输入数据
    option=input('请选择您的操作: 1-查看商品;2-购物;3-查看购物车;其他-结账')
    while option in ['1', '2', '3']:
        if option=='1':
            output_products(products)
        elif option=='2':
            buy_product(products, products_cart)
        else:
            output_products_cart(products_cart)
        option=input('操作成功!请选择您的操作: 1-查看商品;2-购物;3-查看购物车;其
        他-结账')

    #计算购买金额
    amount=get_products_amount(products, products_cart)
    discount_amount=calculate_discount_amount(amount)

    #显示购买结果
    exit_system(discount_amount)

main()
```

运行结果:

欢迎使用家用电器销售系统!
请选择您的操作: 1-查看商品;2-购物;3-查看购物车;其他-结账 1
产品和价格信息如下:
****

编号	名称	品牌	价格	库存数量
0001	电视机	海尔	5999.00	20
0002	冰箱	西门子	6998.00	15
0003	洗衣机	小天鹅	1999.00	10

```
0004         空调           格力          3900.00       0
0005         热水器         格力          688.00        30
0006         笔记本         联想          5699.00       10
0007         微波炉         苏泊尔        480.00        33
0008         投影仪         松下          1250.00       12
0009         吸尘器         飞利浦        999.00        9
-------------------------------------------------
操作成功!请选择您的操作:1-查看商品;2-购物;3-查看购物车;其他-结账 2
请输入您要购买的产品编号:0002
请输入您要购买的产品数量:2
操作成功!请选择您的操作:1-查看商品;2-购物;3-查看购物车;其他-结账 2
请输入您要购买的产品编号:0001
请输入您要购买的产品数量:2
操作成功!请选择您的操作:1-查看商品;2-购物;3-查看购物车;其他-结账 3
购物车信息如下:
****************************************
编号         购买数量
----------------------------
0002           2
0001           2
----------------------------
操作成功!请选择您的操作:1-查看商品;2-购物;3-查看购物车;其他-结账 0
购买成功,您需要支付 22094.90 元
谢谢您的光临,下次再见!
```

本章的家电销售系统,增加了两个方面的内容。首先使用函数将功能进行封装,提高了代码的安全性和复用性,并降低了代码之间的耦合性,这在实际编程中非常重要。大家可能发现,每次打开应用时,系统就会恢复,就是说这次的购物记录再打开系统就会丢失,这是实际应用时肯定不可接受的。第 8 章会使用文件和数据库的知识进行数据的持久化保存。

小　　结

本章介绍了两个重要的知识点。函数是编程初学者的一个门槛,函数就是一段组织好的、可重复使用的、完成某项功能的代码段。函数的好处在于能提高应用的模块性和可维护性,提高代码的复用性,同时有利于封装。在学习内置函数的同时也要学会自定义函数。本章还介绍了函数的嵌套和递归来解决复杂问题。变量的作用域因为函数的出现而分成了几种不同的类别,读者需要正确区分它们。

另一个知识点是关于异常的。借助异常处理机制,甚至在程序崩溃前也可以做一些必要的工作,例如将内存中的数据写入文件、关闭打开的文件、释放数据库连接等。本章

解释了 Python 异常处理机制,并重点介绍了 try、except、else、finally 这 4 个关键字,同时还提供了可主动使程序引发异常的 raise 语句,需要知道不同情况下异常语句的执行顺序。最后简要说明了如何自定义异常类,并如何将其应用于自己的代码中。

习　　题

1. 函数的作用有哪些?

2. 一个函数的基本构成有哪些?

3. 函数的参数有哪些类型,各有什么作用?

4. 函数的递归是什么意思,和嵌套有什么不同?

5. 调用栈是什么意思?

6. 变量作用域的类型有哪些,其优先级是怎样的?

7. 异常的作用是什么,其基本结构是怎样的?

8. 什么是自定义异常,有什么作用?

9. 编写函数,判断一个数字是否为素数。

10. 编写函数,计算一个整数列表的累加和。

11. 编写函数,获取整数列表中的最大值。

12. 编写函数,根据关键字查询列表,返回下标。

13. 使用函数递归实现 Fibonacci 数列的输出。

14. 编写函数验证手机号码的正确性。

15. 编写函数实现任意两个数之间的奇数或者偶数和。

16. 输入一段英文。使用函数实现如下功能:

　　(1) 统计单词个数;

　　(2) 统计标点符号个数;

　　(3) 将每个单词逆序;

　　(4) 统计字母出现频率,返回字典。

17. 编写函数实现:输入一行字符,统计其中有多少个单词,每两个单词之间以空格隔开,并将输入字符按首字母大写居中,每个单词首字母大写左对齐,全小写,全大写右对齐的方式分别输出。如输入:This is a python program,则输出:There are 5 words in the line。

18. 使用函数实现如下功能:

　　(1) 获取用户输入的年份,必须在 1900～2100,否则,提示用户重新输入;

　　(2) 获取用户输入的月份,必须在 1～12 月,否则,提示用户重新输入;

　　(3) 判断某一年份是否为闰年;

　　(4) 根据年份和月份,计算当月最大天数;

　　(5) 主函数,调用以上函数,输出天数结果。

19. 根据要求,完成系统登录功能:

    (1) 定义异常类,用户名不存在抛出;

    (2) 定义异常类,密码错误抛出;

    (3) 定义异常类,3 次密码错误,用户锁定抛出;

    (4) 使用函数,实现用户的输入,错误则提示用户重复输入;

    (5) 使用函数,实现密码的输入,错误则提示用户重复输入,3 次错误锁定;

    (6) 编写主函数,调用功能,完成用户的登录。

第8章

文件和数据库

8.1 导　　学

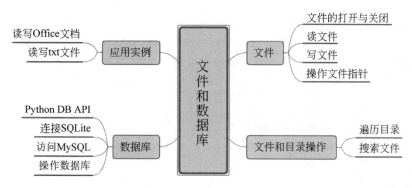

学习目标：

- 了解文件的概念和类型。
- 掌握文件路径的表示。
- 掌握文件的常见操作。
- 了解数据库的基本概念。
- 熟悉基本 SQL 语句。
- 掌握 SQLite 数据库的操作。
- 掌握 MySQL 数据库的操作。

数据的存储有很多种方式，文件和数据库是最常见的两种。和其他编程语言一样，Python 也具有操作文件(I/O)的能力，如打开文件、读取和追加数据、插入和删除数据、关闭文件、删除文件等。除了提供文件操作基本的函数之外，Python 还提供了很多模块，例如 fileinput 模块、pathlib 模块等，通过引入这些模块，可以获得大量实现文件操作可用的函数和方法(类属性和类方法)，大大提高编写代码的效率。

数据库通常用于存储和处理程序中的大量数据，数据库中的数据按照一定的模型进行组织和存储。常用的一些数据库，如 Microsoft SQL Server、Microsoft Access、Microsoft FoxPro、Oracle、MySQL、SQLite 等，都属于关系数据库。关系数据库中的数据按照关系模型进行存储。

Python 3.5 内置的 sqlite3 提供了 SQLite 数据库访问功能。借助于其他的扩展模块,Python 也可以访问 Microsoft SQL Server、Oracle、MySQL 或其他的各种数据库。

本章先介绍文件的知识和各种常见文件操作。然后介绍 Python 数据库编程知识,编程知识中首先介绍常见关系数据库的基本概念,然后介绍 sqlite3 的数据访问方法,最后介绍 MySQL 这个常见数据库的基本操作。

8.2 文 件 概 述

8.2.1 文件的概念

这里的文件,指的是计算机存储的文件,就是存储在某种长期储存设备上的数据。长期存储设备包括硬盘、U 盘、移动硬盘、光盘等。因此,文件的作用就是将数据长期保存下来,在需要的时候使用。打开计算机中的文件浏览器,就可以看到保存在磁盘中的各种文件,图 8-1 展示了 E 盘 web 文件夹下的各种文件和文件夹。

图 8-1　文件和文件夹

在计算机中,文件是以二进制的方式保存在磁盘上的文本文件和二进制文件。文本文件可以使用文本编辑软件查看,本质上还是二进制文件,如 Python 的源程序文件,如图 8-2 所示。

二进制文件保存的内容,不是给人直接阅读的,而是提供给其他软件使用的,如可执

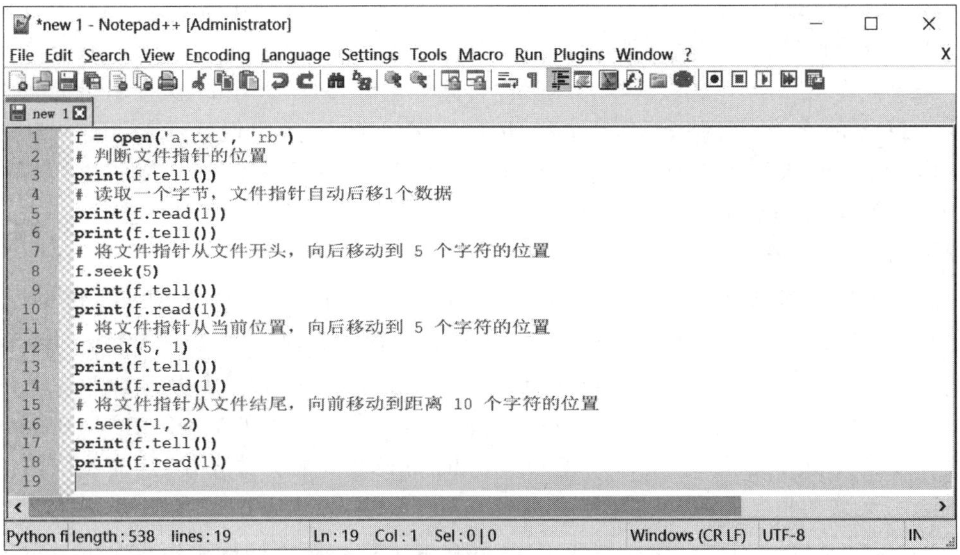

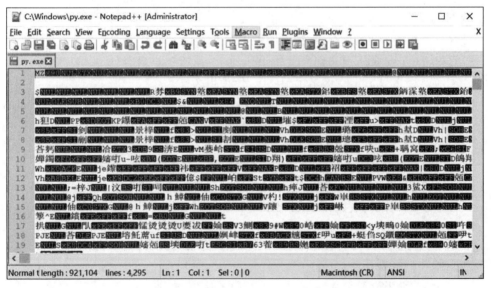

图 8-2　文本文件

行文件、图片文件、音频文件、视频文件等。二进制文件不能使用文本编辑软件查看,打开只能看到乱码,如图 8-3 所示。

图 8-3　用文本编辑器打开可执行文件

8.2.2　文件的路径

　　当程序运行时,变量是保存数据的好方法,但变量、序列以及对象中存储的数据是暂时的,程序结束后就会丢失,如果希望程序结束后数据仍然保持,就需要将数据保存到文件中。Python 提供了内置的文件对象,以及对文件、目录进行操作的内置模块,通过这些技术可以很方便地将数据保存到文件(如文本文件等)中。

关于文件,它有两个关键属性,分别是"文件名"和"路径"。其中,文件名指的是为每个文件设定的名称,而路径则用来指明文件在计算机上的位置。例如,一台安装 Windows 7 操作系统的笔记本计算机上有一个文件名为 projects.docx(句点之后的部分称为文件的"扩展名",它指出了文件的类型)的文件,它的路径在 D:\demo\exercise,也就是说,该文件位于 D 盘下 demo 文件夹中 exercise 子文件夹下。

通过文件名和路径可以分析出,projects.docx 是一个 Word 文档,demo 和 exercise 都是指"文件夹"(也称为目录)。文件夹可以包含文件和其他文件夹,例如 projects.docx 在 exercise 文件夹中,该文件夹又在 demo 文件夹中。

注意,路径中的 D:\指的是"根文件夹",它包含了所有其他文件夹。在 Windows 中,根文件夹名为 D:\,也称为 D:盘。在 OS X 和 Linux 中,根文件夹是/。本书使用的是 Windows 风格的根文件夹,如果在 OS X 或 Linux 上输入交互式环境的例子,请用/代替。

另外,附加卷(如 DVD 驱动器或 USB 闪存驱动器),在不同的操作系统上显示也不同。在 Windows 上,它们表示为新的、带字符的根驱动器,如 D:\或 E:\。在 OS X 上,它们表示为新的文件夹,在/Volumes 文件夹下。在 Linux 上,它们表示为新的文件夹,在/mnt 文件夹下。同时也要注意,虽然文件夹名称和文件名在 Windows 和 OS X 上是不区分大小写的,但在 Linux 上是区分大小写的。另外注意,Windows 用反斜杠,OS X 和 Linux 用正斜杠。

明确一个文件所在的路径,有如下两种表示方式。

- 绝对路径:总是从根文件夹开始,Windows 系统中以盘符(C:或 D:)作为根文件夹,而 OS X 或者 Linux 系统中以"/"作为根文件夹。
- 相对路径:指的是文件相对于当前工作目录所在的位置。例如,当前工作目录为 "C:\Windows\System32",若文件 demo.txt 就位于这个 System32 文件夹下,则 demo.txt 的相对路径表示为".\demo.txt"(其中.\就表示当前所在目录)。

在使用相对路径表示某文件所在的位置时,除了经常使用".\"表示当前所在目录之外,还会用到"..\"表示当前所在目录的父目录。如果图 8-4 的当前工作目录设置为 C:\bacon,则这些文件夹和文件的相对路径和绝对路径,就对应为该图右侧所示的样子。

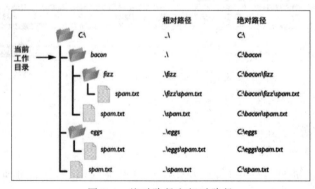

图 8-4 绝对路径和相对路径

8.3　文　件　操　作

8.3.1　文件的打开与关闭

1. 打开文件

在 Python 中,如果想要操作文件,首先需要创建或者打开指定的文件,并创建一个文件对象,而这些工作可以通过内置的 open()函数实现。

open()函数用于创建或打开指定文件,该函数的常用语法格式如下:

```
file=open(file_name [, mode='r' [, buffering=-1 [, encoding=None ]]])
```

其中,用[]括起来的部分为可选参数,即可以使用也可以省略。其中,各个参数所代表的含义如下。

- file:表示要创建的文件对象。
- file_name:要创建或打开文件的文件名称,该名称要用引号(单引号或双引号都可以)括起来。需要注意的是,如果要打开的文件和当前执行的代码文件位于同一目录,则直接写文件名即可;否则,此参数需要指定打开文件所在的完整路径。
- mode:可选参数,用于指定文件的打开模式。如果不写,则默认以只读(r)模式打开文件。
- buffing:可选参数,用于指定对文件做读写操作时,是否使用缓冲区(本节后续会详细介绍)。
- encoding:手动设定打开文件时所使用的编码格式,不同平台的 encoding 参数值也不同,以 Windows 为例,其默认为 cp936(实际上就是 GBK 编码)。

open()函数支持的文件打开模式如下。

- r:只读模式打开文件,读文件内容的指针会放在文件的开头。操作的文件必须存在。
- rb:以二进制格式、采用只读模式打开文件,读文件内容的指针位于文件的开头,一般用于非文本文件,如图片文件、音频文件等。
- r+:打开文件后,既可以从头读取文件内容,也可以从开头向文件中写入新的内容,写入的新内容会覆盖文件中等长度的原有内容。
- rb+:以二进制格式、采用读写模式打开文件,读写文件的指针会放在文件的开头,通常针对非文本文件(如音频文件)。
- w:以只写模式打开文件,若该文件存在,打开时会清空文件中原有的内容。若文件存在,会清空其原有内容(覆盖文件);反之,则创建新文件。
- wb:以二进制格式、只写模式打开文件,一般用于非文本文件(如音频文件)。
- w+:打开文件后,会对原有内容进行清空,并对该文件有读写权限。
- wb+:以二进制格式、读写模式打开文件,一般用于非文本文件。

- a：以追加模式打开一个文件，对文件只有写入权限。如果文件已经存在，文件指针放在文件的末尾（即新写入内容会位于已有内容之后）；反之，则会创建新文件。
- ab：以二进制格式打开文件，并采用追加模式，对文件只有写权限。如果该文件已存在，文件指针位于文件末尾（新写入文件会位于已有内容之后）；反之，则创建新文件。
- a＋：以读写模式打开文件。如果文件存在，文件指针放在文件的末尾（新写入文件会位于已有内容之后）；反之，则创建新文件。
- ab＋：以二进制格式打开文件，并采用追加模式，对文件具有读写权限。如果文件存在，则文件指针位于文件的末尾（新写入文件会位于已有内容之后）；反之，则创建新文件。

文件打开模式，直接决定了后续可以对文件做哪些操作。例如，使用 r 模式打开的文件，后续编写的代码只能读取文件，而无法修改文件内容。接下来试试打开一个文件：

```
file=open("a.txt")
print(file)
```

当以默认模式打开文件时，默认使用 r 权限，由于该权限要求打开的文件必须存在，因此运行此代码会报如下错误：

```
FileNotFoundError: [Errno 2] No such file or directory: 'a.txt'
```

现在，在 D 盘根目录下，手动创建一个 a.txt 文件，并再次运行该程序，其运行结果为

```
<_io.TextIOWrapper name='D:\\a.txt' mode='r' encoding='cp936'>
```

可以看到，当前输出结果中，输出了 file 文件对象的相关信息，包括打开文件的名称、打开模式、打开文件时所使用的编码格式。使用 open() 打开文件时，默认采用 GBK 编码。但当要打开的文件不是 GBK 编码格式时，可以在使用 open() 函数时，手动指定打开文件的编码格式，例如：

```
file=open("a.txt",encoding="utf-8")
```

注意，手动修改 encoding 参数的值，仅限于文件以文本的形式打开，也就是说，以二进制格式打开时，不能对 encoding 参数的值做任何修改，否则程序会抛出 ValueError 异常，如下所示：

```
ValueError: binary mode doesn't take an encoding argument
```

通常情况下、建议大家在使用 open() 函数时打开缓冲区，即不需要修改 buffing 参数的值。如果 buffing 参数的值为 0（或者 False），则表示在打开指定文件时不使用缓冲区；如果 buffing 参数值为大于 1 的整数，该整数用于指定缓冲区的大小（单位是字节）；如果 buffing 参数的值为负数，则代表使用默认的缓冲区大小。为什么呢？原因很简单，目前为止，计算机内存的 I/O 速度仍远远高于计算机外设（例如键盘、鼠标、硬盘等）的 I/O 速度，如果不使用缓冲区，则程序在执行 I/O 操作时，内存和外设就必须进行同步读写操作，也就是说，内存必须等待外设输入（输出）一个字节之后，才能再次输出（输入）一个字

节。这意味着,内存中的程序大部分时间都处于等待状态。

而如果使用缓冲区,则程序在执行输出操作时,会先将所有数据都输出到缓冲区中,然后继续执行其他操作,缓冲区中的数据会有外设自行读取处理;同样,当程序执行输入操作时,会先等外设将数据读入缓冲区中,无须同外设做同步读写操作。成功打开文件之后,可以调用文件对象本身拥有的属性获取当前文件的部分信息,其常见的属性如下。

- file.name:返回文件的名称;
- file.mode:返回打开文件时,采用的文件打开模式;
- file.encoding:返回打开文件时使用的编码格式;
- file.closed:判断文件是否已经关闭。

下面的例 8-1 示范了如何使用这些属性。

【例 8-1】 文件的属性

```
#以默认方式打开文件
f=open('my_file.txt')
#输出文件是否已经关闭
print(f.closed)
#输出访问模式
print(f.mode)
#输出编码格式
print(f.encoding)
#输出文件名
print(f.name)
```

运行结果:

```
False
r
cp936
my_file.txt
```

注意,使用 open()函数打开的文件对象,必须手动进行关闭(后续章节会详细讲解),Python 垃圾回收机制无法自动回收打开文件所占用的资源。

2. 关闭文件

在前面章节中,对于使用 open()函数打开的文件,应该用 close()函数将其关闭。本节就来详细介绍一下 close()函数。close()函数是专门用来关闭已打开文件的,其语法格式也很简单,如下所示:

```
file.close()
```

其中,file 表示已打开的文件对象。大家可能一直存在这样的疑问,即使用 open()函数打开的文件,在操作完成之后,一定要调用 close()函数将其关闭吗?答案是肯定的。文件在打开并操作完成之后,就应该及时关闭,否则程序的运行可能出现问题。举个例子,分析如下代码:

```
import os
f=open("my_file.txt",'w')
os.remove("my_file.txt")
```

代码中,引入了 os 模块,调用了该模块中的 remove()函数,该函数的功能是删除指定的文件。但是,如果运行此程序,Python 解释器会报如下错误:

```
PermissionError:[WinError 32]另一个程序正在使用此文件,进程无法访问。:'my_file.
txt'
```

显然,由于使用了 open()函数打开了 my_file.txt 文件,但没有及时关闭,直接导致后续的 remove()函数运行出现错误。因此,正确的程序应该如例 8-2 所示。

【例 8-2】 remove()函数

```
import os
f=open("my_file.txt",'w')
f.close()
os.remove("my_file.txt")
```

当确定 my_file.txt 文件可以被删除时,再次运行程序,可以发现该文件已经被成功删除了。再举个例子,如果不调用 close()函数关闭已打开的文件,不影响当前程序读取文件的操作,但会导致 write()或者 writeline()函数向文件中写数据时,写入操作无效。例如:

```
f=open("my_file.txt", 'w')
f.write("http://c.biancheng.net/shell/")
```

程序执行后,虽然 Python 解释器不报错,但打开 my_file.txt 文件会发现,根本没有写入成功。这是因为,在向以文本格式(而不是二进制格式)打开的文件中写入数据时,Python 出于效率的考虑,会先将数据临时存储到缓冲区中,只有使用 close()函数关闭文件时,才会将缓冲区中的数据真正写入文件中。

当然在某些实际场景中,可能需要在将数据成功写入文件中,但并不想关闭文件。这也是可以实现的,调用 flush()函数即可,例如:

```
f=open("my_file.txt", 'w')
f.write("Hello")
f.flush()
```

打开 my_file.txt 文件,会发现已经向文件中成功写入了字符串。

任何一门编程语言中,文件的输入输出、数据库的连接断开等,都是很常见的资源管理操作。但资源都是有限的,在写程序时,必须保证这些资源在使用过后得到释放,不然就容易造成资源泄漏,轻者使得系统处理缓慢,严重时会使系统崩溃。

例如,在介绍文件操作时,一直强调打开的文件最后一定要关闭,否则程序的运行会造成意想不到的隐患。但是,即便使用 close()做好了关闭文件的操作,如果在打开文件或文件操作过程中抛出了异常,还是无法及时关闭文件。

为了更好地避免此类问题,不同的编程语言都引入了不同的机制。在 Python 中,对应的解决方式是使用 with a 语句操作上下文管理器(context manager),它能够帮助程序自动分配并且释放资源。

例如,使用 with as 操作已经打开的文件对象(本身就是上下文管理器),无论期间是否抛出异常,都能保证 with as 语句执行完毕后自动关闭已经打开的文件。

首先学习如何使用 with as 语句。with as 语句的基本语法格式为

```
with 表达式[as target]:
    代码块
```

此格式中,用[]括起来的部分可以使用,也可以省略。其中,target 参数用于指定一个变量,该语句会将 expression 指定的结果保存到该变量中。with as 语句中的代码块如果不想执行任何语句,可以直接使用 pass 语句代替,例如:

```
with open('a.txt', 'a') as f:
    f.write("\n 你好")
```

可以看到,通过使用 with as 语句,即便最终没有关闭文件,修改文件内容的操作也能成功。

8.3.2 读文件

8.3.1 节介绍了如何通过 open()函数打开一个文件。那么如何读取其中的内容呢? Python 提供了 3 个读取文件函数,它们都可以帮助实现读取文件中数据的操作。

- read()函数:逐个字节或者字符读取文件中的内容;
- readline()函数:逐行读取文件中的内容;
- readlines()函数:一次性读取文件中多行内容。

1. read()函数

对于借助 open()函数,并以可读模式(包括 r、r＋、rb、rb＋)打开的文件,可以调用 read()函数逐个字节(或者逐个字符)读取文件中的内容。如果文件是以文本模式(非二进制模式)打开的,则 read()函数会逐个字符进行读取;反之,如果文件以二进制模式打开,则 read()函数会逐个字节进行读取。read()函数的基本语法格式如下:

```
file.read([size])
```

其中,file 表示已打开的文件对象;size 作为一个可选参数,用于指定一次最多可读取的字符(字节)个数,如果省略,则默认一次性读取所有内容。举个例子,首先创建一个名为 my_file.txt 的文本文件,在其中添加 Python Hello 字符串。然后在和 my_file.txt 同目录下,创建一个 file.py 文件,如例 8-3 所示。

【例 8-3】 读文件

```
#以 utf-8 的编码格式打开指定文件
f=open("my_file.txt",encoding="utf-8")
```

```
#输出读取到的数据
print(f.read())
#关闭文件
f.close()
```

运行结果：

```
Python Hello
```

注意，当操作文件结束后，必须调用close()函数手动将打开的文件进行关闭，这样可以避免程序发生不必要的错误。

当然，也可以通过使用size参数，指定read()每次可读取的最大字符(或者字节)数，如例8-4所示。

【例8-4】　使用size参数读取文件

```
#以 utf-8 的编码格式打开指定文件
f=open("my_file.txt",encoding="utf-8")
#输出读取到的数据
print(f.read(6))
#关闭文件
f.close()
```

运行结果：

```
Python
```

显然，该程序中的read()函数只读取了my_file文件开头的6个字符。再次强调，size表示的是一次最多可读取的字符(或字节)数，因此，即便设置的size大于文件中存储的字符(字节)数，read()函数也不会报错，它只会读取文件中所有的数据。除此之外，对于以二进制格式打开的文件，read()函数会逐个字节读取文件中的内容。例如：

```
#以二进制形式打开指定文件
f=open("my_file.txt",'rb+')
#输出读取到的数据
print(f.read())
#关闭文件
f.close()
```

运行结果：

```
b'Python Hello'
```

可以看到，输出的数据为bytes字节串，可以调用decode()方法，将其转换成能够认识的字符串。

另外需要注意的一点是，想使用read()函数成功读取文件内容，除了严格遵守read()的语法外，还要求open()函数必须以可读默认(包括r、r+、rb、rb+)打开文件。举个例子，将上面程序中open()的打开模式改为w，程序会抛出io.UnsupportedOperation异

常,提示文件没有读取权限:

```
io.UnsupportedOperation: not readable
```

在使用 read()函数时,如果 Python 解释器提示 UnicodeDecodeError 异常,其原因在于,目标文件使用的编码格式和 open()函数打开该文件时使用的编码格式不匹配。举个例子,如果目标文件的编码格式为 GBK 编码,而在使用 open()函数并以文本模式打开该文件时,手动指定 encoding 参数为 UTF-8。这种情况下,由于编码格式不匹配,当使用 read()函数读取目标文件中的数据时,Python 解释器就会提示 UnicodeDecodeError 异常。

要解决这个问题,要么将 open()函数中的 encoding 参数值修改为和目标文件相同的编码格式,要么重新生成目标文件(即将该文件的编码格式改为和 open()函数中的 encoding 参数相同)。

除此之外,还有一种方法:先使用二进制模式读取文件,然后调用 bytes 的 decode()方法,使用目标文件的编码格式,将读取到的字节串转换成认识的字符串,如例 8-5 所示。

【例 8-5】 二进制读取文件

```
#以二进制形式打开指定文件,该文件编码格式为 utf-8
f=open("D:\\a.txt",'rb+')
byt=f.read()
print(byt)
print("转换后: ",end="")
print(byt.decode('utf-8'))
#关闭文件
f.close()
```

运行结果:

```
b'\xe4\xbd\xa0\xe5\xa5\xbd'
转换后: 你好
```

除了可以使用 read()函数,还可以使用 readline()和 readlines()函数。和 read()函数不同,这两个函数都以"行"作为读取单位,即每次都读取目标文件中的一行。对于读取以文本格式打开的文件,读取一行很好理解;对于读取以二进制格式打开的文件,它们会以"\n"作为读取一行的标志。

2. readline()函数

readline()函数用于读取文件中的一行,包含最后的换行符"\n"。此函数的基本语法格式为

```
file.readline([size])
```

其中,file 为打开的文件对象;size 为可选参数,用于指定读取每一行时,一次最多读取的字符(字节)数。和 read()函数一样,此函数成功读取文件数据的前提是,使用 open()

函数指定打开文件的模式必须为可读模式(包括 r、rb、r+、rb+ 四种)。例 8-6 演示了 readline()函数的具体用法:

【例 8-6】 readline()函数

```
f=open("my_file.txt")
#读取一行数据
byt=f.readline()
print(byt)
```

运行结果:

```
Python Hello
```

由于 readline()函数在读取文件中一行的内容时,会读取最后的换行符"\n",再加上 print()函数输出内容时默认会换行,所以输出结果中会看到多出了一个空行。不仅如此,在逐行读取时,还可以限制最多可以读取的字符(字节)数,如例 8-7 所示。

【例 8-7】 带参数 readline()函数

```
#以二进制形式打开指定文件
f=open("my_file.txt",'rb')
byt=f.readline(6)
print(byt)
```

运行结果:

```
b'Python'
```

和例 8-6 的输出结果相比,由于这里没有完整读取一行的数据,因此不会读取到换行符。

3. readlines()函数

readlines()函数用于读取文件中的所有行,它和调用不指定 size 参数的 read()函数类似,只不过该函数返回是一个字符串列表,其中每个元素为文件中的一行内容。和 readline()函数一样,readlines()函数在读取每一行时,会连同行尾的换行符一块读取。readlines()函数的基本语法格式如下:

```
file.readlines()
```

其中,file 为打开的文件对象。和 read()、readline()函数一样,它要求打开文件的模式必须为可读模式(包括 r、rb、r+、rb+ 四种)。将 my_file.txt 中的 Hello 放到下一行,然后,执行例 8-8。

【例 8-8】 readlines()函数

```
f=open("my_file.txt",'rb')
byt=f.readlines()
```

```
print(byt)
```

运行结果：

```
[b'Python\r\n', b'Hello']
```

8.3.3　写文件

8.2.2 节中学习了如何使用 read()、readline()和 readlines()这 3 个函数读取文件,如果想把一些数据保存到文件中,又该如何实现呢?

1. write()函数

Python 中的文件对象提供了 write()函数,可以向文件中写入指定内容。该函数的语法格式如下:

```
file.write(string)
```

其中,file 表示已经打开的文件对象;string 表示要写入文件的字符串(或字节串,仅适用写入二进制文件中)。

注意,在使用 write()向文件中写入数据时,需保证使用 open()函数是以 r+、w、w+、a 或 a+的模式打开文件,否则执行 write()函数会抛出 io.UnsupportedOperation 错误。

例如,创建一个 a.txt 文件,加入字符串"你好"。然后,在和 a.txt 文件同级目录下,创建一个 Python 文件,编写例 8-9。

【例 8-9】　write()函数

```
f=open("a.txt", 'w')
f.write("写入一行新数据")
f.close()
```

8.3.1 节已经讲过,如果打开文件模式中包含 w(写入),那么向文件中写入内容时,会先清空原文件中的内容,然后再写入新的内容。因此,运行例 8-9 的程序,再次打开 a.txt 文件,只会看到新写入的内容:写入一行新数据。

而如果打开文件模式中包含 a(追加),则不会清空原有内容,而是将新写入的内容添加到原内容后边。例如,还原 a.txt 文件中的内容,并修改例 8-9 为例 8-10。

【例 8-10】　追加模式写文件

```
f=open("a.txt", 'a')
f.write("\n写入一行新数据")
f.close()
```

再次打开 a.txt,可以看到如下内容:

```
你好
写入一行新数据
```

因此,采用不同的文件打开模式,会直接影响 write() 函数向文件中写入数据的效果。

另外,在写入文件完成后,一定要调用 close() 函数将打开的文件关闭,否则写入的内容不会保存到文件中。例如,将例 8-10 中最后一行 f.close() 删掉,再次运行此程序并打开 a.txt,会发现该文件是空的。这是因为,当写入文件内容时,操作系统不会立刻把数据写入磁盘,而是先缓存起来,只有调用 close() 函数时,操作系统才会保证把没有写入的数据全部写入磁盘文件中。

除此之外,如果向文件写入数据后,不想马上关闭文件,也可以调用文件对象提供的 flush() 函数,它可以实现将缓冲区的数据写入文件中。例如:

```
f=open("a.txt", 'w')
f.write("写入一行新数据")
f.flush()
```

打开 a.txt 文件,可以看到写入的新内容:

写入一行新数据

有人可能会想到,通过设置 open() 函数的 buffering 参数可以关闭缓冲区,这样数据不就可以直接写入文件中了? 对于以二进制格式打开的文件,可以不使用缓冲区,写入的数据会直接进入磁盘文件;但对于以文本格式打开的文件,必须使用缓冲区,否则 Python 解释器会报 ValueError 错误。例如:

```
f=open("a.txt", 'w',buffering=0)
f.write("写入一行新数据")
```

运行结果:

```
ValueError: can't have unbuffered text I/O
```

2. writelines() 函数

Python 的文件对象中,不仅提供了 write() 函数,还提供了 writelines() 函数,可以实现将字符串列表写入文件中。注意,写入函数只有 write() 和 writelines() 函数,而没有名为 writeline 的函数。

还是以 a.txt 文件为例,通过使用 writelines() 函数,可以轻松实现将 a.txt 文件中的数据复制到其他文件中,实现代码如例 8-11 所示。

【例 8-11】 writelines() 函数

```
f=open('a.txt', 'r')
n=open('b.txt','w+')
n.writelines(f.readlines())
n.close()
f.close()
```

执行此代码,在 a.txt 文件同级目录下会生成一个 b.txt 文件,且该文件中包含的数据和 a.txt 完全一样。需要注意的是,使用 writelines() 函数向文件中写入多行数据时,不会自动给各行添加换行符。例 8-11 中，之所以 b.txt 文件中会逐行显示数据，是因为 readlines()函数在读取各行数据时，读入了行尾的换行符。

8.3.4　文件指针

在讲解 seek()函数和 tell()函数之前，首先来了解一下什么是文件指针。大家知道，使用 open()函数打开文件并读取文件中的内容时，总是会从文件的第一个字符开始读起。那么，有没有办法可以自行指定读取的起始位置呢？答案是肯定的，这就需要移动文件指针的位置。

文件指针用于标明文件读写的起始位置。假如把文件看成一个水流，文件中每个数据（以 b 模式打开，每个数据就是一个字节；以普通模式打开，每个数据就是一个字符）就相当于一个水滴，而文件指针就标明了文件将要从文件的哪个位置开始读起。

可以看到，通过移动文件指针的位置，再借助 read()和 write()函数，就可以轻松实现，读取文件中指定位置的数据（或者向文件中的指定位置写入数据）。注意，当向文件中写入数据时，如果不是文件的尾部，写入位置的原有数据不会自行向后移动，新写入的数据会将文件中处于该位置的数据直接覆盖掉。

实现对文件指针的移动，文件对象提供了 tell()函数和 seek()函数。tell()函数用于判断文件指针当前所处的位置，而 seek()函数用于移动文件指针到文件的指定位置。

tell()函数的用法很简单，其基本语法格式如下：

```
file.tell()
```

例如，在同一目录下，编写如下程序对 a.txt 文件做读取操作，a.txt 文件中内容为

```
Hello world
```

读取 a.txt 的代码如下：

```
f=open("a.txt",'r')
print(f.tell())
print(f.read(3))
print(f.tell())
```

运行结果：

```
0
Hel
3
```

可以看到，当使用 open() 函数打开文件时，文件指针的起始位置为 0，表示位于文件的开头处，当使用 read() 函数从文件中读取 3 个字符之后，文件指针同时向后移动了 3 个字符的位置。这就表明，当程序使用文件对象读写数据时，文件指针会自动向后移动：读写了多少个数据，文件指针就自动向后移动多少个位置。

seek() 函数用于将文件指针移动至指定位置，该函数的语法格式如下：

```
file.seek(offset[, whence])
```

其中,各个参数的含义如下。

- file:表示文件对象。
- whence:作为可选参数,用于指定文件指针要放置的位置,该参数的参数值有 3 个选择:0 代表文件头(默认值),1 代表当前位置,2 代表文件尾。
- offset:表示相对于 whence 位置文件指针的偏移量,正数表示向后偏移,负数表示向前偏移。例如,当 whence==0 && offset==3(即 seek(3,0)),表示文件指针移动至距离文件开头处 3 个字符的位置;当 whence==1 && offset==5(即 seek(5,1)),表示文件指针向后移动,移动至距离当前位置 5 个字符处。

注意,当 offset 值非 0 时,Python 要求文件必须要以二进制格式打开,否则会抛出 io. UnsupportedOperation 错误。例 8-12 示范了文件指针操作:

【例 8-12】 文件指针操作

```
f=open('a.txt', 'rb')
#判断文件指针的位置
print(f.tell())
#读取一个字节,文件指针自动后移 1 个数据
print(f.read(1))
print(f.tell())
#将文件指针从文件开头,向后移动到 5 个字符的位置
f.seek(5)
print(f.tell())
print(f.read(1))
#将文件指针从当前位置,向后移动到 5 个字符的位置
f.seek(5, 1)
print(f.tell())
print(f.read(1))
#将文件指针从文件结尾,向前移动到距离 10 个字符的位置
f.seek(-1, 2)
print(f.tell())
print(f.read(1))
```

运行结果:

```
0
b'\xef'
1
5
b'l'
11
b'r'
13
b'd'
```

Python 程序设计与实践

注意：由于程序中使用 seek() 时，使用了非 0 的偏移量，因此文件的打开方式中必须包含 b，否则就会报 io.UnsupportedOperation 错误，感兴趣的读者可自行尝试。上面程序示范了使用 seek() 方法来移动文件指针，包括从文件开头、指针当前位置、文件结尾处开始计算。运行例 8-12 的程序，结合程序输出结果可以体会文件指针移动的效果。

8.3.5　截断文件

truncate() 方法用于截断文件，如果指定了可选参数 size，则表示截断文件为 size 个字符。如果没有指定 size，则从当前位置起截断；截断之后 size 后面的所有字符被删除。其语法格式如下：

```
fileObject.truncate([size])
```

下面通过例子来观察如何使用这个方法。首先将 test.txt 的内容修改为

```
Hello world!
Hello world!
Hello world!
Hello world!
```

然后代码如例 8-13 所示。

【例 8-13】　截断文件

```
#打开文件
fo=open("test.txt", "r+")
print("文件名为: ", fo.name)

line=fo.readline()
print("读取第一行: %s" %(line))

#截断剩下的字符串
fo.truncate()

#尝试再次读取数据
line=fo.readline()
print("读取数据: %s" %(line))

#关闭文件
fo.close()
```

运行结果：

```
文件名为:  test.txt
读取第一行: Hello world!
```

读取数据：Hello world!

8.4　文件目录操作

在 Windows 上，路径书写使用反斜杠（\）作为文件夹之间的分隔符。但在 OS X 和 Linux 上，使用正斜杠（"/"）作为它们的路径分隔符。如果想要程序运行在所有操作系统上，在编写 Python 脚本时，就必须处理这两种情况。

用 os.path.join() 函数来做这件事很简单。如果将单个文件和路径上的文件夹名称的字符串传递给它，os.path.join() 就会返回一个文件路径的字符串，包含正确的路径分隔符。来看下面的代码：

```
import os
print(os.path.join('demo', 'exercise'))
```

运行结果：

```
demo\exercise
```

因为此程序是在 Windows 上运行的，所以 os.path.join('demo','exercise') 返回'demo\\exercise'（请注意，反斜杠有两个，因为每个反斜杠需要由另一个反斜杠字符来转义）。如果在 OS X 或 Linux 上调用这个函数，该字符串就会是'demo/exercise'。

不仅如此，如果需要创建带有文件名称的文件存储路径，os.path.join() 函数同样很有用。将一个文件名列表中的名称添加到文件夹名称的末尾，如例 8-14 所示。

【例 8-14】　join() 函数

```
import os
myFiles=['accounts.txt', 'details.csv', 'invite.docx']
for filename in myFiles:
    print(os.path.join('C:\\demo\\exercise', filename))
```

运行结果：

```
C:\demo\exercise\accounts.txt
C:\demo\exercise\details.csv
C:\demo\exercise\invite.docx
```

每个运行在计算机上的程序，都有一个"当前工作目录"（或 cwd）。所有没有从根文件夹开始的文件名或路径，都假定在当前工作目录下。

注意，虽然文件夹是目录的更新的名称，但当前工作目录（或当前目录）是标准术语，没有当前工作文件夹这种说法。

在 Python 中，利用 os.getcwd() 函数可以取得当前工作路径的字符串，还可以利用 os.chdir() 改变它。例如，在交互式环境中输入以下代码，如例 8-15 所示。

【例 8-15】 chdir()函数

```
import os
print(os.getcwd())
os.chdir('C:\\Windows\\System')
print(os.getcwd())
```

运行结果：

```
E:\PythonCode\PSLectures
C:\Windows\System
```

可以看到，原本当前工作路径为 C:\\Users\\mengma\\Desktop(也就是桌面)，通过 os.chdir()函数，将其改成了 C:\\Windows\\System32。需要注意的是，如果使用 os.chdir()修改的工作目录不存在，Python 解释器会报错，如例 8-16 所示。

【例 8-16】 不存在目录时的 chdir()函数

```
import os
print(os.getcwd())
os.chdir('C:\\Windows\\System3')
print(os.getcwd())
```

运行结果：

```
FileNotFoundError: [WinError 2]系统找不到指定的文件。: 'C:\\Windows\\System3'
```

Python os.path 模块提供了一些函数，可以实现绝对路径和相对路径之间的转换，以及检查给定的路径是否为绝对路径，如下所示：

- os.path.abspath(path)：返回 path 参数的绝对路径的字符串，这是将相对路径转换为绝对路径的简便方法。
- os.path.isabs(path)：如果参数是一个绝对路径，就返回 True；如果参数是一个相对路径，就返回 False。
- os.path.relpath(path,start)：返回从 start 路径到 path 的相对路径的字符串。如果没有提供 start，就使用当前工作目录作为开始路径。
- os.path.dirname(path)：返回一个字符串，它包含 path 参数中最后一个斜杠之前的所有内容；调用 os.path.basename(path)将返回一个字符串，它包含 path 参数中最后一个斜杠之后的所有内容。

来看下面的程序，如例 8-17 所示。

【例 8-17】 os.path 的使用

```
import os
print(os.path.abspath('.'))
print(os.path.abspath('.\\Scripts'))
print(os.path.isabs('.'))
print(os.path.isabs(os.path.abspath('.')))
```

```
print(os.path.relpath('C:\\Windows', 'C:\\'))
print(os.path.relpath('C:\\Windows', 'C:\\spam\\eggs'))
path='C:\\Windows\\System32\\calc.exe'
print(os.path.basename(path))
print(os.path.dirname(path))
```

运行结果：

```
E:\PythonCode\PSLectures
E:\PythonCode\PSLectures\Scripts
False
True
Windows
..\..\Windows
calc.exe
C:\Windows\System32
```

注意，由于不同的计算机中的系统文件和文件夹可能与例 8-17 不同，所以不必完全遵照本节的例子，根据自己的系统环境对本节代码做适当调整即可。

os.path 模块不仅提供了一些操作路径字符串的方法，还包含指定文件属性的一些方法，如下所示：

- os.path.basename(path)：获取 path 路径的基本名称，即 path 末尾到最后一个斜杠的位置之间的字符串。
- os.path.commonprefix(list)：返回 list（多个路径）中，所有 path 共有的最长的路径。
- os.path.exists(path)：判断 path 对应的文件是否存在，如果存在，返回 True；反之，返回 False。
- os.path.getmtime(path)：返回文件的最近修改时间（单位为秒）。
- os.path.getsize(path)：返回文件大小，如果文件不存在就返回错误。
- os.path.isfile(path)：判断路径是否为文件。
- os.path.isdir(path)：判断路径是否为目录。
- os.path.join(path1[,path2[,...]])：把目录和文件名合成一个路径。
- os.path.normcase(path)：转换 path 的大小写和斜杠。
- os.path.normpath(path)：规范 path 字符串形式。
- os.path.realpath(path)：返回 path 的真实路径。
- os.path.samefile(path1,path2)：判断目录或文件是否相同。
- os.path.sameopenfile(fp1,fp2)：判断 fp1 和 fp2 是否指向同一个文件。
- os.path.samestat(stat1,stat2)：判断 stat1 和 stat2 是否指向同一个文件。
- os.path.split(path)：把路径分割成 dirname 和 basename，返回一个元组。

例 8-18 演示了部分函数的功能和用法。

【例 8-18】 os.path 操作文件属性

```
from os import path
#获取绝对路径
print(path.abspath("test.txt"))
#获取共同前缀
print(path.commonprefix(['C://test.txt', 'C://a.txt']))
#获取共同路径
print(path.commonpath(['http://www.nuist.edu.cn/python/', 'http://www.nuist.
edu.cn/shell/']))
#获取目录
print (path. dirname ('C://Users//Administrator//PycharmProjects//MSS//math_
package//test.txt'))
#判断指定目录是否存在
print(path.exists('test.txt'))
```

运行结果：

```
C:\Users\Administrator\PycharmProjects\MSS\math_package\test.txt
C://
http:\www.nuist.edu.cn
C://Users//Administrator//PycharmProjects//MSS//math_package
True
```

8.5 数据库简介

目前，Microsoft SQL Server、Microsoft Access、Microsoft FoxPro、Oracle、MySQL、SQLite 等常用的数据库都属于关系数据库。在使用 Python 访问各种关系数据库之前，有必要了解关系数据库的一些相关概念。

本节首先介绍什么是数据模型，然后讨论关系数据库的概念和特点，最后简单说明基本的关系数据库语言——SQL 语句。

8.5.1 数据模型

数据模型指数据库的结构，常见的数据模型有如下 4 种。

层次模型：层次模型采用树状结构表示数据之间的联系，树的节点称为记录，记录之间只有简单的层次关系。层次模型有且只有一个节点，没有父节点，该节点称为根节点；其他节点有且只有一个父节点。

网状模型：网状模型是层次模型的扩展，可以有任意多个节点，没有父节点。一个节点允许有多个父节点。两个节点之间可以有两种或两种以上联系。

关系模型：关系模型用二维表格表示数据及数据联系，是应用最为广泛的数据模型。

目前，各种常用的数据库，如 Microsoft SQL Server、Microsoft Access、Microsoft FoxPro、Oracle、MySQL、SQLite 等，都属于关系模型数据库管理系统。

面向对象模型：面向对象模型是在面向对象技术基础上发展起来一种的数据模型，它采用面向对象的方法来设计数据库。面向对象模型的数据库的存储对象以对象为单位，每个对象包含对象的属性和方法，具有类和继承等特点。

8.5.2 关系数据库

关系数据库的主要特点就是关系，所谓关系是指数据和数据之间的联系。关系数据库使用二维表来表示和存储关系，一个关系就是一个二维表。表中的行称为记录，列称为字段。一个数据库可以包含多个表。

表中的一行称为一个记录。表中的列为记录中的数据项，称为字段。字段也称为属性或者列。每个记录可以包含多个字段，不同记录包含相同的字段（字段的值不同）。例如，用户表中的每个记录包含用户名、登录密码等字段。关系数据库不允许在一个表中出现重复的记录。

可以唯一标识一个记录的字段或字段组合称为关键字。一个表可以有多个关键字，其中用于标识记录的关键字称为主关键字，其他的关键字可称为候选关键字。一个表只允许有一个主关键字。例如，用户表中的用户名可定义为主关键字，在添加记录时，主关键字不允许重复。如果一个表中的字段或字段组合作为其他表的主关键字，这样的字段或字段组合称为外部关键字。

关系数据库的基本特点如下。

- 关系数据库中的表是二维表，表中的字段必须是不可再分的，即不允许有表中表。
- 在同一个表中不允许出现重复的记录。
- 在同一个记录中不允许出现重复的字段。
- 表中记录先后顺序不影响数据的性质，可以交换记录顺序。
- 记录中字段的顺序不影响数据，可以交换字段的顺序。

8.5.3 SQL

SQL 是 Structured Query Language 的缩写，即结构化查询语言，它是关系数据库的标准语言。

Microsoft SQL Server、Microsoft Access、Microsoft FoxPro、Oracle、MySQL、SQLite 等各种关系数据库均支持标准的 SQL，但各种关系数据库在具体实现 SQL 时可能有所差别。

1. 创建和删除数据库

创建数据库使用 create database 语句。例如：

```
create database testdb
```

这里，testdb 为创建的数据库名称。如果要删除数据库，使用 drop database 语句。例如：

```
drop database testdb
```

2. 创建表

在数据库中创建表使用 create table 语句，其基本格式为

```
create table 数据库名.表名(字段名 1 字段数据类型(长度),...)
```

在指定了"数据库名"时，创建的新表属于指定数据库，否则新表属于当前数据库。常用的字段数据类型如表 8-1 所示。

表 8-1　数据类型

数　据　类　型	描　　　述
CHARACTER(n)	字符/字符串。固定长度为 n
VARCHAR(n)	字符/字符串。可变长度，最大长度为 n
BINARY(n)	二进制串。固定长度为 n
BOOLEAN	存储 TRUE 或 FALSE 值
VARBINARY(n)	二进制串。可变长度，最大长度为 n
INTEGER(p)	整数值(没有小数点)。精度为 p
SMALLINT	整数值(没有小数点)。精度为 5
INTEGER	整数值(没有小数点)。精度为 10
BIGINT	整数值(没有小数点)。精度为 19
DECIMAL(p,s)	精确数值，精度 p，小数点后位数 s。例如：decimal(5,2)是一个小数点前有 3 位数，小数点后有 2 位数的数字
NUMERIC(p,s)	精确数值，精度 p，小数点后位数 s(与 DECIMAL 相同)
FLOAT(p)	近似数值，尾数精度 p。一个采用以 10 为基数的指数记数法的浮点数。该类型的 size 参数由一个指定最小精度的单一数字组成
REAL	近似数值，尾数精度为 7
FLOAT	近似数值，尾数精度为 16
DOUBLE PRECISION	近似数值，尾数精度为 16
DATE	存储年、月、日的值
TIME	存储小时、分、秒的值
TIMESTAMP	存储年、月、日、小时、分、秒的值

最简单的 create table 命令只指明表名、字段名和数据类型。例如：

```
create table users(name varchar(10),birth date)
```

sql 约束用于为表或字段定义约束条件,常用的约束有 NOT NULL、UNIQUE、PRIMARY KEY、FOREIGN KEY、CHECK、DEFAULT(不区分大小写,习惯在 SQL 语句中将 SQL 的关键字用大写)。可同时使用为字段定义多个约束。

3. 修改表

修改表使用 alter table 语句,前面已在修改或删除约束时使用到了该语句。修改表的其他操作通常包括修改表名称、添加字段、修改字段名、修改字段数据类型和删除字段等。

4. 删除表

删除表使用 drop table 语句。例如:

```
drop table users
```

5. 删除表中的全部记录

删除表中的全部记录使用 truncate table 语句。例如:

```
truncate table users
```

6. 执行查询

select 语句用于执行查询,查询结果存储在一个表中(称为查询结果集)。select 语句基本结构如下(SQL 不区分大小写):

```
SELECT 输出字段列表
FROM 表名称
[GROUP BY 用于分组的字段列表]
[WHERE 筛选条件表达式]
[ORDER BY 排序字段列表 [DESC|ASCE]]
```

返回表中的全部字段,用星号可表示返回表中的全部字段。例如:

```
select * from users
```

返回表中的指定字段,在需要返回个别字段时,在输出字段列表中包含这些字段,用逗号分隔。例如:

```
select name,age from users
```

8.6　SQLite 数据库

SQLite 是 Python 自带的唯一的关系数据库包,其他的关系数据库则需要通过第三方扩展来访问。Python 的 API 规范定义了底层 Python 脚本和数据库的访问 SQL 接口,各种关系数据库在实现 Python 的 SQL 接口可能不会遵循 Python 规范,但差异很小。

本节主要介绍 Python 的 SQL 接口、连接和创建 SQLite 数据库、创建表、添加记录、执行查询和导入文件中的数据等。

8.6.1　SQLite 接口

Python 的 SQL 接口主要通过如下 3 个对象完成各种数据库操作。

1）连接对象

连接对象用于创建数据库连接,所有的数据库操作均通过连接对象与数据库完成交互。连接对象生成游标对象

2）游标对象

游标对象用于执行各种 SQL 语句:create table、update、insert、delete、select 等。通常连接对象也可执行各种 SQL 语句。一般返回 select 语句都使用游标对象来执行,查询结果保存在游标对象中。

3）SQL select 查询结果

从游标对象中提取的查询结果时,单个记录表示为元组,多个记录则用包含元组的列表表示。在 Python 脚本中,进一步使用元组或列表操作来处理从数据库返回的查询结果。

8.6.2　安装 SQLite 数据库

SQLite 以其零配置而闻名,所以不需要复杂的设置或管理。其本身就只是一个.db 文件,哪里需要就拷贝到哪里。

安装按照以下步骤进行:

首先打开 SQLite 官方网站或直接进入下载页面:http://www.sqlite.org/download.html 并下载预编译的 Windows 二进制文件。

下载 sqlite-dll 的 zip 文件(32 位系统选择 32 位的,64 位系统选择 64 位的),如图 8-5 所示。

Precompiled Binaries for Mac OS X (x86)

sqlite-tools-osx-x86-3310100.zip (1.33 MiB)	A bundle of command-line tools for managing SQLite database files, including the command-line shell program, the sqldiff program, and the sqlite3_analyzer program. (sha1: 9c4110665a68f533cbd5fc529fa71bf2f34566ed)

Precompiled Binaries for Windows

sqlite-dll-win32-x86-3310100.zip (484.51 KiB)	32-bit DLL (x86) for SQLite version 3.31.1. (sha1: 3475dccc0378a0b2407ae78725d1a18d7885cdd5)
sqlite-dll-win64-x64-3310100.zip (797.73 KiB)	64-bit DLL (x64) for SQLite version 3.31.1. (sha1: 300c5f26feb297968f06790c5b1e19db9347da67)
sqlite-tools-win32-x86-3310100.zip (1.74 MiB)	A bundle of command-line tools for managing SQLite database files, including the command-line shell program, the sqldiff.exe program, and the sqlite3_analyzer.exe program. (sha1: 84de665d28cff0f8c512889cd356712e17310637)

图 8-5　下载 SQLite

在本地磁盘创建 sqlite 文件夹,将下载的 zip 包在该文件夹下解压。配置路径,将该文件夹加入系统路径中,加入的方法和第 1 章中路径加入方式相同。最后,验证是否配置成功。打开命令行窗口,然后输入 sqlite,按 Enter 键,若得到如图 8-6 所示信息,则表示配置成功。

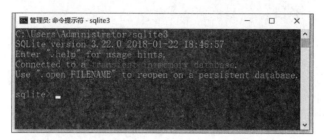

图 8-6　配置 SQLite

SQLite 安装好之后,可以使用其中的命令进行数据库的操作。如使用如下命令可以创建数据库:

sqlite3 数据库名

接下来创建一个名叫 student.db 的数据库,这里的 db 就是数据库文件的后缀名,如图 8-7 所示。

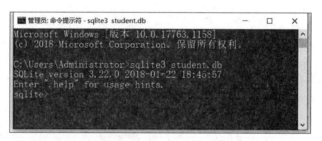

图 8-7　创建 SQLite 数据库

然后使用命令.database 来查看存在哪些数据库,如图 8-8 所示。

图 8-8　查看数据库

此时会看到刚刚创建的数据库,该数据库文件默认放在输入命令的当前文件夹。此时如果要退出,可以使用.quit 命令,如图 8-9 所示。

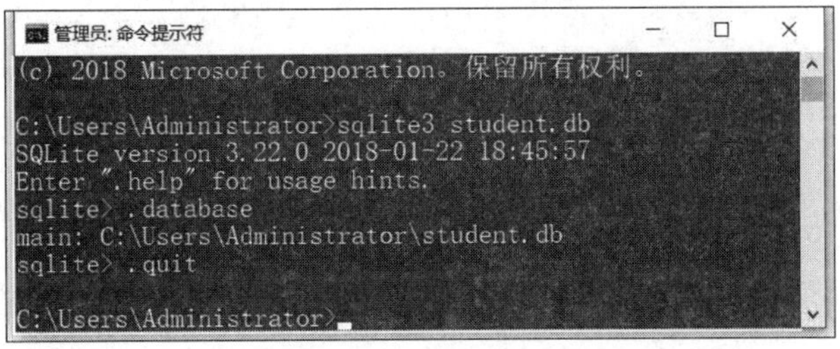

图 8-9   退出 SQLite

8.6.3   连接 SQLite 数据库

访问 SQLite 数据库时,首先需要连接或者创建数据库,SQLite 的数据库连接非常简单,代码如下:

```
import sqlite3
conn=sqlite3.connect('student.db')
```

第一行代码就是导入 sqlite3 模块,然后使用 connect()函数进行数据库的连接,参数就是数据库文件的名称,运行该代码后,就会发现当前 Python 文件的同目录下出现了该数据库文件,这表明已经新建了该数据库并连接上了数据库。如果此文件已经存在,再次执行此代码,就表示连接了该数据库。该方法返回了一个数据库连接对象,该对象提供了很多有用的数据库操作方法。

8.6.4   数据库操作

数据库的基本操作包括表的操作和数据的增、删、改、查等。这些操作需要数据库游标对象来进行。游标提供了一种对从表中检索出的数据进行操作的灵活手段,就本质而言,游标实际上是一种能从包括多条数据记录的结果集中每次提取一条记录的机制。游标总是与一条 SQL 选择语句相关联。因为游标由结果集(可以是零条、一条或由相关的选择语句检索出的多条记录)和结果集中指向特定记录的游标位置组成。当决定对结果集进行处理时,必须声明一个指向该结果集的游标。如果曾经用 C 语言写过对文件进行处理的程序,那么游标就像打开文件所得到的文件句柄一样,只要文件打开成功,该文件句柄就可以代表该文件。对于游标而言,其道理是相同的。可见游标能够实现按与传统程序读取平面文件类似的方式处理来自基础表的结果集,从而把表中数据以平面文件的形式呈现给程序。

大家知道关系数据库管理系统实质上是面向集合的,在 SQLite 中并没有一种描述表中单一记录的表达形式,除非使用 where 子句来限制只有一条记录被选中。因此必须借助于游标来进行面向单条记录的数据处理。由此可见,游标允许应用程序对查询语句返回的行结果集中每一行进行相同或不同的操作,而不是一次对整个结果集进行同一种操作；它还提供对基于游标位置而对表中数据进行删除或更新的能力；正是游标把作为面向集合的数据库管理系统和面向行的程序设计两者联系起来，使两个数据处理方式能够进行沟通。

1. 建表

下面着重阐述游标(cursor)的使用。其实，所有 SQL 语句的执行都要在游标对象下进行，如例 8-19 所示。

【例 8-19】 建立数据表

```
import sqlite3
conn=sqlite3.connect('student.db')
c=conn.cursor()
c.execute('''CREATE TABLE Student
        (id INT PRIMARY  KEY      NOT NULL,
        name          char(10)  NOT NULL,
        age           INT       NOT NULL,
        address       CHAR(50),
        major         char(20));''')
conn.commit()
conn.close()
```

例 8-19 通过 cursor()方法创建了一个游标对象，然后让它执行创建表的 SQL 语句，再通过 commit()方法进行了提交，最后还要关闭连接。如果执行以上代码没有出现任何错误，就意味着创建成功了。

2. 插入数据

创建成功后，就可以往里面插入数据了，代码如例 8-20 所示。

【例 8-20】 插入数据

```
import sqlite3
conn=sqlite3.connect('student.db')
c=conn.cursor()
c.execute("INSERT INTO student (id,name,age,address,major) \
    VALUES (1, 'Paul', 22, 'NanJing', 'cs')")
c.execute("INSERT INTO student (id,name,age,address,major) \
    VALUES (2, 'Tom', 23, 'BeiJing', 'se')")
c.execute("INSERT INTO student (id,name,age,address,major) \
    VALUES (3, 'Alice', 19, 'ShangHai', 'ne')")
conn.commit()
conn.close()
```

这里使用游标对象执行了 3 个 insert 语句，分别插入了 3 个学生的信息，执行之后没有错误，表示插入成功。上面的代码略显啰嗦，可以这样写：

```
data="1, 'Paul', 22, 'NanJing', 'cs'"
cur.execute('INSERT INTO student VALUES (%s)'%data)
```

还可以使用占位符"?"，以避免 SQL 注入，示例如下：

```
cur.execute('INSERT INTO student VALUES (?,?,?,?,?)',(1, 'Paul', 22, 'NanJing',
'cs'))
```

还可以使用 executemany()执行多条 SQL 语句，使用 executemany()比循环使用 execute()执行多条 SQL 语句效率高。

```
cur.executemany('INSERT INTO student VALUES (?,?,?,?,?)',[( 1, 'Paul', 22,
'NanJing', 'cs'),( 3, 'Alice', 19, 'ShangHai', 'ne')])
```

3. 查询数据

接下来试着查询学生信息，代码如例 8-21 所示。

【例 8-21】 查询数据

```
import sqlite3
conn=sqlite3.connect('student.db')
c=conn.cursor()
cursor=c.execute("select * from student")
for row in cursor:
    print("student{0},name is {1},age is {2}".format(row[0], row[1], row[2]))
conn.commit()
conn.close()
```

这里和上面一样使用了游标对象执行了 select 语句，查询出所有的学生，然后返回一个可迭代的游标，接下来使用 for 循环对每个学生信息进行遍历，输出学生的信息。结果如下：

```
student1,name is Paul,age is 22
student2,name is Tom,age is 23
student3,name is Alice,age is 19
```

要提取查询数据，游标对象提供了 fetchall()和 fetchone()方法。fetchall()方法获取所有数据，返回一个二维列表。fetchone()方法获取其中一个结果，返回一个元组。

```
res=cur.fetchall()
for line in res:
        print("fetchall!",line)
cur.execute('SELECT * FROM student')
res=cur.fetchone()
print("student:",res)
```

4. 更新数据

下面尝试修改一些学生的信息，如先把 Tom 的年龄改为 24 岁，代码如例 8-22 所示。

【例 8-22】 更新数据

```
import sqlite3
conn=sqlite3.connect('student.db')
c=conn.cursor()
c.execute("update student set age=24 where name='Tom'")
conn.commit()
cursor=c.execute("select * from student where name='Tom'")
for row in cursor:
    print("student{0},name is {1},age is {2}".format(row[0], row[1], row[2]))
conn.close()
```

这里首先使用 update 语句对 Tom 进行了年龄更新，然后提交之后，再使用查询语句来验证是否更新成功，此时程序输出：

```
student2,name is Tom,age is 24
```

5. 删除数据

最后来看如何删除数据。删除数据的示例代码如例 8-23 所示。

【例 8-23】 删除数据

```
import sqlite3

conn=sqlite3.connect('student.db')
c=conn.cursor()
c.execute("delete from student where name='Tom'")
conn.commit()
cursor=c.execute("select * from student")
for row in cursor:
    print("student{0},name is {1},age is {2}".format(row[0], row[1], row[2]))
conn.close()
```

运行结果：

```
student1,name is Paul,age is 22
student3,name is Alice,age is 19
```

可见，已成功删除了数据。

8.7　MySQL 数据库

实际上，SQLite 数据库一般用于小型系统或者个人系统的开发，如果要开发大中型系统，就需要使用更强大的数据库工具，如 MySQL、SQL Server 或者 Oracle 等。本节以 MySQL 为例，介绍如何使用 Python 对 MySQL 数据库进行各种操作。

8.7.1　MySQL 的特点

MySQL 是最受欢迎的开源 SQL 数据库管理系统之一，它由 MySQL AB 开发、发布和支持。MySQL AB 是一家基于 MySQL 开发人员的商业公司，是一家使用了一种成功的商业模式来结合开源价值和方法论的第二代开源公司。MySQL 是 MySQL AB 的注册商标。

MySQL 是一个快速的、多线程、多用户和健壮的 SQL 数据库服务器。MySQL 服务器支持关键任务、重负载生产系统的使用，也可以将它嵌入一个大配置（mass-deployed）的软件中。

与其他数据库管理系统相比，MySQL 具有以下优势。

- MySQL 是一个关系数据库管理系统。
- MySQL 是开源的，意味着可以免费使用它。
- MySQL 服务器是一个快速的、可靠的和易于使用的数据库服务器。
- MySQL 服务器工作在客户/服务器或嵌入系统中。
- 有大量的 MySQL 软件可以使用。

和其他大型数据库，如 Oracle、DB2、SQL Server 等相比，MySQL 数据库有它的不足之处，但是这丝毫也没有减少它受欢迎的程度。对于一般的个人使用者和中小型企业来说，MySQL 提供的功能已经绰绰有余。由于 MySQL 是开放源码软件，所以可以大大降低总体拥有成本。

Linux 作为操作系统，Apache 或 Nginx 作为 Web 服务器，MySQL 作为数据库，PHP/Perl/Python 作为服务器端脚本解释器。由于这 4 个软件都是免费或开放源码软件（FLOSS），所以使用这种方式不用花一分钱（除开人工成本）就可以建立起一个稳定、免费的网站系统，被业界称为 LAMP 或 LNMP 组合。

8.7.2　下载和安装 MySQL

首先，去 MySQL 数据库的官网（http://www.mysql.com）下载 MySQL，其首页如图 8-10 所示。

要注意的是，MySQL 企业版并不是免费的。需要找到社区（Community）版本的下载链接，如图 8-11 所示。

单击下载链接开始下载。下载完成之后打开下载完的安装包，开始安装 MySQL（这里以 MySQL 5.7 为例）。安装过程并不复杂，这里不再赘述。当安装完成后，可以使用命令行进行数据库的访问，也可以使用自带的工具进行访问。单击桌面左下角的开始菜单，从程序列表中找到刚安装的 MySQL 程序，如图 8-12 所示。

然后是安装 pymysql 模块，和 SQLite 的驱动模块不同，pymysql 模块并不是 Python 自带的，需要单独安装。使用 pip3 命令在命令行窗口输入安装命令，图 8-13 是安装 pymysql 成功时的界面。

图 8-10　下载 MySQL

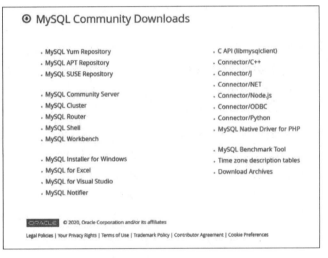

图 8-11　MySQL 社区版

图 8-12　MySQL 程序

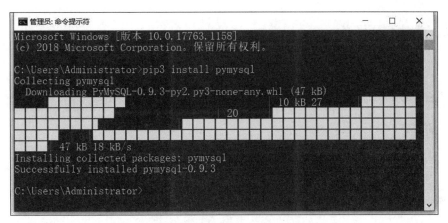

图 8-13　安装 pymysql 成功界面

8.7.3　连接数据库

访问 MySQL 数据库时，首先需要连接或者创建数据库，MySQL 的数据库连接非常简单，代码如例 8-24 所示。

【例 8-24】　连接数据库

```
import pymysql
#建立数据库连接
conn=pymysql.connect(
    host='127.0.0.1',
    port=3306,
    user='root',
    password='mysql',
    db='student',
    charset='utf8'
)
```

例 8-24 的第一行代码就是导入 pymysql 模块，然后使用 connect()函数进行数据库的连接，第一个参数 host 表示数据库所在机器的 IP 地址，用来唯一标记一台机器，如果是"127.0.0.1"就表示是本地机器。第二个参数 port 是 MySQL 的默认端口，就是 3306（关于 IP 地址和端口的知识，可以阅读第 13 章）。第三个参数 user 表示用户名，默认都是 root。第四个参数 password 就是 MySQL 数据库密码，请大家在使用例 8-24 时一定要将其改为自己的数据库密码。第五个参数 db 就是要连接的数据库名称。最后一个参数 charset 表示使用的字符集为 utf8。

该方法返回了一个数据库连接对象，该对象提供了很多有用的数据库操作方法，下面逐一介绍。

8.7.4 数据库操作

和 SQLite 数据库类似，MySQL 的基本操作也是表的基本操作和数据的增、删、改、查等。这些操作同样需要数据库游标对象来进行。各种常见操作具体介绍如下。

1. 建表

下面着重阐述游标(cursor)的使用。其实，所有 SQL 语句的执行都要在游标对象下进行，如例 8-25 所示。

【例 8-25】 建立数据表

```python
import pymysql
#建立数据库连接
conn=pymysql.connect(
    host='127.0.0.1',
    port=3306,
    user='root',
    password='mysql',
    db='student',
    charset='utf8'
)
c=conn.cursor()
c.execute('''CREATE TABLE Student
    (id INT PRIMARY KEY     NOT NULL,
    name            char(10) NOT NULL,
    age             INT      NOT NULL,
    address         CHAR(50),
    major           char(20)); ''')
conn.commit()
conn.close()
```

例 8-25 的代码中通过 cursor()方法创建了一个游标对象，然后让它执行创建表的 SQL 语句，然后通过 commit()方法进行提交，最后不要忘了关闭连接。如果执行以上代码没有出现任何错误，意味着创建成功了。来看看 WorkBench 中发生了什么变化，刷新刚创建的数据库，会发现一个新的表出现了，如图 8-14 所示。

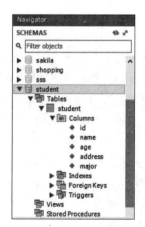

图 8-14　student 表视图

2. 插入数据

创建成功后，就可以往里面插入数据了，代码如例 8-26 所示。

【例 8-26】 插入数据

```python
import pymysql
#建立数据库连接
conn=pymysql.connect(
    host='127.0.0.1',
    port=3306,
    user='root',
    password='mysql',
    db='student',
    charset='utf8'
)
c=conn.cursor()
c.execute("INSERT INTO student (id,name,age,address,major) \
    VALUES (1, 'Paul', 22, 'NanJing', 'cs')")
c.execute("INSERT INTO student (id,name,age,address,major) \
    VALUES (2, 'Tom', 23, 'BeiJing', 'se')")
c.execute("INSERT INTO student (id,name,age,address,major) \
    VALUES (3, 'Alice', 19, 'ShangHai', 'ne')")
conn.commit()
conn.close()
```

这里使用游标对象执行了 3 个 insert 语句，分别插入了 3 个学生的信息，执行之后没有错误，表示插入成功。和 SQLite 一样，也可以这样写：

```python
data="1, 'Paul', 22, 'NanJing', 'cs'"
cur.execute('INSERT INTO student VALUES (%s)'%data)
```

还可以使用占位符"?"，以避免 SQL 注入，示例如下：

```python
cur.execute('INSERT INTO student VALUES (?,?,?,?,?)',(1, 'Paul', 22, 'NanJing',
'cs'))
```

还可以使用 executemany()执行多条 SQL 语句，使用 executemany()比循环使用 execute()执行多条 SQL 语句效率高。

```python
cur.executemany('INSERT INTO student VALUES (?,?,?,?,?)',[( 1, 'Paul', 22,
'NanJing', 'cs'),( 3, 'Alice', 19, 'ShangHai', 'ne')])
```

3. 查询数据

接下来，试着查询学生信息，代码如例 8-27 所示。

【例 8-27】 查询数据

```python
import pymysql
#建立数据库连接
conn=pymysql.connect(
    host='127.0.0.1',
```

```
        port=3306,
        user='root',
        password='mysql',
        db='student',
        charset='utf8'
)

c=conn.cursor()
cursor=c.execute("select * from student")
for row in cursor:
    print("student{0},name is {1},age is {2}".format(row[0], row[1], row[2]))
conn.commit()
conn.close()
```

这里和上面一样使用游标对象执行了 select 语句，查询出所有的学生，然后返回一个可迭代的游标，接下来使用 for 循环对每个学生信息进行遍历，输出学生的信息。结果如下：

```
student1,name is Paul,age is 22
student2,name is Tom,age is 23
student3,name is Alice,age is 19
```

要提取查询数据，游标对象提供了 fetchall() 和 fetchone() 方法。fetchall() 方法获取所有数据，返回一个二维列表。fetchone() 方法获取其中一个结果，返回一个元组，示例如下：

```
res=cur.fetchall()
for line in res:
        print("循环 fetchall 的值>>>",line)
cur.execute('SELECT * FROM student')
res=cur.fetchone()
print("取一条数据>>",res)
```

4. 更新数据

下面尝试修改一些学生的信息，如先把 Tom 的年龄改为 24 岁，代码如例 8-28 所示。

【例 8-28】 更新数据

```
import pymysql
#建立数据库连接
conn=pymysql.connect(
    host='127.0.0.1',
    port=3306,
    user='root',
    password='mysql',
```

```
        db='student',
        charset='utf8'
)

c=conn.cursor()
c.execute("update student set age=24 where name='Tom'")
conn.commit()
cursor=c.execute("select * from student where name='Tom'")
for row in cursor:
    print("student{0},name is {1},age is {2}".format(row[0], row[1], row[2]))
conn.close()
```

这里首先使用 update 语句对 Tom 进行了年龄更新,然后提交之后,再使用查询语句来验证是否更新成功,此时程序输出:

```
student2,name is Tom,age is 24
```

5. 删除数据

最后,再来看看如何删除数据。删除数据的示例代码如例 8-29 所示。

【例 8-29】 删除数据

```
import pymysql
#建立数据库连接
conn=pymysql.connect(
    host='127.0.0.1',
    port=3306,
    user='root',
    password='mysql',
    db='student',
    charset='utf8'
)

c=conn.cursor()
c.execute("delete from student where name='Tom'")
conn.commit()
cursor=c.execute("select * from student")
for row in cursor:
    print("student{0},name is {1},age is {2}".format(row[0], row[1], row[2]))
conn.close()
```

运行结果:

```
student1,name is Paul,age is 22
student3,name is Alice,age is 19
```

可见,已成功删除了数据。

8.8   应 用 实 例

接下来继续使用本章所学知识完善家用电器销售系统。7.5节说过,当前版本的问题在于每次购买的记录并不会保存,当关闭系统之后重新打开,系统将会恢复到初始状态。新版本的程序代码如下:

```python
"""
家用电器销售系统
v1.6
"""
import pymysql
from pymysql import DatabaseError


def read_config_file():
    """
    读取配置文件,获取数据库连接信息
    :return: 数据库连接信息字典
    """
    #以 utf-8 的编码格式打开指定文件
    f=open("config.txt", encoding="utf-8")
    try:
        #输出读取到的数据
        configs=f.readlines()
        config_lst={}
        for i in range(len(configs)):
            line=configs[i].strip('\n')   #去掉每行的换行符
            key=line.split('=')[0]
            value=line.split('=')[1]
            config_lst[key]=value
    finally:
        #关闭文件
        f.close()
    return config_lst


def open_database():
    """
    根据配置文件信息,打开数据库
    :return: 数据库对象
    """
    config_lst=read_config_file()
    #打开数据库连接
```

```python
    db=pymysql.connect(
        host=config_lst['host'],
        port=int(config_lst['port']),  #port 必须是整型数据
        user=config_lst['user'],
        password=config_lst['password'],
        db=config_lst['db'],
        charset=config_lst['charset']
    )
    return db


def select_command(str_sql):
    """
    数据库查询操作
    :param str_sql: sql 语句
    :return: 查询结果列表
    """
    db=open_database()
    cursor=db.cursor()
    try:
        cursor.execute(str_sql)
        return cursor.fetchall()
    except DatabaseError:
        print('无法读取数据库数据')
    finally:
        cursor.close()
        db.close()


def execute_command(str_sql):
    """
    数据库执行操作,包括增、删、改
    :param str_sql: sql 语句
    :return: None
    """
    db=open_database()
    cursor=db.cursor()
    try:
        cursor.execute(str_sql)
        db.commit()
    except DatabaseError:
        #发生错误时回滚
        db.rollback()
        print('数据库操作失败')
    finally:
        cursor.close()
```

```python
        db.close()

def get_all_products():
    """
    获取所有的商品项
    :return: 商品项
    """
    return select_command('select * from product')


def get_all_products_in_cart():
    """
    获取所有购物车中的商品项
    :return: 购物车中的商品项
    """
    return select_command('select * from cart')


def get_product_by_id(product_id):
    """
    根据商品编号获取数据库中商品
    :param product_id: 商品编号
    :return: 商品
    """
    result=select_command('select * from product where id='+product_id)
    return result[0]


def update_cart(product_id, count):
    """
    更新购物车中的某项
    :param product_id:
    :param count:
    :return:
    """
    result=select_command('select * from cart where id="'+product_id+'"')
    if len(result)==0:   #不存在,则添加
        execute_command('insert into cart values ("'+product_id+'",'+str
        (count)+')')
    else:   #存在,即更新此项
        count+=result[0][1]
        execute_command('update cart set count='+str(count)+' where id="'+
        product_id+'"')


def update_product(product_id, count):
    """
    更新商品表中的某个商品数量
```

```python
    :param product_id: 商品编号
    :param count: 数量
    :return: None
    """
    execute_command('update product set count='+str(count)+' where id="'+
product_id+'"')


def ini_system():
    """
    初始化系统
    :return: 初始化的商品列表和购物车
    """
    print('欢迎使用家用电器销售系统!')


def input_product_id():
    """
    用户输入商品编号
    :param products: 商品列表
    :return: 商品编号
    """
    product_id=input('请输入您要购买的产品编号: ')
    products=get_all_products()
    while product_id not in [item[0] for item in products]:
        product_id=input('编号不存在,请重新输入您要购买的产品编号: ')
    return product_id


def input_product_count(product_id):
    """
    用户输入购买数量
    :param products: 商品列表
    :param product_id: 商品编号
    :return: 购买数量
    """
    count=int(input('请输入您要购买的产品数量: '))
    product=get_product_by_id(product_id)
    while count>product[4]:
        count=int(input('数量超出库存,请重新输入您要购买的产品数量: '))
    return count


def output_products():
    """
    显示商品信息
    :param products:商品列表
    :return: 无
```

```python
    """
    print('产品和价格信息如下: ')
    print('***************************************************************')
    print('%-10s' %'编号', '%-10s' %'名称', '%-10s' %'品牌', '%-10s' %'价格', '%-
10s' %'库存数量')
    print('-------------------------------------------------')

    for row in get_all_products():
        print('%-10s' %row[0], '%-10s' %row[1],
            '%-10s' %row[2],
            '%10.2f' %row[3], '%10d' %row[4])
    print('-------------------------------------------------')


def output_products_cart():
    """
    显示购物车信息
    :param products_cart:购物车列表
    :return: 无
    """
    print('购物车信息如下: ')
    print('***********************************')
    print('%-10s' %'编号', '%-10s' %'购买数量')
    print('------------------------')
    for row in get_all_products_in_cart():
        print('%-10s' %row[0], '%-6s' %row[1])
    print('------------------------')


def get_products_amount():
    """
    计算所购商品金额
    :param products: 商品列表
    :param products_cart: 购物车
    :return: 购买金额
    """
    amount=0
    products_cart=get_all_products_in_cart()
    for i in range(len(products_cart)):
        product=get_product_by_id(products_cart[i][0])
        price=product[3]
        count=products_cart[i][1]
        amount+=price * count
    return amount


def buy_product():
```

```
    """
    购买商品
    :param products: 商品列表
    :param products_cart: 购物车
    :return: None
    """
    product_id=input_product_id()
    count=input_product_count(product_id)
    update_cart(product_id, count)
    update_product(product_id, count)


def calculate_discount_amount(amount):
    """
    计算折扣后金额
    :param amount: 折扣前金额
    :return: 折扣后金额
    """
    if 5000<amount<=10000:
        amount=amount * 0.95
    elif 10000<amount<=20000:
        amount=amount * 0.90
    elif amount>20000:
        amount=amount * 0.85
    else:
        amount=amount * 1
    return amount


def exit_system(amount):
    """
    退出系统
    :param amount:
    :return:
    """
    print('购买成功,您需要支付%8.2f元' %amount)
    print('谢谢您的光临,下次再见!')


def main():
    """
    #主函数,程序入口点
    :return: None
    """
    #初始化系统
    ini_system()
```

```
#用户输入数据
option=input('请选择您的操作：1-查看商品；2-购物；3-查看购物车；其他-结账')
while option in ['1', '2', '3']:
    if option=='1':
        output_products()
    elif option=='2':
        buy_product()
    else:
        output_products_cart()
    option=input('操作成功！请选择您的操作：1-查看商品；2-购物；3-查看购物车；其
    他-结账')

#计算购买金额
amount=get_products_amount()
discount_amount=calculate_discount_amount(amount)

#显示购买结果
exit_system(discount_amount)
```

```
main()
```

运行结果：

欢迎使用家用电器销售系统！
请选择您的操作：1-查看商品；2-购物；3-查看购物车；其他-结账 1
产品和价格信息如下：
```
*************************************************************
```

编号	名称	品牌	价格	库存数量
0001	电视机	海尔	5999.00	20
0002	冰箱	西门子	6998.00	15
0003	洗衣机	小天鹅	1999.00	10
0004	空调	格力	3900.00	0
0005	热水器	格力	688.00	30
0006	笔记本	联想	5699.00	10
0007	微波炉	苏泊尔	480.00	33
0008	投影仪	松下	1250.00	12
0009	吸尘器	飞利浦	999.00	9

操作成功！请选择您的操作：1-查看商品；2-购物；3-查看购物车；其他-结账 2
请输入您要购买的产品编号：0002
请输入您要购买的产品数量：2
操作成功！请选择您的操作：1-查看商品；2-购物；3-查看购物车；其他-结账 2
请输入您要购买的产品编号：0001

请输入您要购买的产品数量：2

操作成功！请选择您的操作：1-查看商品；2-购物；3-查看购物车；其他-结账 3

购物车信息如下：

****
```
编号              购买数量
----------------------------
0002            2
0001            2
----------------------------
```

操作成功！请选择您的操作：1-查看商品；2-购物；3-查看购物车；其他-结账 0

购买成功，您需要支付 22094.90 元

谢谢您的光临，下次再见！

　　本节的家电销售系统，重点使用数据库进行了数据的持久化保存。这里，系统的数据库的配置信息被保存到了文本文件中，这样做的意义在于以后需要修改数据库 IP 地址或者密码时只需要修改此配置文件而不需要修改代码，也就意味着不需要重新编译部署，提高了可维护性。另外，使用 MySQL 数据库建立了两个数据表，一个是商品信息表，另一个是购物车信息表。v1.6 版写了两个通用数据库处理函数：查询数据和操作数据（包括增、删、改），然后具体的业务方法调用这两个函数完成各自的任务。但是，随着功能的增加，可以感觉到一个 Python 代码中包含的函数太多且凌乱，第 9 章将使用面向对象的方法重新组织数据，并使用包来重新安排系统结构。

小　　结

　　本章基于数据的持久化存储，介绍了两个重要知识点，一个是关于文件的相关知识，重点解释了路径、相对路径和绝对路径的概念，重点介绍了文件的创建、读取、写入和关闭等操作，然后简单介绍了文件相关模块的使用。

　　另外还重点介绍了 Python 的数据库编程知识，首先给出了关系数据库的基本概念，介绍了数据库和数据表的概念、关系、主键和外键、常见数据类型以及 SQL 语法知识。然后介绍 sqlite3 的数据访问方法，介绍了 SQLite 的接口，SQL 接口主要通过 3 个对象完成各种数据库操作，然后说明了如何进行下载和安装 sqlite3，接着介绍了如何连接和创建数据库的知识，并重点阐述了如何进行数据表的增、删、改、查操作。最后介绍 MySQL 这个常见数据库的基本操作，简单介绍了 MySQL 的特点，如何下载和安装 MySQL，并介绍了使用 MySQL 模块进行数据的增、删、改、查操作。

　　学完这些知识后，读者应该能够掌握基本的数据库编程知识，能够将应用中的重要数据存储到数据库中，并能够进行基本的增、删、改、查操作。为下一步学习数据库的高级知识，如索引、事务、触发器等打下基础。

习　题

1. 什么是文件,有哪些类型?
2. 文件的路径有哪些类别?
3. 简述数据模型的定义。
4. 数据库的常见操作有哪些?
5. 在磁盘上建立一个文件,将一个字符串列表写入该文件中。
6. 读取指定路径下的所有文件,显示在控制台上。
7. 使用数据库建立用户表,然后使用 SQL 语句进行用户的增、删、改、查操作。
8. 写一个程序,将如下数据写入 data.txt 文件,然后读出来,存到字典中:

   小张 13888888888

   小李 13999999999

   小王 13666666666
9. 将上题中的数据写入数据库,然后读取出来。
10. 修改题 8 和 9 的代码,为其增加读写操作的异常处理。

第9章

面向对象程序设计

9.1 导 学

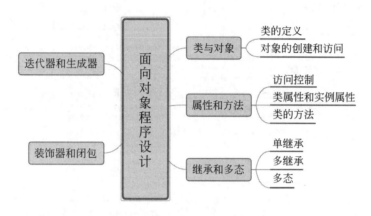

学习目标:

- 理解面向对象程序设计方法的基本概念和特性。
- 掌握类与对象的概念。
- 掌握类的方法与属性。
- 掌握类的继承。
- 掌握多态性与重载。

面向对象程序设计是一种高效的、有利于代码复用的软件开发技术。这个方法的典型特点是,不再把要解决的问题,看成是一个个割裂的变量和函数的集合,而是以更加自然的方式,把要处理的对象看成是一个整体。对象可以是抽象的、无形的,也可以是具体的、有形的。掌握这一方法,首先要求把要处理的问题,抽象出反映问题共性的信息,封装成一种自定义的类型,即"类"。其他各种操作,都将围绕"类"展开。

本章介绍面向对象技术的基本概念和思想,逐层深入讲解面向对象的特性:封装、继承和多态性,以及 Python 对这些特性的支持与实现,其中着重介绍了类与对象,讲解了类的属性和方法的定义与使用。

9.2 基 本 概 念

9.2.1 结构化程序设计

设计程序时,通常把程序看作数据处理的一系列处理过程,需要定义若干变量保存需要的数据,并定义若干函数或者模块,按照设定的顺序或流程,逐个调用函数或者指令。在这个过程中,数据(变量)与相关的处理模块(函数),在形式上是各自独立的,程序员必须全面了解各变量与函数之间的确切关系,当数据发生变化时,相应地调整处理函数。为了有效地解决数据与函数间可能存在的关系,结构化程序设计方法应运而生。

结构化程序设计的一个基本思想是,把需要编程实现的各种功能分解出来,常采用自顶向下、逐步求精的策略。这样,对于十分复杂的问题,可以逐步分解成易于理解和实现的一系列功能模块,从而确保程序实现。程序的模块,主要由函数来实现。

当数据量增加,业务处理逻辑更加复杂,需要维护大量的变量和模块间的关系,程序开发的难度急剧增大,并且代码复用的难度也更大。

程序员希望提高代码的复用性、更加便捷地重构之前的代码、更加高效地组合各种功能模块而无须关心模块内部的数据与逻辑关系,面向对象程序设计方法较好地满足了这一需求。

9.2.2 面向对象程序设计

面向对象程序设计的基本思想是,把要处理的数据对象和对象的处理方法,看作是一个整体——对象,而不是独立的若干变量和函数。

例如,处理数据库中的数据时,需要的功能包括连接数据库、读取数据库中的数据、更新数据、增加和删除数据等,并用若干变量,返回数据处理结果。面向对象的处理思想是,把这些变量和功能模块,全都打包成为一个整体,不再各个分离。

这一思想,可以把程序员从管理大量的变量和函数的繁重工作中解放出来,并提供了以下新特性。

1. 封装

底层的数据处理与加工,可以通过"类"和"对象"的概念,封装为一个整体,由"对象"自身负责维护数据和相关的处理方法,甚至可以把很多方法视为"私有"的,将其隐藏起来,只在内部使用,不允许外部代码直接访问。对于上面提到的处理数据库中数据的例子,可以封装并生成为一个数据库对象,程序员可以通过数据库"对象"调用其拥有的数据处理方法,不再关心数据库是怎样连接的、数据处理细节是怎样的。通过封装和隐藏,既可以保护"对象"拥有的数据不被非法访问,也可以简化程序员的编程工作,提高编程效率。

2. 继承

当编写新的程序时,一种是从头打造,一种是对现有的程序进行加工修改,尽可能复用已有的功能代码。显然,后者有利于降低开发成本,节省开发时间。

面向对象利用继承的方式实现重用,即对现有的类型,在继承该类型拥有的数据和方法的基础上,定义新的类型,并扩展定义需要的新功能,修改或替换不合适的已有方法。因新的子类型是从现有类型派生出来的,称其为派生类,或子类,被继承的类,称为父类。

通过继承,可以在新的子类中直接调用继承的方法,无须重复编码,并且允许修改老方法扩充新方法。继承机制,是面向对象程序设计方法实现代码复用的基本机制。

3. 多态性

通过继承可以派生出多个新的子类,面向对象允许这些子类拥有同名的方法,而这些同名方法却有不同的行为方式。例如,定义一个抽象的"数据"类型,从该类型派生出字符串、整数、矩阵三种子类型,且都有加法运算符"+"。面向对象技术,允许加法运算符,自动判断参与计算的数据类型,对字符串则是进行字符串拼接,对矩阵则是进行矩阵加法而不会误当作整数加法。这种技术,被称为运算符重载。恰当运用多态技术,可以简化编码,增加程序的可读性。

以 Python 的加法运算符为例。

```
>>>3+4
7
>>>'hello'+'world'
'helloworld'
>>>[1,2,3]+[4,5]
[1, 2, 3, 4, 5]
```

可以看到,字符串遇到加法运算时执行的是字符串拼接操作,两个列表的加法运算执行列表合并操作。系统在执行加法运算时,根据操作数(运算对象)的类型,自动选择了最恰当的计算,获得正确结果。这种根据操作数类型自动选择恰当操作运算的特性,正是通过面向对象的多态性实现的。

综上所述,面向对象程序设计技术的优点主要表现在:提高了代码的复用性;使编码更为灵活,提供了代码的可维护性;提高了程序的可扩展性;提高了软件开发效率。

Python 语言的很多优良特性正是通过面向对象程序设计技术实现的。

需要说明的是,面向对象程序设计,并非抛弃结构化程序设计方法,而是在结构化程序设计的基础上,改善程序设计效率。

9.3 类 与 对 象

什么是类?类可以看作是一种抽象的类型,是把逻辑上相关的数据与函数封装起来,转换为抽象的描述。通过类,面向对象程序设计实现了封装和隐藏。

结构化程序设计中的模块,主要表现形式是函数,而面向对象程序设计中的模块,则由类构成。

对于初学者来说,可以换一个简单的角度来理解类,把类看作自定义的数据类型。

程序设计语言中,通常提供基础的数据类型,例如整数(int),浮点数(float)。如果程序语言没有提供复数类型,或者提供的复数类型不满足我们的计算要求,那么怎样实现自定义的复数表示和运算呢?

通过"类",我们可以根据实际需要定义一个抽象类型 complex。实现复数运算和操作。可用如下语句声明一个 complex 类。

```
class complex(object):
    ...
```

事实上,Python 语言提供了复数类型(complex),其实现方式,就是定义了一个复数类。设数据类型为 complex 的 Python 变量 cvar1 和 cvar2,一段简单的复数计算代码如下:

```
cvar1=3+4j
print(cvar1)
print(type(cvar1))
cvar2=2+6j
print(cvar1+cvar2)
```

运行结果:

```
(3+4j)
<class 'complex'>
(5+10j)
```

上述代码的结果显示,Python 中复数被表示为"(实部+虚部 j)"的形式;利用 type() 函数查看其类型,可以看到是一个名为 complex 的 class,即"类"。当执行两个复数的加法运算后,可以看到,加法运算自动进行的操作是,实部与实部相加,虚部与虚部相加,说明 Python 利用面向对象的多态特性,对复数类的加法运算符号进行了重载,使之适用于加法运算。

对使用者来说,不用关心这个复数类型是如何实现的,不关心如何存储各种复数类型的变量,计算时也不用考虑 Python 是如何把 3+4j 正确拆分为实部和虚部,我们只需要调用复数类型定义好的方法就可以了。这就是类的封装带来的好处。

在这个复数例子里,谁是"类",谁是"对象"?

complex 是类,它负责定义了复数类型的表示形式,定义了适用于复数的一系列操作和运算,但是它实际上可以不含任何实际的数据,它并不是一个具体的复数。cvar1 和 cvar2 是这个类的两个对象,它们是具体存在的,有具体的数值,可以通过访问属性 real 和 imag 获得它们的实部和虚部,例如 cvar1.real 和 cvar1.imag。

9.3.1　类的定义

类的定义语法如下：

```
class Class_Name:
    若干类的属性
    若干方法
```

关键词 class 后引出类的名称和一个冒号，名称后可以跟一对圆括号，此处省略了。类的主体，主要由两部分构成，即若干类的属性和若干方法。所谓的属性，可以简单理解为类里面的变量，而方法，就是在类里面定义的函数。

一个非常简单的类的代码如下：

```
class MyClass:
    var=1

print(MyClass)
print('属性 var=%d' %MyClass.var)
```

运行结果：

```
<class '__main__.MyClass'>
属性 var=1
```

我们定义了一个简单类，里面只有一个变量 var，该变量就是类的属性。打印 MyClass 时，可以看到其类型为 class。通过"点"运算符，可以访问类属性 var，写法是"类名.属性名"，例如 MyClass.var。

再定义一个相对正式的类 Circle，封装关于圆形面积的计算。

【例 9-1】　一个关于圆形的类

```
class Circle(object):
    def __init__(self, radius):      #这是一个构造方法,用于初始化
        self.radius=radius
    def area(self):                  #类方法
        return 3.14159 * self.radius * self.radius

one_circle=Circle(2)                 #声明类对象
print('这个圆的面积是%f. ' %one_circle.area())
```

运行结果：

```
这个圆的面积是 12.566360
```

在例 9-1 中，Circle(object)显式地声明这个类是从系统类 object 继承过来的，类里面包含一个用于初始化的构造方法__init__()和计算面积的方法 area()。声明类对象的代

码是 one_circle = Circle(2)，括号里的 2 被__init__()方法初始化为圆 one_circle 的半径。one_circle 就是一个类对象了。

9.3.2　对象的创建

类实际上是一种抽象表示机制，它描述了一类事物的共同属性和行为(方法)。当声明、创建一个类对象时，是生成一个具体的实际例子，是从抽象到具体的过程，常把这个过程称为"实例化"，实例化的结果，就是创建了一个具体的对象。

类的对象，是类的具体化、实例化，是一个特定的个体。对象又被称为类的实例。

例如，"学生"可以抽象为一个类，包含着学生共同拥有的属性，包括学号、姓名、班级等，是"学生"这个群体共性的抽象描述。一个学号是 20209527 的同学，则是"学生"类的实例，是类的对象。

创建学生类对象的代码如下：

```
class Student:
    #定义方法,self 表示对象自己,x 是传进来的参数
    def set_id(self,x):            #设置属性 id 的值
        self.id=x
    def show_id(self):            #打印属性 id 的值
        print(self.id)
#创建类对象,并调用方法
stu1=Student()
stu1.set_id(20209527)
stu1.show_id()
```

运行结果：

```
20209527
```

语句 stu1＝Student()是创建对象的基本语法形式，即类名后跟圆括号，完成类对象的创建。根据类定义的形式，圆括号内通常需要传递一些参数。这个形式与函数调用比较相像。

类对象创建后，可以通过句点表示法，即"对象名.属性名"来访问对象的某个属性，可以通过"对象名.方法名()"的形式，调用某个方法。

这里最独特的，是 self。

在 Python 中规定，类里面函数的第一个参数是实例对象本身，并且约定俗成，把其名字写为 self。其作用相当于 Java 语言中的 this，表示当前类的对象。在本例中，self 表示的是 one_circle 自身，不是 Circle 这个类。

self 可以调用当前类中的属性和方法，它的作用域覆盖整个类，即类中的每个方法都可以使用它，但仅限在类的内容使用 self。

注意，self 这个名字，是大家约定俗成的，并非语法强制要求，它只是用来代表类对象本身，可以换成其他名字，但是必须是方法或者函数的第一个参数。

判断一个变量是否为某个类的类对象的代码如下：

```
stu2=Student()
print(type(stu2))
print(isinstance(stu2, Student))
```

运行结果：

```
<class '__main__.Student'>
True
```

可以看到，类 Student 本身的类型是 type，而对象 stu2 的类型是__main__.Student。

进一步的，用 isinstance() 函数查看对象与类之间的关系。该函数可以查找确认对象与类之间的继承关系，基本语法形式为

```
isinstance(oneobject, classinfo)
```

其中，第一个参数 oneobject 为类对象，第二个参数 classinfo 可以是直接或间接类名、基本类型或者由它们组成的元组。如果存在继承关系，对象的类型与 classinfo 匹配，则 isinstance() 函数返回真。

从判断一个变量是否某个类的类对象的代码运行结果中可以看到，stu2 是 Student 的类对象。

9.4　属性和方法

构成类主体的，是属性和方法。根据定义的具体形式，属性和方法又可以分为若干不同类型，使用上有明显的差异。

9.4.1　类属性和对象属性

属性，又被称为成员变量，基本形式是类内部出现的变量。

根据成员变量出现的不同位置，Python 中类的属性，分为类属性和对象属性（或实例属性）两种。

一个有两种属性的类：

```
class Student:
    """学生类"""
    school='某大学'        #类属性 school
    def set_id(self,x):
        self.id=x          #对象属性 id
```

Student 内有一个变量 school，不在任何一个函数内，school 的作用范围从其开始声明的那一行开始，直至类定义结束。这种形式的属性被称为类属性。其特点是，无须声明类对象即可使用它，只要类存在，该属性就存在。

方法或者说函数 set_id()内有一个变量 id,属于对象属性,其存在的基本形式为
"self.属性名",即通过类对象自身(self)来声明和访问。只有方法 set_id()被调用时,self.
id 才被创建。

打印两类属性:

```
print(Student.school)
print(Student.id)
```

运行结果:

```
某大学
AttributeError: type object 'Student' has no attribute 'id'
```

打印两类属性的代码运行结果显示,Student.school 的值被正常输出了,Student.id
的引用形式则触发了异常,抛出的报错信息显示,类型对象 Student 没有属性 id。这是因
为 id 是对象属性,不是类属性。

注意,对象被创建时自动拥有全部类属性,而类并不拥有对象的属性。

```
stu3=Student()
print(stu3.school)
print(Student.id)
```

运行结果:

```
某大学
AttributeError: type object 'Student' has no attribute 'id'
```

触发错误的原因是,属性 id 是由方法 set_id()生成的,必须先生成 id 才能使用它。
生成方法是,调用一次 set_id()就能把属性 id 加入对象 stu3 中。

另一种简单粗暴的生成属性的方法是,用赋值语句生成,如 stu3.id='20209528',但是
这种方法破坏了类的封装,不利于代码维护,不推荐使用。

修改上面的代码,调用 set_id(),则可以正确显示"20209527"。

```
stu3.set_id('20209527')
print(stu3.id)
stu3.id='20209528'              #直接修改属性的值,不是创建属性
print(stu3.id)
```

通常,可以直接给非私有的属性直接赋值。定义给属性赋值的方法,目的是封装内部
数据细节。

注意:通常 C++ 等面向对象编程语言只有对象属性和方法,必须创建对象后,才能
通过实例化的某个对象来访问其属性和方法。

9.4.2 类的构造方法

构造方法又被称为构造函数。当创建类对象时,系统会自动调用类的构造方法,完成
对象的创建,并对一些属性进行初始化。

构造方法定义格式：

```
def __init__(self,其他参数):
    语句块
```

构造方法要求至少要有一个 self 参数，且是第一个形式参数，用于表示对象本身。当实例化类的对象时 Python 会自动调用这个__init__()方法。

【例 9-2】 类的构造方法

```
class Student:
    """学生类"""
    school='某大学'                                    #类属性 school
    def __init__(self, x, myschool='五道口职业技术学院'):  #构造方法
        self.id=x                                       #对象属性 id
        self.school=myschool


stu4=Student('20209527')
print(stu4.id)
print('类属性 school=%s。' %Student.school)
print('对象属性 school=%s。' %stu4.school)
Student.school='NUIST'
print('赋值后类属性 school=%s。' %Student.school)
```

运行结果：

```
20209527
类属性 school=某大学
对象属性 school=五道口职业技术学院
赋值后类属性 school=NUIST
```

创建学生对象 stu4 时，无须手工调用__init__()方法，print 语句成功打印出学号 20209527，说明属性 id 在对象创建时被自动生成了。

当定义了构造方法后，创建对象时，要根据__init__()方法中形参的数量，按顺序传递对应的参数（形参 self 除外，不需要传递实际参数）。本例中构造函数的形参为 self、x 和带默认值的形参 myschool，则对象创建语句 Student('20209527')把自己传递给第一个参数 self，把字符串 20209527 传递给第二个参数 x。创建类对象时，如果不需要更换学校，则可以不给形参 myschool 赋值。

在例 9-2 中要注意，self.school 是对象属性，给该属性赋值，并不能修改类属性 school 的值。

与构造方法相对的，有一个析构方法（或称析构函数），用于销毁对象本身，释放对象所占用的内存。语法形式如下：

```
def __del__(self):
```

Python 有优秀的内存回收机制，一般不需要程序员重新定义或者手工调用析构

方法。

当程序运行结束,或者 Python 自动回收都会触发__del__()方法执行。

9.4.3 类的方法

Python 提供了复杂、丰富的方法调用方式,为基于面向对象设计复用性更好的软件接口提供了可能。

类的方法通常分为三种类型:对象方法、静态方法和类方法。

1. 对象方法

对象方法是最常用的方法类型,调用时必须声明类对象,由类对象来调用,不可通过类名称直接调用。默认情况下,类的方法第一个形参要求是 self。代码执行时,Python会自动将对象与第一个形参 self 绑定。

【例 9-3】 对象方法

```
class Student:
    """学生类"""
    school='某大学'                                #类属性 school
    def __init__(self, x,myschool='五道口职业技术学院'): #构造方法
        self.id=x                                  #对象属性 id
        self.school=myschool
    def show_id(self):
        print('对象方法,学号: '+self.id)
stu5=Student('20209527')
stu5.show_id()
```

运行结果:

对象方法,学号: 20209527

代码 stu5.show_id()是调用方法的基本形式,即通过类对象,调用某个方法。

如果用类名直接调用该方法,将报错,代码如下:

```
Student.show_id()
#Student.show_id(stu5)
```

运行结果:

TypeError: show_id() missing 1 required positional argument: 'self'

错误信息提示缺少参数 self。该方法的形参 self 指的是对象本身,但是因为调用者是类,不是对象,所以导致 Python 无法完成对象与 self 的自动捆绑,因此触发错误。如果必须通过类名称来调用对象方法,可以给方法里传递一个已经创建的类。例 9-12 可以执行代码 Student.show_id(stu5)。

再次强调,self 参数代表对象本身,而不是代表类。类里的方法默认为对象方法,对

象方法必须通过类对象来调用。在类的内部访问属性或方法时需以 self 为前缀,但通过对象调用方法时并不需要显式地给 self 传递值。系统会自动把对象传递给 self。

在外部通过类名调用对象方法时则需要显式地为 self 参数传递值,即传递一个实例化的对象。

2. 静态方法

静态方法与对象无关,不需要创建对象,直接通过类名称来调用。因此,静态方法不需要形参 self,也不能在代码内使用“self.属性”的方式访问对象属性。

静态方法,更像是一个放在类内的普通函数。

静态方法需要用专门的修饰符@staticmethod 来声明。

简单的静态方法:

```
class MyClass():
    @ staticmethod
    def show_info():
        print('静态方法.')
MyClass.show_info()
```

运行结果:

静态方法

【例 9-4】 带静态方法的学生类

```
class Student:
    """学生类"""
    school='某大学'              #类属性 school
    def __init__(self, x):      #构造方法,创建对象时自动初始化
        self.id=x               #对象属性 id
    def show_id(self):
        print('对象方法,学号: '+self.id)
    @ staticmethod
    def show_info():
        print('静态方法,学校: '+Student.school)
Student.show_info()
```

运行结果:

静态方法,学校: 某大学

当然,通过类对象也可以调用静态方法,但是这样操作就失去静态方法的意义了。

3. 类方法

简单的类方法:

```
class MyClass():
```

```
    name='类属性'
    @classmethod
    def show_info(abc):
        print('类方法,name='+abc.name)

MyClass.show_info()              #结果：类方法,name=类属性
```

类方法,需要用修饰符@classmethod 来声明。类方法可以用类名直接调用。当然,通过类对象也可以调用。

与静态方法相比,类方法的形参,不再需要 self,但是第一个参数需是表示自身类的变量,通常以 cls 做参数名称,以示与表示对象本身的 self 的区别。

带类方法的学生类：

```
class Student:
    """学生类"""
    school='某大学'            #类属性 school
    def __init__(self, x):
        self.id=x             #对象属性 id
    def show_id(self):
        print('对象方法,学号：'+self.id)
    @classmethod
    def show_info(cls):
        print('类方法,学校：'+cls.school)
Student.show_info()
```

带类方法的学生类中的静态方法名称也是 show_info(),二者不同之处在于,类方法中,第一个形参 cls 自动捆绑类本身,可以通过第一个形参访问类属性,而静态方法则更像是一个普通函数。

一般的开发项目中,不需要使用静态方法或类方法。如果架构大型的复杂系统,需要提高代码的可复用性,则可以考虑应用设计模式(例如工厂模式)技术,此时可以考虑使用类的静态方法或者类方法。

9.5　封装与访问控制

封装、继承和多态是面向对象的三大特征。所谓封装,即把数据和操作方法细节都隐藏起来,用户只需关心对象提供的操作功能,不必关心实现细节。

封装有两部分含义,一是把一组有密切联系的数据和操作打包成一个不可分割整体,二是对外只提供专门的接口供使用者访问部分数据和操作。

类的属性和方法,就是被封装起来的数据和操作,对外以类或对象的形式,供其他程序调用。同时,类里面的部分属性和方法,可能是私密的、敏感的,需要防止非法或不恰当的操作破坏数据,因此采取必要的隐藏或者访问控制机制。

不恰当修改类的属性：

```
class Student:
    """学生类"""
    school='某大学'
    def __init__(self, stu_no, name):
        self.id=stu_no
        self.name=name
stu6=Student('20209527','艾学习')
print(stu6.id)
stu6.id=123456
```

可以看到，"艾学习"同学的学号，可以通过 stu6 这个对象，方便地查看和修改。但是对于多人合作的大型软件开发场景，这种便利可能是有害的。例如，可能因为疏忽或者不了解业务逻辑，出现错误的赋值，本例中给学号赋值时，不但修改为无效学号，并且数据类型也变成了整数，而不是原来的字符串。

因此，采取一定的访问控制机制，保护敏感、私密的数据、不对外开放部分操作方法，是非常必要的。通常，面向对象语言提供了公开（public）、保护（protected）和私有（private）三种访问方式。

Python 根据命名方式确定访问方式。没有像其他语言那样使用 public、protected、private 等关键词来修饰方法成员和数据成员。

默认情况下，Python 类的属性和方法都是 public 的，使用者可以通过类或者对象直接访问和使用属性和方法。

如果在属性或方法名称的左侧加一个下画线"_"，则成为 protected 成员。Python 的保护成员，不允许通过 import 语句导入，但允许通过类和对象访问。

如果将属性和方法设置为 private，则不允许通过类或者对象访问这些成员，只允许类内部的方法访问。设置方法是，给类成员（属性或方法）的名称左侧添加双下画线"__"符号。

我们注意到，构造方法 __init__()名称左右都有双下画线，此时不是私有成员，是可以由类对象调用的，这是 Python 系统自定义的、保留的方法。

【例 9-5】 私有属性的访问控制

```
class Student:
    """学生类"""
    school='某大学'
    def __init__(self, stu_no, name):
        self.__id=stu_no
        self.name=name
stu6=Student('20209527','艾学习')
stu6.__init__('20209528','郝雪生')
print(stu6.name)
print(stu6.__id)
```

运行结果：

郝雪生
AttributeError: 'Student' object has no attribute '__id'

例 9-5 的运行结果显示，语句 stu6.__init__('20209528','郝雪生')修改了 stu6 的属性，但是 print(stu6.__id)触发了错误，系统抛出错误信息，提示没有属性"__id"。说明私有属性"__id"禁止类对象直接访问。

如果确实需要访问修改某个私有成员时，可以通过定义专门的 public 方法来间接操作私有属性或方法。

【例 9-6】 访问私有成员

```
class Student:
    """学生类"""
    school='某大学'
    def __init__(self, stu_no, name):
        self.__id=stu_no
        self.name=name
    def get_id(self):                    #读取私有属性
        return self.__id
    def __set_id(self,new_no):           #私有方法
        self.__id=new_no
    def set_id(self,no):                 #公有方法调用私有方法
        self.__set_id(no)

stu6=Student('20209527','艾学习')
print('私有属性,学号: '+stu6.get_id())
stu6.set_id('20209528')
print('私有属性,学号: '+stu6.get_id())
```

类对象 stu6 通过调用方法 get_id()实现了访问私有属性"__id"，通过调用公有方法 set_id()实现了访问私有方法__set_id()。给私有属性"__id"赋值，也可以通过定义一个公有的 setter 方法来实现。例 9-6 中为了演示公有方法调用私有方法，定义了一个给私有属性"__id"赋值的私有方法__set_id()，这种写法并非给私有属性赋值的通用方法。

综上，若允许类成员访问私有成员，可以通过定义公有方法来间接访问。例如，对私有属性，可以定义公有的 getter()方法来提取数据，定义公有的 setter()方法来赋值。

特殊的，Python 允许以"对象名._类名__私有成员名"的引用方式来访问私有成员，但是建议仅在调试程序时使用，避免破坏类的封装。

9.6　继承和多态性

9.6.1　继承

继承，是面向对象编程实现代码复用的重要手段。当我们需要拓展一个已有功能模

块,或者想复用某段代码时,经常发现这些代码的部分属性或者方法不能满足我们的需求,可能需要增加新的属性,可能需要替换某个现有方法,可能需要在现有方法基础上增加新的功能或特性。从软件工程的角度来看,将老代码复制粘贴再修改的方式,并非是一种合适的、稳定可靠的代码重用方式。

继承机制,以原有的类为基础,派生出新的类。新类称为派生类,或子类,原有的类称为基类,或父类。

子类继承了父类的数据和方法,可以定义新的方法,也允许重新定义一个旧有的方法,为其增加新的特性。

派生类可以作为基类,再派生出新的子类,这样就形成了类的层次结构。一个派生类,只有一个直接基类,称为单继承,若同时有多个基类,则称为多继承。

继承的语法:

```
class 子类名(父类名 1,父类名 2,...):
    #类定义部分
```

子类名称后面的括号中是被继承的父类的名称,只有一个父类时,是单继承,有多个父类时就是多继承。括号里空缺,则默认从系统的 object 类继承。

由于多继承增加了代码的复杂度,容易导致难以调试的错误,所以如果不是非常必要,尽量不要使用多继承。其他面向对象语言,除少数语言(如 C++)外,多数语言只支持单继承,不支持多继承,例如 Java 语言。

例如,现在需要定义一个针对本科生的类,可以从 Student 类继承,从而复用已经实现的功能,新增的功能,可以在本科生类内定义。

【例 9-7】 **Student 派生类**

```
class Undergraduate(Student):
    def __init__(self, stu_no, name, department):
        super().__init__(stu_no, name)
        #super(Undergraduate, self).__init__(stu_no, name)
        #Student.__init__(self,stu_no, name)
        self.department=department
    def show_student_info(self):
        print(f'{self.get_id()}{self.name}的系别为: {self.department}')


stu7=Undergraduate('20209528','郝雪生','计算机')
stu7.show_student_info()
```

运行结果:

20209528 郝雪生的系别为:计算机

在例 9-7 中,子类 Undergraduate 派生自 Student 类。新增了一个公有属性 department,一个公有方法 show_student_info()。

注意,与其他面向对象语言不同,Python 的子类的构造方法不会自动调用父类的构造方法,因此为了获得父类构造方法中的对象属性,需要显式地调用父类构造方法。

例 9-7 中展示了三种调用父类构造方法的方式,包括 super()函数的两种调用形式和通过父类名称调用的方式,示例如下:

```
super().__init__(stu_no, name)                    #方式 1
super(Undergraduate, self).__init__(stu_no, name)  #方式 2
Student.__init__(self,stu_no, name)               #方式 3
```

super()函数可用于调用父类的方法,基本语法格式为

super([类],[对象或类]).父类方法名()

super()函数的两个参数,可以省略。

通过父类名称调用__init__()时,self 不能缺少。

注意,子类不能直接访问父类中的私有方法和私有属性。

因此,子类 Undergraduate 通过调用从父类继承的公有方法 get_id()来间接访问父类私有成员。当然,也可以用"self._父类名__私有成员名"的方式来访问。

9.6.2 object 与 type

Python 中有两个特殊的类,object 和 type。

在交互式环境下执行下列代码,并查看类型:

```
>>>object
<class 'object'>
>>>type
<class 'type'>
>>>type(object)
<class 'type'>
>>>type(type)
<class 'type'>
```

Python 中,所有类的最顶端父类都是 object,所有类型的父类都是 object。type 是类型对象(实例)的最高级,即所有对象都是它的实例,object 是 type 的实例,type 也是它自己的实例。

object 和 type 是一种特殊的共生关系。object 是一个类型(type),所以 object 是 type 的一个实例;type 是一种对象(object),所以 type 是 object 的子类。

可以通过对象的__class__属性查看它是哪个类的实例,通过属性__bases__查看它的父类(基类)。

object 与 type 的关系如下:

```
>>>object.__class__
<class 'type'>
>>>object.__bases__      #object 无父类,因为它是链条顶端
```

```
()
>>>type.__bases__
(<class 'object'>,)
>>>type.__class__          #type 的类型是自己
<class 'type'>
```

从中可以看到,object 没有父类,但它是 type 的实例;type 是 object 的子类,也是自己的实例。

9.6.3　覆盖

有的时候,继承过来的父类方法可能不完全满足子类的要求,需要重新定义。

【例 9-8】　覆盖父类同名方法

```
class ParentClass:
    def show_info(self,info):
        print(f'父类方法,参数 info: {info}')


class ChildClass(ParentClass):
    def show_info(self,info):
        print(f'子类方法,参数 info: {info}')
    def parent_show_info(self,info):                    #调用父类方法
        ParentClass.show_info(self,info)


obj=ChildClass()
obj.show_info('Hello, Python 3.x.')
obj.parent_show_info('Hello, Python 2.7.')          #方式 1
super(ChildClass,obj).show_info('Hello, Python 2.7.')  #方式 2
```

运行结果:

```
子类方法,参数 info: Hello, Python 3.x.
父类方法,参数 info: Hello, Python 2.7.
父类方法,参数 info: Hello, Python 2.7.
```

在例 9-8 中,子类 ChildClass 中定义了一个与父类 ParentClass()方法同名的方法 show_info()。当通过子类对象 obj 调用方法 show_info()时,自动调用子类里的该方法,而不会调用父类中的同名方法。这就是一种覆盖(override),遮蔽了父类中的同名方法。

同时,父类方法被覆盖后,仍然可以调用。

例 9-8 中展示了两种通过子类对象调用父类方法的方式。

第一种方式,在子类中声明一个方法来调用父类方法,例如 parent_show_info()中通过语句 ParentClass.show_info(self,info)实现了父类方法 show_info()的调用。

第二种方式,通过函数 super(ChildClass,obj)实现对 ChildClass 的父类的访问。此时,super()的第二个参数为子类对象。

9.6.4 多态性与重载

多态性(polymorphism)是面向对象三大特性之一。简单地说，就是同一方法，面对不同实例对象时，可以有不同的实现，或者说不同的计算行为。换句话说，同名的方法，有不同的功能。对面向对象来说，当向不同类型的对象发送相同的消息时，各对象用自己的方式响应该消息。所谓消息，指对类的对象方法的调用。多态性，为程序增加了灵活性，也为使用者带来了方便——不同类型，可以用同一种形式调用某方法。例如，不同数据类型，都可以有加法运算。想获得这种效果，可以通过重载运算符来实现。

方法重载(overload)，是一种典型的多态性。

程序语言预先定义好的运算符，只能操作计算基本数据类型，但是对很多自定义的类型(例如类)，也需要使用某个运算符，完成特定的计算。

运算符重载，是对已有的运算符赋予多种含义，当作用于不同数据类型时，该运算符可自动选择恰当的不同操作行为。

Python 中常用的＋、一、＊、/，都有对应的具体的方法，可以通过重载类方法实现运算符重载，如表 9-1 所示。重载运算符的目的是用简单的运算符构成的表达式替换函数调用，使语句更加直观、简洁、易懂。

表 9-1　二元运算符

二元运算符	特 殊 方 法	含　义
＋	__add__,__radd__	加
－	__sub__,__rsub__	减
＊	__mul__,__rmul__	乘
/	__div__,__rdiv__,__truediv__,__rtruediv__	除

【例 9-9】　重载加法运算符

```
class Complex:                      #定义复数类
    def __init__(self, r,i):        #构造方法
        self.real=r                 #实部
        self.imag=i                 #虚部
    def __add__(self, c):           #重载加运算
        return Complex(self.real+c.real, self.imag+c.imag)
    def show(self):                 #显示复数
        print(self.real,"+",self.imag,"j")
c1=Complex(3,4)
c2=Complex(6,-7)
(c1+c2).show()                      #使用重载的加运算
```

在例 9-9 中，重新定义了类 Complex 的对象方法__add__()，并具体实现了复数的加

法运算功能，返回一个 Complex 对象。这样，当执行 c1＋c2 时，类对象 c1 和 c2 执行的不是普通算数加法运算，而是自己的对象方法__add__()。

9.7　类定义实例

这里，我们展示一个管理学生名单的例子。

假设我们用一个 Excel 文件存储学生名单，文件基本格式为，第一行为表头信息，"序号，学号，姓名，班级"，学号和姓名对应的列号是 B 和 C。目前我们希望只读取该文件中的学号和姓名，其他信息暂时忽略。

设计程序时，应考虑外部应用场景的变化，代码应易于修改。例如，数据文件的格式可能会修改或变动。我们设计的代码，应该具有一定的通用性，可以快速适应这种格式变化。因此，准备用一个字典变量存储每列对应的信息，内部读写代码与具体格式无关，需要列号信息时，直接从该字典读取。具体代码如例 9-10 所示。这个例子中使用了第三方库 openpyxl，用于读写 Excel 中 扩展名是 xlsx 的文件。

【例 9-10】　读取 excel 格式的学生信息文件

```python
import os
from openpyxl import Workbook,load_workbook


#用全局变量,设置文件信息
base_dir_tables='./'                        #设定文件存放的路径
content_position={'学号':'B','姓名':'C'}     #记录文件格式,方便格式修改

class Student_list(object):
    """ 读取 excel xlsx 格式的学生数据文件
    """
    def __init__(self, filename='数据文件.xlsx', sheetname='Sheet1'):
        self.content=[]                      #list 类型,用于存储所有的数据
        self.workbook=load_workbook(os.path.join(base_dir_tables,filename))
        self.workbook_sheet=self.workbook[sheetname]
        #获取最大行数
        self.sheet_max_row=self.workbook_sheet.max_row
        print(f'文件{filename} 打开成功,共{self.sheet_max_row}行。')

    def get_contents(self, start_row=2,file_format=content_position):
        """读取学号,姓名
        参数: start_row,设定数据行开始的位置,默认从 excel 第 2 行开始
              file_format,传递文件格式信息,设定每列对应的字段
        返回: [[学号,姓名]),[学号,姓名],...]
        """
```

```python
        contents=[]                                    #存储每行的记录
        #用 values()提取字典的值,而不是用 item(),目的是用值来排序
        col_names=list(file_format.values())
        col_names.sort()
        for row in range(start_row, self.sheet_max_row+1):
            record=[]
            for col_name in col_names:
                cell_id=col_name+str(row)
                #按照单元格地址,例如 B2,提取单元格内的值
                cell_val=self.workbook_sheet[cell_id].value
                if cell_val is not None:
                    try: #对字符串类型,消除左右空格
                        cell_val=cell_val.strip()
                    except Exception as ex:
                        print(ex)
                        raise
                record.append(cell_val)
            contents.append(record)
        return contents
    def update_info(self, value_list, column, start_row=2):
        """更新指定列的数据,暂未实现"""
        pass


#创建类对象
students=Student_list('学生名单.xlsx')
studentlist=students.get_contents()
print(studentlist[:10])            #打印部分数据
```

在例 9-10 中,类 Student_list 的构造方法负责自动打开数据文件。如果打开成功,则打印提示信息。调用者不用关心文件打开、关闭的问题。全局变量 base_dir_tables 设定了数据文件存储路径。这样做的好处是,创建类对象时,只需传递文件名,不需要传递文件路径。缺点是不方便读取其他目录下的文件。从软件系统维护的角度来看,相关数据只存放在自己的工作目录,这样更易于维护软件。

对象方法 get_contents()完成数据的具体读取。默认忽略文件第一行的表头信息,从第二行开始读取。如果需要,可以通过形参 start_row 自行设定开始读取的行,通过形参 file_format 用一个字典传递需读取的列。

数据文件中,每列对应的信息,可以通过全局变量 content_position 来设定,例如 content_position={'学号':'B','姓名':'C'}。如果需要获取"姓名"这个信息在第几列时,可通过 content_position["姓名"]获取。这样做的好处是,当文件格式修改时,只需修改 content_position 这一个变量,其他代码不需要改动,代码更加易于维护。

建议大家自行完成信息更新的 update_info()方法。

9.8　迭代器和生成器 *

9.8.1　迭代器

编写 Python 循环语句遍历某个数据结构时,我们通常用 for-in 语句。此时程序员不需要计算循环次数以便在合适的时机停止循环,或者不用考虑具体有多少个数据元素要访问,循环语句在到达最后一个元素后会自动终止。这一特性,显著降低了循环语句的编写难度,降低了循环次数出错的概率。

遍历示例如下:

```python
for item in [1, 2, 3]:
    print(item, end='')
for item in (1, 2, 3):
    print(item, end='')
for key in {'first':1, 'second':2}:
    print(key)
for char in "abcedefg":
    print(char, end=',')
for line in open("testfile.txt"):
    print(line)
```

在遍历示例的代码中有 5 个 for 循环语句,每个都只需两行代码就完成了数据对象的元素遍历。这种代码简单清晰,非常容易编写。

那么,这种特性是怎样实现的呢?

这几个被循环访问的数据对象都是容器,包含了若干元素。for 语句对这些容器对象调用了 iter()函数。该方法将创建并返回一个迭代器对象,迭代器里定义了 __next__()方法,该方法将逐个访问容器内的每个元素。一般通过 next()函数来调用 __next__()方法。当全部元素被访问过后,__next__()方法将触发异常错误 StopIteration 来通知 for 语句终止当前循环。

访问迭代器对象如下:

```python
alist=[1, 2, 3, 4, 5]
alist_iter=iter(alist)
print(type(alist_iter))
print(next(alist_iter))
print(next(alist_iter))
```

运行结果:

```
<class 'list_iterator'>
1
```

2

从访问迭代器对象的代码中看到,iter()函数作用在 alist 之上,返回了一个 list_iterator 类型的对象。依次调用了两次 next(alist_iter)方法,返回了列表中的前两个元素,说明 next()函数调用时,有内部机制记录了当前访问过的位置。当第 6 次调用 next()函数时,将触发 StopIteration 异常。

可以说,迭代器是一个可以记住遍历位置的对象。迭代器只能往前不会后退。

通常,用 iter()函数返回迭代器对象,用 next()函数逐个访问迭代器内的元素。

并非任意对象都可以用 iter()函数返回迭代器对象。例如执行下列代码:

```
iter(123)
    触发异常:
TypeError: 'int' object is not iterable
```

可以使用 isinstance()方法判断对象是不是可迭代对象。
判断是否可迭代:

```
from collections import Iterable #可迭代对象
print(isinstance([], Iterable))
print(isinstance('xyz', Iterable))
print(isinstance(500, Iterable))
```

运行结果:

```
True
True
False
```

一个对象,如果实现了可以返回一个迭代器的__iter__()方法,或者定义了可以支持下标索引的__getitem__()方法,那么它就是一个可迭代对象。

iter()函数的基本功能是调用可迭代对象的__iter__()方法,netxt()函数基本作用是调用可迭代对象的__next__()方法。

因此,可以自定义一个类,实现迭代器。基本方法是,在类里定义一个__next__()方法用于逐个提取元素,并记录迭代的位置;然后定义__iter__()方法,该方法只需返回该类对象本身即可。

【例 9-11】 自定义可迭代的整数类

```
class Iterable_int:
    """自定义可迭代的整数"""
    def __init__(self, int_data):
        self.data=int_data
        self.index=0              #记录迭代的位置
        self.str_data=str(int_data)
        self.length=len(self.str_data)
```

```
    def __next__(self):
        if self.index==self.length:
            raise StopIteration
        item=int(self.str_data[self.index])
        self.index+=1
        return item

    def __iter__(self):
        return self

iter_int=Iterable_int(123)
print(next(iter_int))
print(next(iter_int))
print(next(iter_int))
print(next(iter_int))
```

运行结果：

```
1
2
3
StopIteration
```

例 9-11 中，我们定义了一个类，用于定义可迭代的整数类型。基本方法是，把整数转化成字符串类型，以便通过下标访问每个元素。然后用__next__()方法逐个返回每一位整数，并记录已经访问过的位置。当达到数位长度后，若继续调用__next__()方法将抛出 StopIteration 异常。

例 9-11 中，我们并不要调用 iter()方法，是因为内置方法__iter__()仅返回对象本身，并未做其他计算。接下来按通用方法来访问这个可迭代的整数类型。

遍历可迭代整数类对象：

```
iter_int=Iterable_int(456)
itint=iter(iter_int)
for item in itint:
    print(item, end=',')
```

运行结果：

```
4,5,6,
```

为了创建一个迭代器，需定义一个类并在类里定义__next__()方法和__iter__()方法。这种方式，对于极度渴望化繁为简的 Python 程序员来说，仍然太烦琐了。有没有更加简便、编码量更少的方法呢？

9.8.2　生成器

生成器(generator)是一种简单且强大的迭代器创建工具。使用生成器，简化了创建迭代器的过程,只需要一行代码,或者定义一个函数即可。

生成器与前述创建迭代器方法最大的区别在于,更加节省内存,适合遍历大规模数据对象。

生成器的创建,通常有如下两种方法。

1. 生成器表达式

这种方法,常通过利用循环语句写的表达式来实现。基本写法与列表解析很相似,不同之处是用一对圆括号括起来,不用方括号。

一个简单的生成器表达式如下:

```
gen=( x * 2 for x in range(3))
print(type(gen))
print(gen)
```

运行结果:

```
<class 'generator'>
<generator object <genexpr>at 0x0000019010C55138>
```

在简单的生成器表达式的代码中准备用 for 循环构造一个序列 0,2,4。

可以看到,gen 的类型是 generator,但是无法直接打印输出 gen 内的数据。

注意与下面的列表解析用法相区分。

功能相似的列表解析法代码如下:

```
gen=[ x * 2 for x in range(3)]
print(type(gen))
print(gen)
```

运行结果:

```
<class 'list'>
[0, 2, 4]
```

可以看到,当表达式外面的圆括号替换为方括号时,gen 的类型是列表,且里面的元素可以直接打印。

这两个表达式的主要区别在于,列表解析直接生成结果,并存放在内存中,而生成器表达式并不直接生成数据序列,所以不会按照预期的数据总量开销内存。只有实际访问某个具体元素时,例如调用 next()方法,该元素才被生成,即用一个生成一个。

显然,这种元素生成策略,在数据量很大的场景下,可以有效节省内存开销。

2. yield 表达式

如果需要用更加复杂的流程产生数据,可以定义一个函数,利用 yield 表达式返回结果,构造生成器。

我们先实现一个简单的例子:生成一个序列(0,2,4)。

简单的 yield 创建生成器,示例如下:

```
def listtimes2(alist):
    for i in alist:
        yield i*2
gen=listtimes2([0,1,2])
print(type(gen))
```

运行结果:

```
<class 'generator'>
```

注意,这个例子中,没有用列表或者元组保存生成的序列,也没有用 return 语句返回结果。此处,关键字 yield 的作用与 return 相似,但又不完全相同。一旦调用 return 语句,函数就结束了。这里 yield 在循环中被反复调用,每次可返回一个结果,生成器自动记录当前循环执行的次数。

这种使用 yield 来返回、装配执行结果的函数,就是一个生成器了。

执行下面的循环语句,可以打印输出变量 gen 内的数据:

```
for item in gen:
    print(item, end=',')
```

运行结果:

```
0,2,4,
```

接下来,用生成器方法,生成斐波那契数列。这个数列又被称为"兔子数列",这个数列的前 10 项为 0,1,1,2,3,5,8,13,21,34。显然,除前两项外,其他项的值都等于前面相邻两项的和。

【例 9-12】 斐波那契数列生成器

```
def fib(n):
    """生成斐波那契数列前 n 项"""
    current=0
    num1, num2=0, 1
    while current<n:
        item=num1
        num1, num2=num2, num1+num2
        current+=1
        yield item

g=fib(10)
for item in g:
    print(item, end=",")
```

运行结果:

```
0,1,1,2,3,5,8,13,21,34,
```

为了展现生成器在节省内存方面的优点。我们设想这样的应用场景：读取一个10GB 的超大数据文件。常规做法是，编写一个读取数据文件的函数，返回文件数据。

用普通函数读取超大数据文件：

```python
def load_data(file):
    content=[]
    with open(file,'rb') as bigfile:
        for line in bigfile:
            content.append(line.strip())
    return content


data=load_data('超大数据文件.txt')
print(data[:3])             #打印文件前 3 行内容
```

代码执行后，将开启一段漫长的等待之旅，必须等到全部数据都被加载到内存中后，函数才能执行结束并返回结果。事实上，我们完全可以每读取一行或一块数据后，先处理这一行或者一块数据，之后再读取下一行或一块数据。如果把数据处理代码加入 load_data() 函数，将导致该函数的功能太复杂，不利于代码维护和复用。如果用生成器来实现，则这个问题迎刃而解。

用生成器读取超大数据文件：

```python
def load_data(file):
    with open(file,'rb') as bigfile:
        for line in bigfile:
            yield line.strip()


data=load_data('超大数据文件.txt')
#打印文件前 3 行内容,此时不能使用 data[:3]
print(next(data))
print(next(data))
print(next(data))
```

对比上述两种方法，后者的代码，无须定义列表变量 content 来存储和返回数据，yield 语句将使得函数逐行读取文件并逐行返回结果。

注意，生成器函数返回的结果，不能用下标的方式索引。如果执行下面的代码，将触发异常错误。

```python
print(data[:3])
    抛出异常错误信息:
TypeError: 'generator' object is not subscriptable
```

想一想为什么会触发这样的错误。

9.9 装饰器和闭包 *

9.9.1 闭包

Python 语言的函数,允许嵌套定义,即在一个函数体内部定义一个新函数。

【例 9-13】 嵌套定义函数

```
def func(x):                      #外部函数
    var='free var'                #自由变量
    def inter_printer():          #内部函数
        print(f'自由变量 var={var}')
        print(f'x={x}')

    return inter_printer          #注意,返回内部函数

printer=func(5)
print(printer)
printer()                         #可以当作函数运行
```

运行结果:

```
<function func.<locals>.inter_printer at 0x0000023A7C767510>
自由变量 var=free var
x=5
```

注意,func()内定义了一个函数 inter_printer(),该函数可以访问 func()内的局部变量。

外部函数 func()的定义的局部变量 var,对于内部函数 inter_printer()是可见的,可访问的,是一个非全局变量的自由变量。

例 9-13 特殊之处在于,func()返回的不是某个数值,而是内部函数 inter_printer()。例 9-13 的运行结果显示,外部函数运行结束后,返回结果是内部函数,其返回结果可以作为函数来运行。

通常来说,函数内局部变量的作用域一般只在函数体内,函数执行完毕后,函数占用的内存被回收,函数的局部变量也会同时销毁。

但是例 9-14 的最后一行,printer()的执行告诉我们,内部函数 inter_printer()以及与它绑定的自由变量拥有一个自己的内存空间,在 func()执行结束后,它可以独立运行。

像 inter_printer()这种在一个函数内被嵌套定义的、引用了自由变量的函数就是闭包(closure)。

我们注意到,函数名称可以像变量一样,被其他函数当作参数传递,当作结果返回并赋给一个新的变量,给新变量加上圆括号,新变量就可以当作函数来执行了。这里最基本

的机制是，Python 里函数也是对象。

【例 9-14】 函数也是对象

```
def hello():
    pass
print(type(hello))
print(hello.__class__)
#hello.__class__.__name__
print(issubclass(hello.__class__, object))
print(isinstance(hello,object))
```

运行结果：

```
<class 'function'>
<class 'function'>
True
True
```

从例 9-14 可以看到，函数的类型是 function，函数名有一个属性＿＿class＿＿，甚至＿＿class＿＿也有自己的属性＿＿name＿＿。这些属性是怎么来的呢？因为函数是 Python 世界里的一级对象，即它是 object 的实例。

9.9.2 装饰器

在面向对象程序设计中，有时需要给一些对象方法增加一些新的特性，或者增添一组动作，例如，计算代码运行时间，向日志文件写入执行时间和其他必要的信息。可以直接修改代码，但是比较烦琐，需要多处修改，也不利于代码维护；可以通过继承为方法增添新特性，但是实在太兴师动众了。

Python 提供了一种更加灵活的机制——装饰器。

装饰器用一种透明的方式修改了被装饰的函数或方法的行为，用户编写代码时不需要了解装饰器的存在，仍然用原来的方式调用函数或方法。

先实现一个非常简单的装饰器，代码如下：

```
def decorate(func):
    print('<<<装饰一下...>>>')
    return func
def target():
    print('Hello.')
target=decorate(target)
target()
```

运行结果：

```
<<<装饰一下...>>>
Hello.
```

Python 为装饰器提供了语法糖,用@符号加装饰器名称实现语法修饰,以方便使用。

```
@decorate
def target():
    print('Hello.')
target()
```

装饰器一般基于闭包来实现,可增加更复杂的行为特性。

【例 9-15】 计算运行时间

```
import time
def decorator(func_name):                        #注意,形参是函数
    #嵌套定义函数
    def inner(*args, **kwargs):
        start_time=time.time()
        func_name(*args, **kwargs)        #执行被装饰函数
        #新的功能代码
        end_time=time.time()
        print('耗时: %s 秒' %(end_time-start_time))
    return inner

@decorator                                        #装饰器
def test(x):                                      #被装饰的函数
    print('不要着急,休息,休息...')
time.sleep(x)

test(2)
```

运行结果:

不要着急,休息,休息...
耗时: 2.0030624866485596 秒

从例 9-15 可以看到,程序员只需正常调用 test()函数即可,装饰器的修改对用户使用函数没有任何影响。

装饰器更多地被用于修饰"类"里面的方法。

9.10 应 用 实 例

在学习了面向对象编程技术之后,我们可以用面向对象的思想来优化家用电器销售系统的架构。我们的目标是,尽可能封装那些涉及底层的访问,方便协同开发的其他人员调用代码,而不必过多关注与他自己任务不相关的编码细节。

我们着重优化商品、购物车、商城的实现。

首先是商品。所有商品,分析其共有属性,基本信息包括商品编号 ID,名称,品牌,价

格，数量。这些信息可以作为商品的属性。

这些属性作为商品的重要属性，考虑设置为私有属性，不允许类对象直接访问和修改，因此需要为其定义赋值方法和取数据方法。

在生成一个具体商品对象时，应明确设置商品编号 ID，名称，品牌，价格，数量，则这些信息应通过构造方法来获取。

基于以上分析，商品类 Product 的代码定义如下所示：

```python
"""
商品类
"""

class Product:
    def __init__(self, id, name, brand, price, count):
        self.__id=id
        self.__name=name
        self.__brand=brand
        self.__price=price
        self.__count=count

    def get_id(self):
        return self.__id

    def set_id(self, id):
        self.__id=id

    def get_name(self):
        return self.__name

    def set_name(self, name):
        self.__name=name

    def get_brand(self):
        return self.__brand

    def set_brand(self, brand):
        self.__brand=brand

    def get_price(self):
        return self.__price

    def set_price(self, price):
        self.__price=price

    def get_count(self):
```

```
            return self.__count

    def set_count(self, count):
        self.__count=count

    def __str__(self):
        return "%-10s %-10s %-10s %10.2f %10d" %(self.__id, self.__name, self.__
    brand, self.__price, self.__count)
```

从代码可以看到,构造方法负责在创建类对象时完成私有属性商品编号 ID、名称、品牌、价格、数量的初始化。

每个私有属性,都有一个对应的 set()方法用于赋值和 get()方法用于读取数据。

这里的对象方法__str__(self)的作用是,为类对象提供介绍信息,当打印类对象时,将显示这些信息,方便其他开发人员了解该类对象的情况。此类中没有公有属性,所以各属性信息被封装隐藏了,调用人员只能通过类的方法来访问该类,无须了解类的内容数据结构。

接下来设计一个类,负责数据库的连接和读写。我们希望把数据库操作细节都封装起来,并提供必要的查询和更新方法。程序员只需调用需要的方法即可,不必了解数据库连接通信机制,不必学习数据库读写技术的细节,不必知道连接数据库需要的账户和密码,甚至不需要知道使用的是什么数据库管理系统。这样,其他程序员只需把注意力集中于商城的业务逻辑即可。

基于上述分析,设计一个数据库操作类 DatabaseOperator,完成最基本的数据库访问操作。这个类应负责数据库的连接操作,能够执行基本的数据库查询语句,即负责执行 SQL 语句、完成事物的提交、获取查询结果、关闭数据库连接等。

```
"""
数据库操作类,提供基本的数据库查询和操作
"""
import pymysql
from util.FileOperator import FileOperator
from pymysql import DatabaseError
from Exception.QueryDatabaseError import QueryDatabaseError
from Exception.OperateDatabaseError import OperateDatabaseError

class DatabaseOperator:
    @staticmethod
    def __open_database():
        """
        根据配置文件信息,打开数据库
        :return: 数据库对象
        """
        config_lst=FileOperator.read_file()
```

```python
        # 打开数据库连接
        db=pymysql.connect(
            host=config_lst[0].strip('\n').split('=')[1],
            port=int(config_lst[1].strip('\n').split('=')[1]),
            # port 必须是整型数据
            user=config_lst[2].strip('\n').split('=')[1],
            password=config_lst[3].strip('\n').split('=')[1],
            db=config_lst[4].strip('\n').split('=')[1],
            charset=config_lst[5].strip('\n').split('=')[1]
        )
        return db

    @staticmethod
    def select_command(str_sql):
        """
        数据库查询操作
        :param str_sql: sql 语句
        :return: 查询结果列表
        """
        db=DatabaseOperator.__open_database()
        cursor=db.cursor()
        try:
            cursor.execute(str_sql)
            return cursor.fetchall()
        except DatabaseError:
            raise QueryDatabaseError()
        finally:
            cursor.close()
            db.close()

    @staticmethod
    def execute_command(str_sql):
        """
        数据库执行操作,包括增、删、改
        :param str_sql: sql 语句
        :return: None
        """
        db=DatabaseOperator.__open_database()
        cursor=db.cursor()
        try:
            cursor.execute(str_sql)
            db.commit()
        except DatabaseError:
            # 发生错误时回滚
```

```
            db.rollback()
            raise OperateDatabaseError()
        finally:
            cursor.close()
            db.close()
```

DatabaseOperator 类中定义了如下几个静态方法。

私有方法__open_database(),负责实际连接 MySQL 数据库,不可由类或类对象直接调用,必须由其他公有方法调用。

公有方法 select_command(),负责执行数据库查询,首先调用__open_database()连接数据库,连接成功后执行 SQL 查询语句,并返回查询结果,用异常处理语句 finally 确保执行数据库连接关闭操作。

公有方法 execute_command(),负责执行其他数据库 SQL 语句,例如增、删、改操作,完成事物的提交、发生异常时回滚事务、关闭数据库连接等操作。

接下来设计商城类。商城类负责的功能包括实际连接数据库,查询库存的全部商品,购物车管理(包括查询购物车、更新购物车、结账后清空购物车),更新商品信息,计算商品折扣与结账功能。相关业务管理细节,由这些对应的方法来实现。

商城类封装了业务处理逻辑,对外提供了各种处理功能接口(公有方法),用户只需调用这些功能即可实现相应的业务管理。

通过这些类的定义,完成了对底层数据库访问、业务逻辑的封装。未来如果需要拓展功能,可以通过继承机制复用现有代码,并增加新的功能,从而降低软件开发风险和成本。

```python
"""
商城实体类,提供重要业务操作。
"""
from database.DatabaseAccess import DatabaseAccess
from logic.CartItem import CartItem
from logic.Product import Product


class Mall:
    def __init__(self):
        self.database_access=DatabaseAccess()

    def get_all_products(self):
        """
        获取所有的商品项
        :return: 商品项
        """
        products=self.database_access.get_all_products()
        lst_product=[]
        for row in products:
            product=Product(row[0], row[1], row[2], row[3], row[4])
            lst_product.append(product)
```

```python
        return lst_product

    def get_all_products_in_cart(self):
        """
        获取所有购物车中的商品项
        :return: 购物车中的商品项
        """
        products=self.database_access.get_all_products_in_cart()
        lst_product=[]
        for row in products:
            cart_item=CartItem(row[0], row[1])
            lst_product.append(cart_item)
        return lst_product

    def get_product_by_id(self, product_id):
        """
        根据商品编号获取数据库中商品
        :param product_id: 商品编号
        :return: 商品
        """
        product=self.database_access.get_product_by_id(product_id)
        if product:
            return Product(product[0], product[1], product[2], product[3],
                product[4])

    def update_cart(self, product_id, count):
        """
        更新购物车中的某项
        :param product_id:
        :param count:
        :return:
        """
        self.database_access.update_cart(product_id, count)

    def update_product(self, product_id, count):
        """
        更新商品表中的某个商品数量
        :param product_id: 商品编号
        :param count: 数量
        :return: None
        """
        self.database_access.update_product(product_id, count)

    def calculate_discount_amount(self, amount):
```

```
    """
    计算折扣后金额
    :param amount: 折扣前金额
    :return: 折扣后金额
    """
    if 5000<amount<=10000:
        amount=amount * 0.95
    elif 10000<amount<=20000:
        amount=amount * 0.90
    elif amount>20000:
        amount=amount * 0.85
    else:
        amount=amount * 1
    return amount


def get_products_amount(self):
    """
    计算所购商品金额
    :param products: 商品列表
    :param products_cart: 购物车
    :return: 购买金额
    """
    amount=0
    products_cart=self.get_all_products_in_cart()
    for i in range(len(products_cart)):
        product=self.get_product_by_id(products_cart[i].get_id())
        price=product.get_price()
        count=products_cart[i].get_count()
        amount+=price * count
    return amount


def check_out(self):
    """
    计算折扣后金额
    :return: 折扣后金额
    """
    amount=self.get_products_amount()
    discount_amount=self.calculate_discount_amount(amount)
    return discount_amount


def clear_cart(self):
    """
    清空购物车
    :return:None
```

```
"""
self.database_access.clear_cart()
```

小　结

　　本章主要讲解基于 Python 的面向对象程序设计方法、基本概念和 Python 提供的面向对象特性,包括类与对象的概念、类的属性与方法,即其多种实现、类的继承、多态性与重载。这些概念与方法有助于开发复用性更高、处理逻辑更自然的面向对象程序,也有助于理解 Python 基于面向对象实现的各种优秀特性。最后,介绍了 Python 迭代器与生成器、装饰器和闭包这 4 种 Python 特性和基本实现方法,这 4 个概念可作为较高要求的知识点来选学。

习　题

　　1. Python 的类,是否必须先声明类对象,才能调用属性和方法? 如果能,怎么实现?
　　2. 如果需要调用父类的构造函数,有哪些方法?
　　3. 面向对象方法把与问题相关的属性和方法封装到同一个类里,与传统的定义变量、函数的方式相比,有什么优点?
　　4. 怎样修改一个对象的属性的取值,有哪几种方法?
　　5. 类的方法中,第一个参数默认是 self,这个参数能否改名?
　　6. 类的静态方法和类方法,都可以用类名直接调用方法,这两种方法有什么区别?
　　7. 面向对象有哪些机制,有利于代码复用?
　　8. 继承父类后,如果某个父类方法不满足要求,可以利用什么机制替换或修改该方法?
　　9. 试定义并实现一个学生档案管理类,包括维护学生学号、姓名、系、成绩查询、成绩等级、信息修改。
　　10. 对于超大规模数据集的读取,需要考虑内存开销问题。Python 面向对象是否提供了必要的支持机制?

第 **10** 章

模 块 和 包

10.1 导　　学

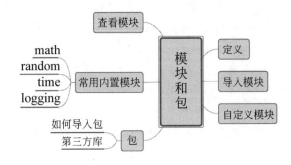

学习目标：

- 掌握如何导入模块。
- 掌握如何自定义模板。
- 熟悉查看模块的方法。
- 了解常见内置模块的作用和使用方法。
- 了解如何导包。
- 掌握第三方库的在线安装和离线安装方法。

为了更加友好地对 Python 代码进行组织管理，Python 中出现了包和模块的概念。类似生活中整理物品一样，将代码按照不同的功能进行整理，可以很大程度地提升代码的可读性和代码质量，方便在项目中进行协同开发。

本章主要探讨模块和包的两个概念，了解这两个概念，有助于更好地使用 Python 进行模块化编程，通过模块化编程，能把大的工程拆分成小的子任务和子模块，在比较大的项目中，进行模块化编程的好处有如下几点。

（1）简化编程，不必把重点放在整个项目上。

（2）可维护性好，即使出了问题也便于排查。

（3）复用性好，直接使用编写好的模块去实现功能，当需要重复实现时，再次调用即可，不必再重新编写。

（4）范围性好，每个模块都有单独的命名空间，避免发生一些如变量命名上的冲突。

建议大家在编程中尽可能使用函数、模块和包将代码模块化，对于以后的程序的复用和维护都有好处。

本章首先介绍模块的定义和作用，然后介绍导入模块的方法，接着介绍查看模块的几种方法以及常用内置模块，最后介绍包以及如何安装第三方库。

10.2　模块的定义

Python 提供了强大的模块支持，主要体现在，不仅 Python 标准库中包含了大量的模块（称为标准模块），还有大量的第三方模块，开发者自己也可以开发自定义模块。通过这些强大的模块可以极大地提高开发者的开发效率。

那么，模块到底指的是什么呢？模块，英文为 modules，至于模块到底是什么，可以用一句话总结：模块就是 Python 程序。换句话说，任何 Python 程序都可以作为模块，包括在前面章节中写的所有 Python 程序，都可以作为模块。

模块可以比作一盒积木，通过它可以拼出多种主题的玩具，这与前面介绍的函数不同，一个函数仅相当于一块积木，而一个模块（.py 文件）中可以包含多个函数，也就是很多积木。

经过前面的学习，大家已经能够将 Python 代码写到一个文件中，但随着程序功能的复杂，程序体积会不断变大，为了便于维护，通常会将其分为多个文件（模块），这样不仅可以提高代码的可维护性，还可以提高代码的可重用性。

代码的可重用性体现在，当编写好一个模块后，只要编程过程中需要用到该模块中的某个功能（由变量、函数、类实现），无须做重复性的编写工作，直接在程序中导入该模块即可使用该功能。

前面讲了封装，并且还介绍了很多具有封装特性的结构。诸多容器，如列表、元组、字符串、字典等，它们都是对数据的封装；函数是对 Python 代码的封装；类是对方法和属性的封装，也可以说是对函数和数据的封装。

本节所介绍的模块，可以理解为是对代码更高级的封装，即把能够实现某一特定功能的代码编写在同一个.py 文件中，并将其作为一个独立的模块，这样既可以方便其他程序或脚本导入并使用，同时还能有效避免函数名和变量名发生冲突。

举个简单的例子，在某一目录下（桌面也可以）创建一个名为 hello.py 文件，其包含的代码如下：

```python
def say ():
    print("Hello,World!")
```

在同一目录下，再创建一个 say.py 文件，其包含的代码如下：

```python
#通过 import 关键字,将 hello.py 模块引入此文件
import hello
```

```
hello.say()
```

运行 say.py 文件,其运行结果:

```
Hello,World!
```

读者可能注意到,say.py 文件中使用了原本在 hello.py 文件中才有的 say()函数,相对于 day.py 来说,hello.py 就是一个自定义的模块(有关自定义模块,后续章节会做详细讲解),只需要将 hellp.py 模块导入 say.py 文件中,就可以直接在 say.py 文件中使用模块中的资源。

与此同时,当调用模块中的 say()函数时,使用的语法格式为"模块名.函数",这是因为,相对于 say.py 文件,hello.py 文件中的代码自成一个命名空间,因此在调用其他模块中的函数时,需要明确指明函数的出处,否则 Python 解释器将会报错。

10.3　导　入　模　块

使用 Python 进行编程时,有些功能没必要自己实现,可以借助 Python 现有的标准库或者其他人提供的第三方库。例如,在前面章节中,使用了一些数学函数,如余弦函数 cos()、绝对值函数 fabs()等,它们位于 Python 标准库中的 math(或 cmath)模块中,只需要将此模块导入当前程序,就可以直接拿来用。

10.2 节中,已经看到使用 import 导入模块的语法,但实际上 import 还有更多详细的用法,主要有以下两种。

(1) import 模块名 1[as 别名 1],模块名 2[as 别名 2],…:使用这种语法格式的 import 语句,会导入指定模块中的所有成员(包括变量、函数、类等)。不仅如此,当需要使用模块中的成员时,需用该模块名(或别名)作为前缀,否则 Python 解释器会报错。

(2) from 模块名 import 成员名 1[as 别名 1],成员名 2[as 别名 2],…:使用这种语法格式的 import 语句,只会导入模块中指定的成员,而不是全部成员。同时,当程序中使用该成员时,无须附加任何前缀,直接使用成员名(或别名)即可。

注意,用[]括起来的部分,可以使用,也可以省略。

其中,第二种 import 语句也可以导入指定模块中的所有成员,即使用 form 模块名 import *,但此方式不推荐使用。

10.3.1　import 模块名

最简单的导入模块方法就是直接使用 import 模块名的这种方式。下面来看一个模块文件名为 module.py,其内容如例 10-1 所示。

【例 10-1】　module.py

```
def add(x, y):
    return x+y
```

```
def substract(x, y):
    return x-y

def __multiple(x, y):
    return x * y
```

另一个文件为 test.py，代码如例 10-2 所示。

【例 10-2】 test.py

```
import module

print(module.add(1, 5))
print(module.multiple(4, 5))
```

运行该测试文件，结果如下：

```
6
20
```

这种导入模块的方式需要注意两点：第一是导入模块的语句必须在使用模块内方法之前。第二就是每个需要导入的方法前面必须加上"模块名."。

10.3.2 import 模块名 as 别名

可以为导入的模块名起一个别名，这种做法的意义在于，可能本模块中的某个对象名称和模块名有冲突，通过别名来避免这个问题。下面修改 test.py，代码如下：

```
import module as m

print(m.add(1, 5))
print(m.multiple(4, 5))
```

从上面的代码可以看出，这里给 module 模块指定了另一个名称 m，然后就可以使用该名称来访问模块中的方法了，运行结果和前面一样，这里就不再给出。

导入多个模块的同时，也可以为模块指定别名，代码如例 10-3 所示。

【例 10-3】 指定别名

```
import module as m,os as o
#使用模块别名作为前缀来访问模块中的成员
print(m.add(1, 5))
print(o.sep)
```

第 1 行代码一次导入了 module 和 os 两个模块，并分别为它们指定别名为 m 和 o，因此程序可以通过这两个别名来使用 module 和 os 两个模块内的成员。

10.3.3   from 模块名 import*

还可以一次导入模块中的所有方法,这样就不用在调用模块方法中使用前缀了。下面修改 test.py,代码如例 10-4 所示。

【例 10-4】 导入所有方法

```
from module import*

print(add(1, 5))
print(multiple(4, 5))
```

例 10-4 的代码中通过 import* 表示导入其中的所有方法,但是这种方法虽然看起来比较方便,实际上会给编程者带来一些问题,原因后面解释。

10.3.4   from 模块名 import 成员名 as 别名

例 10-5 使用了 from-import 最简单的语法来导入指定成员:

【例 10-5】 导入指定成员

```
from module import add as addTwoNumber

print(addTwoNumber(3, 5))
```

第 1 行代码导入了 module 模块中的 add 成员,并给了另一个名称 addTwoNumber这样即可在程序中直接使用 addTwoNumber 代替 add。运行该程序,可以看到如下运行结果:

```
8
```

但请注意,此时还使用 add 将出现如下错误:

```
NameError: name 'add' is not defined
```

那么为什么需要别名呢,因为一般来说,程序中很可能需要同时导入多个包。不可避免地存在多个包中的名称重复问题。如同时导入 module1 和 module2 内的所有成员,假如这两个模块内都有一个 add()函数,那么当在程序中执行如下代码时:

```
add()
```

上面调用的这个 foo()函数到底是 module1 模块中的还是 module2 模块中的?因此,这种导入指定模块内所有成员的用法是有风险的。但如果换成如下的方式:

```
#导入 module1 中的 add 成员,并指定其别名为 add1
from module1 import add as add1
#导入 module2 中的 add 成员,并指定其别名为 add2
```

```
from module2 import add as add2
```

此时通过别名将 module1 和 module2 两个模块中的 add 函数很好地进行了区分,接下来分别调用两个模块中 add()函数就很清晰:add1()调用了 module1 中的 add()函数,而 add2()调用的则是 module2 中的 add()函数。

10.4 自定义模块

到目前为止,大家已经掌握了导入 Python 标准库并使用其成员(主要是函数)的方法,接下来要解决的问题是,怎样自定义一个模块呢?

10.4.1 定义模块

10.2 节中讲过,Python 模块就是 Python 程序,换句话说,只要是 Python 程序,都可以作为模块导入。例 10-6 定义了一个简单的模块。

【例 10-6】 自定义模块

```
name="Tom"
age=23
print(name, age)

def say():
    print('name:', name, ", age:", age)

class Person:
    def __init__(self, name, age):
        self.name=name
        self.age=age

    def say(self):
        print('name:', self.name, ", age:", self.age)
```

可以看到,在 person.py 文件中放置了变量(name 和 age)、函数 say()以及一个 Person 类,下面是一段测试代码,代码如下:

```
say()
person=Person("Tom",23)
person.say()
```

运行 demo.py 文件,其执行结果为

```
Tom 23
name: Tom, age: 23
```

```
name: Tom, age: 23
```

通过观察模板中程序的执行结果可以断定,模板文件中包含的函数以及类,是可以正常工作的。在此基础上,可以新建一个 test.py 文件,并在该文件中使用 person.py 模板文件,即使用 import 语句导入 person.py:

```
import person
```

注意,虽然 person 模板文件的全称为 person.py,但在使用 import 语句导入时,只需要使用该模板文件的名称即可。此时,如果直接运行 test.py 文件,其执行结果为

```
Tom 23
name: Tom, age: 23
name: Tom, age: 23
```

可以看到,当执行 test.py 文件时,它同样会执行 person.py 中用来测试的程序,这显然不是想要的效果。正常的效果应该是,只有直接运行模板文件时,测试代码才会被执行;反之,如果是其他程序以引入的方式执行模板文件,则测试代码不应该被执行。

要实现这个效果,可以借助 Python 内置的__name__变量。当直接运行一个模块时,name 变量的值为__main__;而将模块被导入其他程序中并运行该程序时,处于模块中的__name__变量的值就变成了模块名。因此,如果希望测试函数只有在直接运行模块文件时才执行,则可在调用测试函数时增加判断,即只有当__name__=='__main__'时才调用测试函数。

因此,可以修改 person.py 模板文件中的测试代码为

```
if __name__=='__main__':
    say()
person=Person("Tom",23)
person.say()
```

这样,当直接运行 person.py 模板文件时,其执行结果不变;而运行 test.py 文件时,其执行结果为

```
http://www.nuist.edu.cn
```

显然,这里执行的仅是模板文件中的输出语句,测试代码并未执行。

在定义函数或者类时,可以为其添加说明文档,以方便用户清楚地知道该函数或者类的功能。自定义模块也不例外。为自定义模块添加说明文档,和函数或类的添加方法相同,即只需在模块开头的位置定义一个字符串即可。例如,为 person.py 模板文件添加一个说明文档:

```
'''
person 模块中包含以下内容:
name 字符串变量:初始值为"Tom"
age  整型变量:初始值为 23
say() 函数
```

Person 类：包含 name 和 age 属性和 say() 方法。
'''

在此基础上，可以通过模板的__doc__属性，来访问模板的说明文档。例如，在 test. py 文件中添加如下代码：

```
import person
print(person.__doc__)
```

运行结果：

```
Tom 23
name: Tom, age: 23
name: Tom, age: 23


person 模块中包含以下内容：
name 字符串变量：初始值为"Tom"
age   整型变量：初始值为 23
say() 函数
Person 类：包含 name 和 age 属性和 say() 方法。
```

10.4.2　导入自定义模块

很多初学者经常遇到这样的问题，即自定义 Python 模板后，在其他文件中用 import（或 from-import）语句引入该文件时，Python 解释器报如下错误：

```
ModuleNotFoundError: No module named '模块名'
```

此处错误的意思是 Python 找不到这个模块名，那么 Python 如何进行模块的查找？要想解决这个问题，要先搞清楚 Python 解释器查找模块文件的过程。通常情况下，当使用 import 语句导入模块后，Python 会按照以下顺序查找指定的模块文件。

（1）在当前目录，即当前执行的程序文件所在目录下查找。

（2）到 PYTHONPATH（环境变量）下的每个目录中查找。

（3）到 Python 默认的安装目录下查找。

以上所有涉及的目录，都保存在标准模块 sys 的 sys.path 变量中，通过此变量可以看到指定程序文件支持查找的所有目录。换句话说，如果要导入的模块没有存储在 sys. path 显示的目录中，那么导入该模块并运行程序时，Python 解释器就会抛出 ModuleNotFoundError（未找到模块）异常。

解决"Python 找不到指定模块"的方法有如下 3 种。

1. 临时添加模块完整路径

模块文件的存储位置，可以临时添加到 sys.path 变量中，即向 sys.path 中添加需要运行文件的所在目录，如添加如下代码：

```
import sys
sys.path.append('D:\\python')

print(sys.path)
```

注意：在添加完整路径中，路径中的'\'需要使用\进行转义，否则会导致语法错误。运行上面的代码，则输出 sys.path 变量的值如下：

```
['C:\\ProgramData\\Anaconda3\\python37.zip',
 'C:\\ProgramData\\Anaconda3\\DLLs',
 'C:\\ProgramData\\Anaconda3\\lib', 'C:\\ProgramData\\Anaconda3',
 'C:\\ProgramData\\Anaconda3\\lib\\site-packages',
 'C:\\ProgramData\\Anaconda3\\lib\\site-packages\\win32',
 'C:\\ProgramData\\Anaconda3\\lib\\site-packages\\win32\\lib',
 'C:\\ProgramData\\Anaconda3\\lib\\site-packages\\Pythonwin',
 'C:\\ProgramData\\Anaconda3\\lib\\site-packages\\IPython\\extensions',
 'C:\\Users\\computer\\.ipython',
 'D:\\python']
```

该输出信息中，最后一个就是临时添加进去的存储路径。需要注意的是，通过该方法添加的目录，只能在执行当前文件的窗口中有效，窗口关闭后即失效。

2. 将模块保存到指定位置

如果要安装某些通用性模块，如复数功能支持的模块、矩阵计算支持的模块、图形界面支持的模块等，这些都属于对 Python 本身进行扩展的模块，这种模块应该直接安装在 Python 内部，以便被所有程序共享，此时就可借助于 Python 默认的模块加载路径。

因此，只需要在上面列出的 sys.path 中确定一个路径，然后将通用模块文件放在该路径下，那么 Python 每次运行时就会到该路径下进行查找。但通常来说，可以考虑将 Python 的扩展模块放在 lib\site-packages 路径下，因为这里是专门用于存放 Python 的扩展模块和包。

所以，可以直接将已编写好的文件添加到 lib\site-packages 路径下，就相当于为 Python 扩展了一个新模块，这样任何 Python 程序都可使用该模块。

3. 设置环境变量

PYTHONPATH 环境变量（简称 path 变量）的值是很多路径组成的集合，Python 解释器会按照 path 包含的路径进行一次搜索，直到找到指定要加载的模块。当然，如果最终依旧没有找到，则 Python 就报 ModuleNotFoundError 异常。定义环境变量的方法 1.4 节中已经说明，这里不再赘述。

在成功设置了上面的环境变量之后，接下来只要把前面定义的模块（Python 程序）放在与当前所运行 Python 程序相同的路径中，就能成功加载模块。

10.4.3　模块访问控制

事实上,当向文件导入某个模块时,导入的是该模块中那些名称不以下画线(单下画线"_"或者双下画线"__")开头的变量、函数和类。因此,如果不想模块文件中的某个成员被引入其他文件中使用,可以在其名称前添加下画线。

以 10.3 节中创建的 module.py 模块文件和 test.py 文件为例(它们位于同一目录),module.py 的代码如例 10-7 所示。

【例 10-7】　**module.py**

```
def add(x, y):
    return x+y

def substract(x, y):
    return x-y

def __multiple(x, y):
    return x*y
```

test.py 文件的代码如例 10-8 所示。

【例 10-8】　**test.py**

```
from module import*
print(add(1, 5))
```

执行 test.py 文件,运行结果:

```
NameError: name 'multiple' is not defined
6
```

从结果看,test.py 文件中可以使用 add()函数,而无法使用 multiple()函数,因为该函数是私有的函数,无法被其他模块使用。

除此之外,还可以借助模块提供的__all__变量,该变量的值是一个列表,存储的是当前模块中一些成员(变量、函数或者类)的名称。通过在模块文件中设置__all__变量,当其他文件以"from 模块名 import*"的形式导入该模块时,该文件中只能使用__all__列表中指定的成员。也就是说,只有以"from 模块名 import*"形式导入的模块,当该模块设有__all__变量时,只能导入该变量指定的成员,未指定的成员是无法导入的。

下面修改 module.py 模块文件中的代码如下:

```
def add(x, y):
    return x+y

def substract(x, y):
    return x-y
```

```
def multiple(x, y):
    return x * y


__all__=['add', 'substract']
```

重新执行 test.py 文件，其运行结果：

```
6
NameError: name 'multiple' is not defined
```

虽然 module.py 文件中已经将 multiple() 函数改为公开使用函数，但是由于在 __all__ 变量中未包括该函数，所以其他模块使用"from 模块名 import *"的方式引入时，并不会导入该函数，所以出现了上面的错误信息。

10.5 查 看 模 块

前面的章节中介绍了模块的创建和使用，那么正确导入模块或者包之后，往往需要知道这个模块或包中含有哪些函数，可以使用下列方法。

10.5.1 dir()函数

通过 dir() 函数，可以查看某指定模块包含的全部成员，包括变量、函数和类等。这里以导入 string 模块为例，string 模块包含操作字符串相关的大量方法，下面通过 dir() 函数查看该模块中包含哪些成员：

```
import string
print(dir(string))
```

运行结果：

```
['Formatter', 'Template', '_ChainMap', '_TemplateMetaclass', '__all__', '__
builtins__', '__cached__', '__doc__', '__file__', '__loader__', '__name__',
'__package__', '__spec__', '_re', '_string', 'ascii_letters', 'ascii_lowercase',
'ascii_uppercase', 'capwords', 'digits', 'hexdigits', 'octdigits', 'printable',
'punctuation', 'whitespace']
```

可以看到，通过 dir() 函数获取到的模块成员，不仅包含供外部文件使用的成员，还包含很多"特殊"（名称以 2 个下画线开头和结束）的成员，列出这些成员，并没有实际意义。因此，这里推荐一种可以忽略显示 dir() 函数输出的特殊成员的方法，仍以 string 模块为例：

```
import string
print([e for e in dir(string) if not e.startswith('_')])
```

运行结果：

```
['Formatter', 'Template', 'ascii_letters', 'ascii_lowercase', 'ascii_
uppercase', 'capwords', 'digits', 'hexdigits', 'octdigits', 'printable',
'punctuation', 'whitespace']
```

显然通过列表推导式，可在 dir() 函数输出结果的基础上，筛选出有用的成员并显示出来。

10.5.2　__all__变量

除了使用 dir() 函数之外，还可以使用__all__变量，借助该变量也可以查看模块（包）内包含的所有成员。仍以 string 模块为例，举例如下：

```
import string
print(string.__all__)
```

运行结果：

```
['ascii_letters', 'ascii_lowercase', 'ascii_uppercase', 'capwords', 'digits',
'hexdigits', 'octdigits', 'printable', 'punctuation', 'whitespace', 'Formatter',
'Template']
```

显然，和 dir() 函数相比，__all__变量在查看指定模块成员时，它不会显示模块中的特殊成员，同时还会根据成员的名称进行排序显示。不过需要注意的是，并非所有的模块都支持使用__all__变量，因此对于获取有些模块的成员，就只能使用 dir() 函数。

10.5.3　__doc__属性

在使用 dir() 函数和__all__变量的基础上，虽然能知晓指定模块（或包）中所有可用的成员（变量、函数和类），例如：

```
import string
print(string.__all__)
```

运行结果：

```
['ascii_letters', 'ascii_lowercase', 'ascii_uppercase', 'capwords', 'digits',
'hexdigits', ' octdigits ', ' printable ', ' punctuation ', ' whitespace ',
'Formatter', 'Template']
```

但对于以上的输出结果，对于不熟悉 string 模块的用户，还是不清楚这些名称分别表示的是什么意思，更不清楚各个成员有什么功能。针对这种情况，可以使用 help() 函数来获取指定成员的帮助信息。下例给出使用该函数的方法，先将 module.py 修改如例 10-9 所示。

【例 10-9】 修改后的 **module.py**

```
def add(x, y):
    """
    计算 x 和 y 的和
    :param x: 第一个操作数
    :param y: 第二个操作数
    :return: x 和 y 的和
    """
    return x+y

def substract(x, y):
    return x-y

def multiple(x, y):
    return x * y
```

现在,先借助 dir( )函数,查看 my_package 包中有多少可供调用的成员:

```
import module

print(dir(module))
print(help(module.add))
```

运行结果:

```
['__builtins__','__cached__','__doc__','__file__','__loader__','__name__',
'__package__', '__spec__', 'add', 'multiple', 'substract']
Help on function add in module module:

add(x, y)
    计算 x 和 y 的和
    :param x: 第一个操作数
    :param y: 第二个操作数
    :return: x 和 y 的和

None
```

通过此输出结果可以得知,在 module.py 模块中,包含了很多成员。其中不光有代码中出现的 3 个函数,还有其他成员,均以"__"开头,这是该模块的私有成员。通过 help( )函数可以查询某个函数的信息,如果函数写了注释,也会一并输出。

10.5.4 __file__属性

当指定模块(或包)没有说明文档时,仅通过 help( )函数或者__doc__属性,无法有效帮助理解该模块(或包)的具体功能。在这种情况下,可以通过__file__属性查找该模块(或包)文件所在的具体存储位置,直接查看其源代码。仍以前面章节创建的 my_package 包为例,下面代码尝试使用__file__属性获取该包的存储路径:

```
import module
print(module.__file__)
```

运行结果:

```
D:\PythonCode\PSLectures\2020\module.py
```

通过调用__file__属性输出的绝对路径,可以很轻易地找到该模块(或包)的源文件。注意,并不是所有模块都提供__file__属性,因为并不是所有模块的实现都采用 Python 语言,有些模块采用的是其他编程语言。

10.6　常用内置模块

模块分为 3 种:自定义模块、内置标准模块、开源模块(第三方)。其中自定义模块已经介绍过了。开源模块一般指的不是自己开发的也不是 Python 官方提供的模块。常见模块如下。

- math 模块:提供数学运算相关函数。
- random 模块:提供随机数相关函数。
- datetime 模块:提供日期和事件相关函数。
- logging 模块:提供日志相关函数。
- re 模块:提供正则表达式相关函数。
- os 模块:提供文件操作函数。
- sys 模块:提供操作系统相关信息的函数。

本节介绍其中部分模块,有些模块在其他章节具体介绍。

10.6.1　math 模块

math 模块提供了数学计算上用到的各种函数。

模块中的常量如下。

- pi:数学中 pi 值,近似为 3.14。
- e:数学中的指数,近似为 2.72。

模块中的函数包括如下几种。

1) 常见函数

- ceil(f):返回浮点数 f 的整数下限值。
- floor(f):返回浮点数 f 的整数上限值。
- fabs(f):返回 f 的绝对值。
- factorial(a):返回整数 a 的阶乘。

- gcd(a,b)：返回整数 a 和 b 的公约数。

2）幂函数

- log(a[,base])：返回 base 为底的 a 的对数。
- log2(a)：返回 2 为底的 a 的对数。
- log1p(a)：返回 e 为底的 a 的对数。
- log10(a)：返回 10 为底的 a 的对数。
- sqrt(a)：返回 a 的平方根。
- pow(a,b)：返回 a 的 b 次幂。
- exp(a)：返回指数 e 的 a 次幂。

3）三角函数

- sin(a)：返回弧度 a 的三角正弦函数。
- cos(a)：返回弧度 a 的三角余弦函数。
- tan(a)：返回弧度 a 的三角正切函数。
- degrees(a)：返回弧度 a 对应角度。
- radians(a)：返回角度 a 对应弧度。

例 10-10 给出了上面函数的使用例子。

【例 10-10】 **math 模块的使用**

```python
import math
print(math.pi)
print(math.e)

print(math.ceil(3.45))
print(math.floor(3.45))
print(math.fabs(-23))
print(math.factorial(10))
print(math.gcd(24, 36))

print(math.log(4, 2))
print(math.log2(4))
print(math.log1p(4))

print(math.log10(100))
print(math.floor(3.45))
print(math.exp(1))

print(math.sin(math.pi/2))
print(math.sin(math.pi))
print(math.cos(math.pi))
print(math.cos(math.pi/2))
print(math.tan(math.pi))
print(math.tan(math.pi/2))
```

```python
print(math.degrees(math.pi))
print(math.radians(180))
```

运行结果：

```
3.141592653589793
2.718281828459045
4
3
23.0
3628800
12
2.0
2.0
1.6094379124341003
2.0
3
2.718281828459045
1.0
1.2246467991473532e-16
-1.0
6.123233995736766e-17
-1.2246467991473532e-16
1.633123935319537e+16
180.0
3.141592653589793
```

10.6.2　random 模块

random 模块提供了随机数的相关操作，其使用主要分两方面。

1. 获取一个随机数

获取一个随机数可以使用下面 3 种方法之一。

- random()：返回 0 到 1 之间的随机浮点数。
- randrange(start,stop[,step])：返回 start 到 stop，步长为 step 的随机整数。
- randint(a,b)：返回 a 和 b 之间的随机整数。

注意：随机数可以等于起始值，但不会等于终止值。

2. 获取一个随机序列

- choice(seq)：返回序列中随机一个数。
- choices(seq,k)：随机选择 k 个序列中的数，得到一个新序列，可以重复。
- sample(seq,k)：随机选择 k 个序列中的数，得到一个新序列，不会重复。

- shuffle(seq)：随机打乱序列中的数。

下面来看例 10-11。

【例 10-11】 random 模块使用示例

```
import random

print(random.random())
print(random.randrange(20))
print(random.randrange(10, 20))
print(random.randrange(10, 20, 2))
print(random.randint(0, 100))

print(random.choice([1, 2, 3, 4, 5]))
print(random.choices([1, 2, 3, 4, 5], k=3))
print(random.sample([1, 2, 3, 4, 5], k=4))
lst=[1, 3, 4, 5, 2]
random.shuffle(lst)
print(lst)
```

运行结果：

```
0.6529548174776433
5
18
16
77
2
[2, 4, 5]
[1, 5, 4, 3]
[3, 2, 1, 5, 4]
```

10.6.3 datetime 模块

datetime 模块用来进行日期和时间的操作。datetime 模块中包括如下类。

- date：表示日期。
- time：表示时间。
- datetime：表示日期时间。
- timedelta：表示时间跨度。
- tzinfo：表示时区。

datetime 模块中的常量如下。

- MINYEAR：表示最小允许年份，值为 1。
- MAXYEAR：表示最大允许年份，值为 9999。

datetime 包含的方法如下。

- date(year,month,day)：创建一个 date 对象。
- time(hour＝0,minute＝0,second＝0,microsecond＝0)：创建一个 time 对象。
- today()：返回今天的 date 对象。
- now()：返回详细的 datetime 对象。
- weekday()：返回今天是周几,从 1 开始。
- strftime(str)：格式化 datetime 对象。

格式化特殊字符串可以使用的标记如下。

- %Y：年,四个数字,%y 为两个数字。
- %m：月,%b:本地简化的月份名称,%B:本地完整的月份名称。
- %a：本地简化周几名称,%A:本地完整周几名称。
- %d：日。
- %H：时,24 小时制。
- %I：时,12 小时制。
- %M：分。
- %S：秒。
- %f：微秒。
- %p：am 或 pm。

下面来看例 10-12。

【例 10-12】 dateTime 模块使用示例

```
print(datetime.date(2012, 1, 2))
print(datetime.time(12, 1, 2, 2323))
dt=datetime.datetime.now()
print(dt.year)
print(dt.isoweekday())
print(dt.isoformat())
print(dt.isocalendar())
print(dt.strftime('%H:%M:%S.%f'))
s=datetime.datetime.strptime('2017-12-09 12:09:02.002323', '%Y-%m-%d %I:%M:
%S.%f')
print(s)
```

运行结果：

```
2012-01-02
12:01:02.002323
2020
3
2020-12-09T21:39:49.837130
datetime.IsoCalendarDate(year=2020, week=50, weekday=3)
21:39:49.837130
2017-12-09 00:09:02.002323
```

10.6.4 logging 模块

开发过程中，可以使用 print() 函数输出程序信息，但 print() 函数作用如下。
- 不便于输出到文件中。
- 不便于携带调试信息。
- 不便于分级。

因此，实际上需要使用 logging 模块来完成这个任务。

1. 日志级别

日志级别包括如下几种。
- DEBUG：调试信息。
- INFO：节点信息。
- WARNING：警告信息。
- ERROR：错误信息。
- CRITICAL：严重错误信息。

默认级别为 warning，可使用 basicConfig() 设置日志级别，默认输出对象为 root，可以使用 getLogger() 设置日志对象。

2. 日志格式化

basicConfig() 函数可以使用参数 format 格式化输出信息，包括如下几种。
- (name)s：日志器名。
- (asctime)s：输出日志时间。
- (filename)s：包括路径的文件名。
- (funcName)s：函数名。
- (lineno)d：打印日志的当前行号。
- (levelname)s：日志等级。
- (processName)s：进程名。
- (threadName)s：线程名。
- (message)s：输出的信息。

可以通过 datefmt 指定日期格式。

3. 日志重定位

通过 basicConfig() 函数中的 filename 参数设定日志文件位置，用法如例 10-13 所示。

【例 10-13】 **logging 模块使用示例**

```
import logging

logging.basicConfig(level=logging.DEBUG)
```

```
logging.debug('debug信息')
logging.info('info信息')
logging.warning('warning信息')
logging.error('error信息')
logging.critical('critical信息')

logger=logging.getLogger(__name__)
logger.debug('debug信息')
logger.info('info信息')
logger.warning('warning信息')
logger.error('error信息')
logger.critical('critical信息')

logging.basicConfig(level=logging.DEBUG,
                    format='%(asctime)s-%(threadName)s -'
                        '%(name)s-%(funcName)s-%(levelname)s-%(message)s')
logger=logging.getLogger(__name__)
logger.debug('debug信息')
logger.info('info信息')

def funlog():
    logger.warning('warning信息')
    logger.error('error信息')
    logger.critical('critical信息')

funlog()

logging.basicConfig(level=logging.DEBUG,
                    format='%(asctime)s-%(threadName)s -'
                        '%(name)s-%(funcName)s-%(levelname)s-%(message)s',
                            filename="test.log")
logger=logging.getLogger(__name__)
logger.debug('debug信息')
logger.info('info信息')

logging.basicConfig(level=logging.DEBUG,
                    format='%(asctime)s-%(threadName)s -'
                        '%(name)s-%(funcName)s-%(levelname)s-%(message)s',
                            filename="test.log",
                                datefmt='%a, %d, %b, %Y, %H')
logger=logging.getLogger(__name__)
logger.debug('debug信息')
logger.info('info信息')
```
运行结果：

```
DEBUG:root:debug 信息
INFO:root:info 信息
WARNING:root:warning 信息
ERROR:root:error 信息
CRITICAL:root:critical 信息
DEBUG:__main__:debug 信息
INFO:__main__:info 信息
WARNING:__main__:warning 信息
ERROR:__main__:error 信息
CRITICAL:__main__:critical 信息
DEBUG:__main__:debug 信息
INFO:__main__:info 信息
WARNING:__main__:warning 信息
ERROR:__main__:error 信息
CRITICAL:__main__:critical 信息
DEBUG:__main__:debug 信息
INFO:__main__:info 信息
DEBUG:__main__:debug 信息
INFO:__main__:info 信息
```

10.7　包

实际开发中,一个大型的项目往往需要使用成百上千的 Python 模块,如果将这些模块都堆放在一起,势必不好管理。而且,使用模块可以有效避免变量名或函数名重名引发的冲突,但是如果模块名重复怎么办呢？因此,Python 提出了包(package)的概念。

10.7.1　定义包

什么是包呢？简单理解,包就是文件夹,只不过在该文件夹下必须存在一个名为__init__.py 的文件。注意,这是 Python 2.x 的规定,而在 Python 3.x 中,__init__.py 对包来说,并不是必须的。

每个包的目录下建立一个__init__.py 的模块,可以是一个空模块,可以写一些初始化代码,其作用就是告诉 Python 要将该目录当成包来处理。

注意,__init__.py 不同于其他模块文件,此模块的模块名不是__init__,而是它所在的包名。例如,在 settings 包中的__init__.py 文件,其模块名就是 settings。

包是一个包含多个模块的文件夹,它的本质依然是模块,因此包中也可以包含包。打开 Python 的安装目录,找到 Lib 文件夹,打开之后,它所包含的内容如图 10-1 所示。

从图 10-1 中可以看出,在 Lib 文件夹中,有许多子文件夹。打开 json 文件夹,内容如图 10-2 所示。

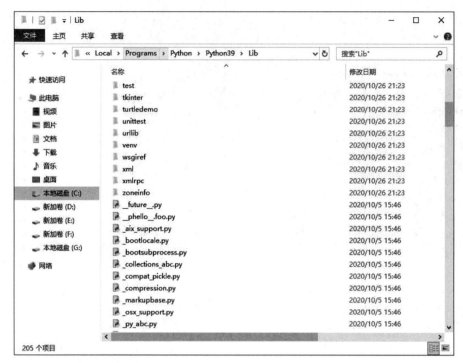

图 10-1　Python 中的 Lib 文件夹

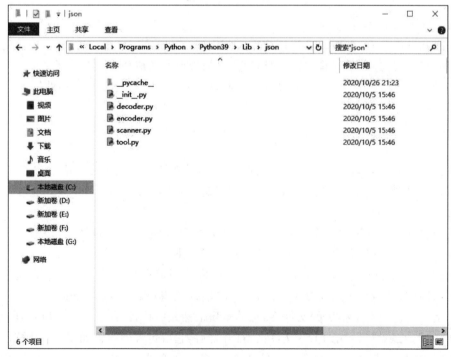

图 10-2　json 文件夹

json 文件夹中含有__init__.py 文件,说明它就是一个包。包的本质依然是模块,包可以包含包。相比模块和包,库是一个更大的概念,例如在 Python 标准库中的每个库都有好多个包,而每个包中都有若干个模块,模块实际上就是一个 Python 文件。

10.7.2　导入包

10.7.1 节已经提到,包其实就是文件夹,更确切地说,是一个包含"__init__.py"文件的文件夹。因此,如果想手动创建一个包,只要新建一个文件夹,文件夹的名称就是新建包的包名;然后在该文件夹中,创建一个__init__.py 文件(有些 IDE 会自动创建),该文件中可以不编写任何代码。当然,也可以编写一些 Python 初始化代码,则当有其他程序文件导入包时,会自动执行该文件中的代码。例如,现在创建一个非常简单的包,该包的名称为 math_package,修改__init__.py 文件,添加如下代码:

```
'''
用于计算的包
'''
print('此包存放计算的类')
```

可以看到,__init__.py 文件中,包含了两部分信息,分别是此包的说明信息和一条print 输出语句。由此,就成功创建好了一个 Python 包。创建好包之后,就可以向包中添加模块(也可以添加包)。这里给 math 包添加两个模块,分别是 module1.py 和 module2.py。module1.py 的代码如下所示:

```
def add(x, y):
    return x+y


def substract(x, y):
    return x-y
```

module2.py 的代码如下所示:

```
def multiple(x, y):
    return x*y


def divide(x, y):
    return x/y
```

现在,就创建好了一个包,其结构如图 10-3 所示。

通过前面的学习可以知道,包其实本质上还是模块,因此导入模块的语法同样也适用于导入包。无论导入自定义的包,还是导入下载的第三方包,导入方法可归结为以下3 种。

(1) import 包名[.模块名[as 别名]]。

(2) from 包名 import 模块名[as 别名]。

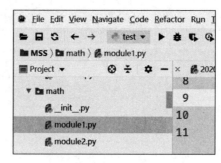

图 10-3　math 包结构

(3) from 包名.模块名 import 成员名[as 别名]。

用[]括起来的部分,是可选部分,即可以使用,也可以直接忽略。下面来具体看如何使用这 3 种导包方式。

1. import 包名[.模块名[as 别名]]

直接导入包名,并不会将包中所有模块全部导入程序中,它的作用仅仅是导入并执行包下的__init__.py 文件,因此,运行该程序:

```
import math_package

print(math_package.module1.add(2, 3))
```

会出现如下错误:

```
AttributeError: module 'myth_package' has no attribute 'module1'
```

以前面创建好的 math 包为例,导入 module1 模块并使用该模块中成员可以使用如下代码:

```
import math_package.module1

print(math_package.module1.add(2, 3))
```

运行结果:

```
此包存放计算的类
5
```

可以看到,通过此语法格式导入包中的指定模块后,在使用该模块中的成员(变量、函数、类)时,需添加“包名.模块名”为前缀。另外,当直接导入指定包时,程序会自动执行该包所对应文件夹下的__init__.py 文件中的代码。当然,如果使用 as 给“包名.模块名”起一个别名的话,就直接使用这个别名作为前缀来使用该模块中的方法,例如:

```
import math_package.module1 as module
module.add(2, 3)
```

运行结果：

此包存放计算的类
5

2. from 包名 import 模块名[as 别名]

和导入模块一样，导入包也可以起个别名。以导入 math_package 包中的 module1
模块为例，使用此语法格式的实现代码如下：

```
from math_package import module1 as m1
```

```
print(m1.add(2, 3))
```

运行结果：

此包存放计算的类
5

同样，既然包也是模块，那么这种语法格式自然也支持"from 包名 import*"这种写
法，它和 import 包名的作用一样，都只是将该包的__init__.py 文件导入并执行。

3. from 包名.模块名 import 成员名[as 别名]

此语法格式用于向程序中导入"包.模块"中的指定成员（变量、函数或类）。通过该方
式导入的变量（函数、类），在使用时可以直接使用变量名（函数名、类名）调用，例如：

```
from math_package.module1 import add
```

```
print(add(2, 3))
```

运行结果：

此包存放计算的类
5

当然，也可以使用 as 为导入的成员起一个别名，例如：

```
from math_package.module1 import add as sum
```

```
print(sum(2, 3))
```

该程序的运行结果和上面相同。另外，在使用此种语法格式加载指定包的指定模块
时，可以使用 * 代替成员名，表示加载该模块下的所有成员。例如：

```
from math_package.module1 import *
```

```
print(add(2, 3))
```

10.8　安装第三方库

第三方库需要使用时自行安装，一般使用 pip 来安装，但 pip 本身也需要安装。下面来介绍 pip 的安装。

大多数较新的 Python 版本都自带 pip，因此首先可检查系统是否已经安装了 pip。在 Python 3 中，pip 有时被称为 pip3。可以先检查下 Python 版本是否已经安装了 pip，首先按下 win＋R 键打开运行窗口，并输入 cmd，打开命令行窗口，然后输入命令如图 10-4 所示。

图 10-4　判断 pip 是否安装

如果出现图中的信息，表示已经有了；如果出现错误信息，请尝试将 pip 替换为 pip3。如果执行这两个命令都出现错误，那么就要安装 pip 了。执行图 10-5 中的命令。

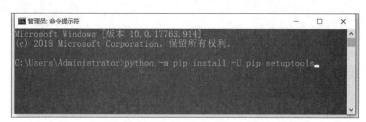

图 10-5　安装 pip

如果出现图 10-6 中的信息，表示安装完成了。

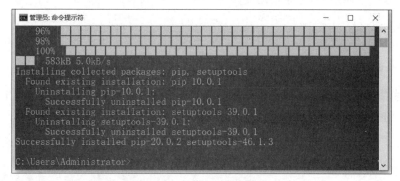

图 10-6　安装 pip 完成信息

10.9 应 用 实 例

本章学习了模块和包的使用,接下来使用这些知识继续改进家用电器销售系统。将函数按照功能分类,并且遵循软件开发设计原则,系统分成了 5 个包,它们的作用如下。

(1) ui 包:和用户进行交互的类,包括 UserConsole 类。

(2) util 包:工具类,包括 Constant 和 FileOperator 类。

(3) exception 包:自定义业务异常类,包括 ConfigFileError 类、OperateDatabaseError 类和 QueryDatabaseError 类。

(4) logic 包:业务逻辑类,包括 CartItem 类、Product 类和 Mall 类。

(5) database 包:数据库操作类,包括 DatabaseOperator 类和 DatabaseAccess 类。

这些包的依赖关系如图 10-7 所示。

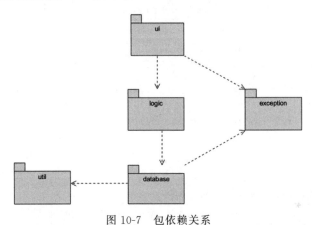

图 10-7　包依赖关系

MSSApplication 类作为整个程序的入口点,用来启动本系统,该类不属于任何包,其代码如下:

```
"""
家用电器销售系统启动类,整个系统的入口点
v1.8
"""
from ui.UserConsole import UserConsole

def main():
    UserConsole()

if __name__=='__main__':
    main()
```

UserConsole 类的职责是和用户进行交互,相当于普通软件的界面,代码如下:

```python
from Exception.OperateDatabaseError import OperateDatabaseError
from Exception.QueryDatabaseError import QueryDatabaseError
from logic.Mall import Mall

class UserConsole:
    def __init__(self):

        self.mall=Mall()

        #初始化系统
        self.ini_system()

        #用户输入数据
        option=input('请选择您的操作：1-查看商品；2-购物；3-查看购物车；4-清空购物
车;其他-结账')
        while option in ['1', '2', '3', '4']:
            if option=='1':
                self.output_products()
            elif option=='2':
                self.buy_product()
            elif option=='3':
                self.output_products_cart()
            else:
                self.clear_cart()
            option=input('操作成功!请选择您的操作：1-查看商品；2-购物；3-查看购物
车;4-清空购物车;其他-结账')

        #显示购买结果
        self.exit_system(self.mall.check_out())

    def ini_system(self):
        """
        初始化系统
        :return: 初始化的商品列表和购物车
        """
        print('欢迎使用家用电器销售系统!')

    def input_product_id(self):
        """
        用户输入商品编号
        :param products: 商品列表
        :return: 商品编号
        """
        product_id=input('请输入您要购买的产品编号：')
```

```python
        try:
            while not self.mall.get_product_by_id(product_id):
                product_id=input('编号不存在,请重新输入要购买的产品编号: ')
        except QueryDatabaseError as e:
            print(e)
        return product_id

    def input_product_count(self, product_id):
        """
        用户输入购买数量
        :param products: 商品列表
        :param product_id: 商品编号
        :return: 购买数量
        """
        count=int(input('请输入您要购买的产品数量: '))
        try:
            product=self.mall.get_product_by_id(product_id)
            while count>product.get_count():
                count=int(input('数量超出库存,请重新输入您要购买的产品数量: '))
        except QueryDatabaseError as e:
            print(e)
        return count

    def output_products(self):
        """
        显示商品信息
        :param products:商品列表
        :return: 无
        """
        print('产品和价格信息如下: ')
        print('*************************************************************')
        print('%-10s' %'编号', '%-10s' %'名称', '%-10s' %'品牌', '%-10s' %'价格',
        '%-10s' %'库存数量')
        print('--------------------------------------------- ')
        try:
            for product in self.mall.get_all_products():
                print(product)
        except QueryDatabaseError as e:
            print(e)
        print('---------------------------------------------')

    def output_products_cart(self):
        """
        显示购物车信息
```

```python
        :param products_cart:购物车列表
        :return: 无
        """
        print('购物车信息如下: ')
        print('**********************************')
        print('%-10s' %'编号', '%-10s' %'购买数量')
        print('--------------------------')
        try:
            for cart_item in self.mall.get_all_products_in_cart():
                print('%-10s' %cart_item.get_id(), '%-6s' %cart_item.get_count())
        except QueryDatabaseError as e:
            print(e)
        print('--------------------------')


    def buy_product(self):
        """
        购买商品
        :param products: 商品列表
        :param products_cart: 购物车
        :return: None
        """
        product_id=self.input_product_id()
        count=self.input_product_count(product_id)
        if count>0:
            try:
                self.mall.update_cart(product_id, count)
                self.mall.update_product(product_id, count)
            except OperateDatabaseError as e:
                print(e)


    def clear_cart(self):
        self.mall.clear_cart()


    def exit_system(self, amount):
        """
        退出系统
        :param amount:
        :return:
        """
        print('购买成功,您需要支付%8.2f 元' %amount)
        print('谢谢您的光临,下次再见!')
```

Constant 类非常简单,系统中的常量都在此类中,代码如下:

```python
"""
```

系统基本信息类,可以通过此类进行一些基本信息的配置
"""

```
class Constant:
    FILE_NAME="config.txt"   #配置文件路径
```

FileOperator 类负责进行文本文件的读写操作,代码如下:

"""
文件操作类,提供基本的文件读写操作
"""

```
from Exception.ConfigFileError import ConfigFileError
from util.Constant import Constant

debug=True

class FileOperator:
    @staticmethod
    def read_file():
        """
        读文件操作,将信息从文件中读出
        :return: 文件中的字符串
        """
        file=None
        try:
            file=open(Constant.FILE_NAME, "r+")
            info=file.readlines()
        except FileNotFoundError as e:
            raise ConfigFileError()
        else:
            return info
        finally:
            file.close()

    @staticmethod
    def write_file(info):
        """
        写文件操作,将字符串信息写入文件中,覆盖写入
        :param info: 字符串信息
        :return: 无
        """
        file=None
        try:
            file=open(Constant.FILE_NAME, "w+")
            file.write(info)
```

```
        except FileNotFoundError as e:
            raise e
        finally:
            file.close()


def test():
    pass


if __name__=='__main__':
    test()
```

Mall 代表商城本身,用户的实际业务操作是在这个类中完成的,代码如下:

```
"""
商城实体类,提供重要业务操作
"""
from database.DatabaseAccess import DatabaseAccess
from logic.CartItem import CartItem
from logic.Product import Product


class Mall:
    def __init__(self):
        self.database_access=DatabaseAccess()

    def get_all_products(self):
        """
        获取所有的商品项
        :return: 商品项
        """
        products=self.database_access.get_all_products()
        lst_product=[]
        for row in products:
            product=Product(row[0], row[1], row[2], row[3], row[4])
            lst_product.append(product)
        return lst_product

    def get_all_products_in_cart(self):
        """
        获取所有购物车中的商品项
        :return: 购物车中的商品项
        """
        products=self.database_access.get_all_products_in_cart()
        lst_product=[]
        for row in products:
            cart_item=CartItem(row[0], row[1])
```

```python
            lst_product.append(cart_item)
        return lst_product

    def get_product_by_id(self, product_id):
        """
        根据商品编号获取数据库中商品
        :param product_id: 商品编号
        :return: 商品
        """
        product=self.database_access.get_product_by_id(product_id)
        if product:
            return Product(product[0], product[1], product[2], product[3],
            product[4])

    def update_cart(self, product_id, count):
        """
        更新购物车中的某项
        :param product_id:
        :param count:
        :return:
        """
        self.database_access.update_cart(product_id, count)

    def update_product(self, product_id, count):
        """
        更新商品表中的某个商品数量
        :param product_id: 商品编号
        :param count: 数量
        :return: None
        """
        self.database_access.update_product(product_id, count)

    def calculate_discount_amount(self, amount):
        """
        计算折扣后金额
        :param amount: 折扣前金额
        :return: 折扣后金额
        """
        if 5000< amount <=10000:
            amount=amount * 0.95
        elif 10000< amount <=20000:
            amount=amount * 0.90
        elif amount>20000:
            amount=amount * 0.85
```

```
        else:
            amount=amount * 1
        return amount

    def get_products_amount(self):
        """
        计算所购商品金额
        :param products: 商品列表
        :param products_cart: 购物车
        :return: 购买金额
        """
        amount=0
        products_cart=self.get_all_products_in_cart()
        for i in range(len(products_cart)):
            product=self.get_product_by_id(products_cart[i].get_id())
            price=product.get_price()
            count=products_cart[i].get_count()
            amount+=price * count
        return amount

    def check_out(self):
        """
        计算折扣后金额
        :return: 折扣后金额
        """
        amount=self.get_products_amount()
        discount_amount=self.calculate_discount_amount(amount)
        return discount_amount

    def clear_cart(self):
        """
        清空购物车
        :return:None
        """
        self.database_access.clear_cart()
```

CartItem 类是一个实体类，代表购物车的商品，代码如下：

```
"""
购物车商品类
"""

class CartItem:
    def __init__(self, id, count):
        self.__id=id
```

```
        self.__count=count

    def get_id(self):
        return self.__id

    def set_id(self, id):
        self.__id=id

    def get_count(self):
        return self.__count

    def set_count(self, count):
        self.__count=count

    def __str__(self):
        return "%-10s %10d" %(self.__id, self.__count)
```

Product 类对应商城中的商品类,代码如下:

```
"""
商品类
"""

class Product:
    def __init__(self, id, name, brand, price, count):
        self.__id=id
        self.__name=name
        self.__brand=brand
        self.__price=price
        self.__count=count

    def get_id(self):
        return self.__id

    def set_id(self, id):
        self.__id=id

    def get_name(self):
        return self.__name

    def set_name(self, name):
        self.__name=name

    def get_brand(self):
        return self.__brand
```

```python
    def set_brand(self, brand):
        self.__brand=brand

    def get_price(self):
        return self.__price

    def set_price(self, price):
        self.__price=price

    def get_count(self):
        return self.__count

    def set_count(self, count):
        self.__count=count

    def __str__(self):
        return "%-10s %-10s %-10s %10.2f %10d" %(self.__id, self.__name,
        self.__brand, self.__price, self.__count)
```

ConfigFileError 异常类，文件操作时出错则抛出此异常，代码如下：

```python
"""
文件操作异常类
"""


class ConfigFileError(FileNotFoundError):
    def __str__(self):
        return '文件路径错误'
```

OperateDatabaseError 类，在操作数据库进行增、删、改时抛出此类异常，代码如下：

```python
"""
操作数据库异常类
"""
from pymysql import DatabaseError


class OperateDatabaseError(DatabaseError):
    def __str__(self):
        return '操作数据库失败'
```

QueryDatabaseError 类，在操作数据库进行查询时抛出此类异常，代码如下：

```python
"""
查询数据库异常类
"""
from pymysql import DatabaseError
```

```python
class QueryDatabaseError(DatabaseError):
    def __str__(self):
        return '查询数据库失败'
```

DatabaseAccess 数据表访问类,进行数据表的各种操作,代码如下:

```python
"""
数据表访问类,提供对商品和购物车的增、删、改、查操作
"""
from database.DatabaseOperator import DatabaseOperator


class DatabaseAccess:
    def get_all_products(self):
        """
        获取所有的商品项
        :return: 商品项
        """
        return DatabaseOperator.select_command('select * from product')

    def get_all_products_in_cart(self):
        """
        获取所有购物车中的商品项
        :return: 购物车中的商品项
        """
        return DatabaseOperator.select_command('select * from cart')

    def get_product_by_id(self, product_id):
        """
        根据商品编号获取数据库中商品
        :param product_id: 商品编号
        :return: 商品
        """
        result=DatabaseOperator.select_command('select * from product where id
        ="'+product_id+'"')
        if len(result)>0:
            return result[0]

    def update_cart(self, product_id, count):
        """
        更新购物车中的某项
        :param product_id:
        :param count:
        :return:
        """
```

```python
        result=DatabaseOperator.select_command('select * from cart where id=
        "'+product_id+'"')
        if len(result)==0:        #不存在,则添加
            DatabaseOperator.execute_command('insert into cart values
            ("'+product_id+'",'+str(count)+')')
        else:                          #存在,即更新此项
            count+=result[0][1]
            DatabaseOperator.execute_command(
                'update cart set count='+str(count)+' where id="'+product_
                id+'"')

    def update_product(self, product_id, count):
        """
        更新商品表中的某个商品数量
        :param product_id: 商品编号
        :param count: 数量
        :return: None
        """
        DatabaseOperator.execute_command(
            'update product set count='+str(count)+' where id="'+product_
            id+'"')

    def clear_cart(self):
        """
        清空购物车
        :return: None
        """
        DatabaseOperator.execute_command('delete from cart')
```

QueryDatabaseError 数据库操作类,提供基本的数据库查询和操作,代码如下:

```python
"""
数据库操作类,提供基本的数据库查询和操作
"""
import pymysql
from util.FileOperator import FileOperator
from pymysql import DatabaseError
from Exception.QueryDatabaseError import QueryDatabaseError
from Exception.OperateDatabaseError import OperateDatabaseError


class DatabaseOperator:
    @staticmethod
    def __open_database():
        """
        根据配置文件信息,打开数据库
```

```
        :return: 数据库对象
        """
        config_lst=FileOperator.read_file()

        #打开数据库连接
        db=pymysql.connect(
            host=config_lst[0].strip('\n').split('=')[1],
            port=int(config_lst[1].strip('\n').split('=')[1]),
            #port 必须是整型数据
            user=config_lst[2].strip('\n').split('=')[1],
            password=config_lst[3].strip('\n').split('=')[1],
            db=config_lst[4].strip('\n').split('=')[1],
            charset=config_lst[5].strip('\n').split('=')[1]
        )
        return db


    @staticmethod
    def select_command(str_sql):
        """
        数据库查询操作
        :param str_sql: sql 语句
        :return: 查询结果列表
        """
        db=DatabaseOperator.__open_database()
        cursor=db.cursor()
        try:
            cursor.execute(str_sql)
            return cursor.fetchall()
        except DatabaseError:
            raise QueryDatabaseError()
        finally:
            cursor.close()
            db.close()


    @staticmethod
    def execute_command(str_sql):
        """
        数据库执行操作,包括增、删、改
        :param str_sql: sql 语句
        :return: None
        """
        db=DatabaseOperator.__open_database()
        cursor=db.cursor()
        try:
            cursor.execute(str_sql)
            db.commit()
```

```
        except DatabaseError:
            #发生错误时回滚
            db.rollback()
            raise OperateDatabaseError()
        finally:
            cursor.close()
            db.close()
```

通过 MSSApplication 运行系统,显示结果如下:

欢迎使用家用电器销售系统!
请选择您的操作:1-查看商品;2-购物;3-查看购物车;4-清空购物车;其他-结账 1
产品和价格信息如下:

```
****************************************************************
编号        名称        品牌        价格        库存数量
----------------------------------------------------------------
0001       电视机       海尔        5999.00      20
0002       冰箱        西门子       6998.00      15
0003       洗衣机       小天鹅       1999.00      1
0004       空调        格力        3900.00      0
0005       热水器       美的        688.00       30
0006       笔记本       联想        5699.00      10
0007       微波炉       苏泊尔       480.00       1
0008       投影仪       松下        1250.00      3
0009       吸尘器       飞利浦       999.00       9
----------------------------------------------------------------
```

操作成功!请选择您的操作:1-查看商品;2-购物;3-查看购物车;4-清空购物车;其他-结账 2
请输入您要购买的产品编号:0001
请输入您要购买的产品数量:2
操作成功!请选择您的操作:1-查看商品;2-购物;3-查看购物车;4-清空购物车;其他-结账 2
请输入您要购买的产品编号:0008
请输入您要购买的产品数量:1
操作成功!请选择您的操作:1-查看商品;2-购物;3-查看购物车;4-清空购物车;其他-结账 2
请输入您要购买的产品编号:0005
请输入您要购买的产品数量:1
操作成功!请选择您的操作:1-查看商品;2-购物;3-查看购物车;4-清空购物车;其他-结账 3
购物车信息如下:

```
************************************
编号        购买数量
----------------------------
0001       2
0005       1
0008       1
----------------------------
```

操作成功!请选择您的操作:1-查看商品;2-购物;3-查看购物车;4-清空购物车;其他-结账 0

购买成功,您需要支付 12542.40 元
谢谢您的光临,下次再见!

从上面的代码来看,虽然功能日渐增加,系统变得越来越复杂。因此,需要使用包来管理各个类文件,并合理安排依赖关系。若以后有改动,可以尽可能地减少对其他类的影响。上面的有些类看起来很简单,似乎没什么必要,实际上有它存在的道理,希望大家认真体会。

小　　结

本章重点介绍 Python 模块和包的重要知识点,讨论了什么是模块,模块和库的区别,介绍了如何导入一个模块,以及怎么定义自己的模块。接着,还介绍了查看模块的一些函数和属性。最后简单介绍了包的概念,了解了怎么定义一个包和如何导入包。

目前为止,一些重要概念如函数、类、模块、包、库等都涉及了。读者需要明确它们之间的区别。

另外,还需要知道常见内置模块的使用,实际上内置模块很多,每个模块的方法也很多,囿于篇幅的限制,无法一一详细介绍,读者可以在编程过程中多查阅资料学习。

习　　题

1. 什么是模块,为什么需要模块?
2. 简述几种不同导入模块的方法和特点。
3. 如何自定义模块。
4. 查看模块的方式有哪些?
5. 什么是包,和模块有什么区别?
6. logging 模块有几种日志级别?
7. 定义一个文件模块,包括文件的常见操作,如读文件、写文件、修改文件等,并测试此模块。
8. 定义一个员工管理模块,包括员工的增加、删除、修改和查询操作,并测试该模块。
9. 下载 json 模块,然后学习如何使用该模块。
10. 简述__name__在程序中的作用。

第11章

数据可视化分析

11.1 导　学

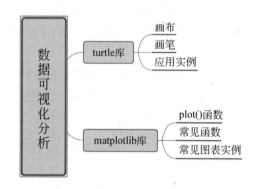

学习目标：

- 掌握 turtle 库的基本绘图命令和方法。
- 掌握 matplotlib 库中 plot() 的用法。
- 掌握折线图、条形图、直方图、箱线图的实现方法。
- 理解其他常见图形的绘制方法。

数据分析初始阶段,通常都要进行可视化处理。数据可视化旨在直观展示信息的分析结果和构思,令某些抽象数据具象化,这些抽象数据包括数据测量单位的性质或数量。数据可视化是数据分析中很重要的一部分,它能帮助用户从繁杂的数据中更直观有效地获取信息。

本章将详细介绍数据可视化分析的两种基本工具 turtle 和 matplotlib 的使用方法。

11.2　turtle 库

turtle 库是 Python 中一个绘制图像的函数库。其原理可以想象为一只小乌龟在一个以 X 轴为横轴,Y 轴为纵轴的坐标轴上,从坐标系原点即(0,0)位置开始,根据一组函数指令控制,在这个平面中移动,它爬行的路径其实就是绘制的图形。

11.2.1 画布

画布(canvas)即 turtle 绘制图形的区域,类似于上述的坐标平面。可以通过函数控制它的大小和初始位置。

1. 设置画布大小

(1) screensize()方法

turtle.screensize(canvwidth=None, canvheight=None, bg=None)

canvwidth:表示画布的宽(单位为像素)。
canvheight:表示画布的高(单位为像素)。
bg:表示画布的背景颜色。

turtle.screensize(800, 600, "green")   #获得一个宽为 800,长为 600,背景颜色为绿
       色的画布

turtle.screensize()   #获得一个默认宽为 400,长为 300 的画布

(2) setup()方法

turtle.setup(width=0.5, height=0.75, startx=None, starty=None)

width:表示输入画布的宽(单位为整数时,表示为像素;单位为小数时,表示为占据计算机屏幕的比例)。

height:表示输入画布的长(单位为整数时,表示为像素;单位为小数时,表示为占据计算机屏幕的比例)。

startx:表示矩形窗口左上角顶点的 x 坐标(如果为空,则窗口位于屏幕中心)。

starty:表示矩形窗口左上角顶点的 y 坐标(如果为空,则窗口位于屏幕中心)。

turtle.setup(width=0.6, height=0.6)
#获得一个宽为 0.6×计算屏幕宽,长为 0.6×计算机屏幕长的画布
turtle.setup(width=800, height=800, startx=100, starty=100)
#获得一个宽为 800,长为 800 的画布,窗口左上角顶点的 x 坐标为 100,y 坐标为 100

11.2.2 画笔

1. 画笔的状态

在画布上默认有一个坐标原点为画布中心的坐标轴,坐标原点上有一只面朝 X 轴正方向的小乌龟。这里描述小乌龟时使用了两个词语:坐标原点(位置),面朝 X 轴正方向(方向),turtle 绘图中就是使用位置方向描述小乌龟(画笔)的状态。

2. 画笔的属性

（1）turtle.pensize(width)：表示设置画笔的宽度。width 为画笔宽度。

（2）turtle.pencolor(color)和 turtle.pencolor((t1,t2,t3))：表示当没有参数传入时，返回当前画笔颜色，传入参数设置画笔颜色，可以是字符串如"green""red"，也可以是 RGB 的三元组。

（3）turtle.speed(speed)：表示设置画笔的移动速度，画笔绘制的速度范围是[0,10]中的整数，数字越大移动越快。

3. 简单的绘图示例

（1）画笔根据绝对坐标进行运动。语句为 turtle.goto(x,y)，(x,y)为绝对坐标，如例 11-1 所示。

【例 11-1】 绘制多边形

```
import turtle

turtle.goto(-200,200)
turtle.goto(-200,-200)
turtle.goto(200,-200)
turtle.goto(200,200)
turtle.goto(0,0)
```

运行结果如图 11-1 所示。

（2）画笔在指向的方向上移动、转向。turtle.left(angle)表示左转 angle 度；turtle.right（angle）表示右转 angle 度；turtle.fd(distance)表示前进 distance；turtle.bk(distance)表示后退 distance，如例 11-2 所示。

【例 11-2】 绘制带箭头折线

```
import turtle

turtle.left(45)
turtle.fd(150)
turtle.right(125)
turtle.fd(150)
```

运行结果如图 11-2 所示。

图 11-1 绘制多边形　　　　　图 11-2 绘制带箭头折线

（3）设置画笔的颜色和粗细。turtle.pensize(width)表示设置画笔的宽度；turtle.pencolor(color)表示设置画笔的颜色，color为颜色字符串，设置画笔颜色也可以通过turtle.pencolor((t1,t2,t3))语句，(t1,t2,t3)为一个三元素元组，如例11-3所示。

【例11-3】 调整颜色与线宽

```
import turtle

turtle.pensize(3)
turtle.pencolor('purple')
turtle.left(45)
turtle.fd(150)
turtle.right(125)
turtle.fd(150)
```

运行结果如图11-3所示。

（4）画曲线。turtle.circle(r,extent=None)表示根据半径r绘制extent角度的弧形。其中，默认圆心在画笔左端点距离r长度的地方，extent是绘制的角度，默认绘制完整的圆形，如例11-4所示。

【例11-4】 绘制简单曲线

```
import turtle

turtle.circle(-100,90)
```

运行结果如图11-4所示。

图 11-3　调整颜色与线宽　　　　　图 11-4　绘制简单曲线

4. 绘图命令

操纵画笔绘图有许多命令，这些命令可以划分为10种：画笔动作移动和绘制、获取画笔、设置与度量单位、画笔控制绘图状态、颜色控制、填充、更多绘图控制、画笔状态可见性、外观和使用事件。其详细说明如表11-1～表11-10所示。

1）画笔动作移动和绘制

表 11-1　画笔动作移动和绘制命令

命　　　令	简　　写	说　　明
turtle.forward(distance)	turtle.fd(distance)	向当前画笔方向移动 distance 像素长度
turtle.backward(distance)	turtle.bk(distance)	向当前画笔相反方向移动 distance 像素长度
turtle.back(distance)		向当前画笔相反方向移动 distance 像素长度
turtle.right(degree)	turtle.rt(degree)	顺时针移动 degree 度
turtle.left(degree)	turtle.lt(degree)	逆时针移动 degree 度
turtle.goto(x, y)		将画笔移动到坐标(x, y)的位置
turtle.setposition(x, y)	turtle.setpos(x, y)	将画笔移动到坐标(x, y)的位置
turtle.setx(x)		设置画笔 x 坐标
turtle.sety(y)		设置画笔 y 坐标
turtle.setheading(angle)	turtle.seth(angle)	设置画笔朝向角度
turtle.home()		将画笔移动到原点
turtle.circle(r, extent)		画笔画圆,半径为正,表示圆心在画笔的左边画;半径为负,表示圆心在画笔的右边画
turtle.dot(size, color)		画笔画大小为 size 颜色为 color 的点
turtle.speed(speed)		画笔绘制的速度范围为[0,10]的整数

2）获取画笔

表 11-2　获取画笔命令

命　　　令	简　　写	说　　明
turtle.position()	turtle.pos()	获取画笔位置
turtle.towards()		获取画笔目标方向
turtle.xcor()		获取画笔 x 坐标
turtle.ycor()		获取画笔 y 坐标
turtle.heading()		获取画笔朝向
turtle.distance()		获取画笔距离

3）设置与度量单位

表 11-3　设置与度量单位命令

命　　　令	说　　明
turtle.degrees(fullcircle)	设置角度,fullcircle 为角度
turtle.radians(fullcircle)	设置弧度,fullcircle 为弧度

4）画笔控制绘图状态

表 11-4　画笔控制绘图状态命令

命　　令	简　　写	说　　明
turtle.pendown()	turtle.pd()	画笔移动时绘制图形
turtle.down()		同 turtle.pendown()
turtle.penup()	turtle.pu()	画笔移动时不绘制图形
turtle.up()		同 turtle.penup()
turtle.pensize(width)		画笔绘制图形的宽度
turtle.width(width)		画笔绘制图形的宽度
turtle.isdown()		查看画笔移动时是否绘制图形

5）颜色控制

表 11-5　颜色控制命令

命　　令	说　　明
turtle.color(color1，color2)	同时设置画笔和填充颜色
turtle.pencolor(color)	设置画笔颜色
turtle.fillcolor(color)	设置填充颜色

6）填充

表 11-6　填充命令

命　　令	说　　明
turtle.filling()	返回当前是否在填充状态
turtle.begin_fill()	准备开始填充图形
turtle.end_fill()	填充完成

7）更多绘图控制

表 11-7　更多绘图控制命令

命　　令	说　　明
turtle.reset()	清空窗口，重置 turtle 状态为起始状态
turtle.clear()	清空 turtle 窗口，但是 turtle 的位置和状态不会改变
turtle.write()	写文本

8）画笔状态可见性

表 11-8　画笔状态可见性命令

命　　令	简　　写	说　　明
turtle.showturtle()	turtle.st()	显示画笔
turtle.hideturtle()	turtle.ht()	隐藏画笔
turtle.isvisible()		当前画笔是否可见

9）外观

表 11-9　外观命令

命　　令	说　　明
turtle.shape(name)	设置画笔形状，arrow：箭头，turtle：龟，circle：圆，square：正方形，triangle：三角形，classic：默认
turtle.resizemode(rmode)	设置画笔大小，auto：调整对应于 pensize 值的画笔的外观，跟随 pensize 变化大小； user：根据 stretchfactor 和 outlinewidth(outline)的值来调整画笔的外观，shapesize()与参数一起使用时调用 resizemode(user)； noresize：没有改变画笔的外观
turtle.shapesize(stretch_wid，stretch_len，outline)	设置画笔形状大小，stretch_wid 是垂直方向拉伸，stretch_len 是水平方向拉伸，outline 为轮廓的宽度
turtle.turtlesize(stretch_wid，stretch_len，outline)	设置画笔形状大小，stretch_wid 是垂直方向拉伸，stretch_len 是水平方向拉伸，outline 为轮廓的宽度
turtle.shearfactor(stretch)	设置或返回当前的剪切因子，不改变画笔的朝向
turtle.settiltangle(angle)	无论当前是什么角度，重新设置一个指向角度，不改变移动方向
turtle.tiltangle(angle)	返回当前倾斜角度，或重新设置一个指向角度，不改变移动方向
turtle.tilt(angle)	改变画笔角度（按当前角度改变），但不改变移动方向
turtle.shapetransform(t11，t12，t21，t22)	设置或者返回画笔形状矩阵数据
turtle.get_shapepoly()	返回当前形状多边形作为坐标对的元组，可用于定义复合形状的新形状

10）使用事件

表 11-10　使用事件命令

命　　令	说　　明
turtle.onclick()	鼠标单击
turtle.onrelease()	鼠标释放
turtle.ondrag()	鼠标拖动

11.2.3 应用实例

1. 绘制曲线

用 turtle 库绘制曲线的代码和结果如例 11-5 所示。

【例 11-5】 绘制粗波浪线

```
import turtle

turtle.penup()
turtle.pencolor("blue")
turtle.forward(-300)
turtle.pendown()
turtle.pensize(20)
turtle.left(10)
turtle.right(50)
for i in range(5):
  turtle.circle(40, 80)
  turtle.circle(-40, 80)
turtle.done()
```

运行结果如图 11-5 所示。

图 11-5 绘制粗波浪线

2. 绘制五角星

用 turtle 库绘制五角星的代码和结果如例 11-6 所示。

【例 11-6】 绘制五角星

```
import turtle

turtle.speed(3)
turtle.pensize(5)
turtle.color("blue", 'red')
turtle.begin_fill()
for i in range(5):
    turtle.forward(200)       #将箭头移到某一指定坐标
    turtle.right(144)         #当前方向上向右转动角度
turtle.end_fill()
```

运行结果如图 11-6 所示。

图 11-6　绘制五角星

3. 绘制动态时钟

用 turtle 库绘制动态时钟的代码和结果如例 11-7 所示。

【例 11-7】　绘制动态时钟

```
import turtle
from datetime import *

#移动画笔,距离为 distance
def movePen(distance):
    turtle.penup()
    turtle.pensize(5)
    turtle.pencolor("black")
    turtle.forward(distance)
    turtle.pendown()

#绘制表针
def makeHands(name, length):
    #清空窗口,重置 turtle 状态为初始状态
    turtle.reset()
    movePen(-length * 0.1)
    #开始记录多边形的顶点
    turtle.begin_poly()
    turtle.forward(length * 1.1)
    #停止记录多边形的顶点
    turtle.end_poly()
    #返回记录的多边形
    handForm=turtle.get_poly()
    turtle.register_shape(name, handForm)

#初始化
def initial():
    global secHand, minHand, hurHand, printer
```

```python
#重置方向向北(上),正角度为顺时针
turtle.mode("logo")
#建立并初始化表针
makeHands("secHand", 180)
makeHands("minHand", 150)
makeHands("hurHand", 110)
secHand=turtle.Turtle()
secHand.shape("secHand")
minHand=turtle.Turtle()
minHand.shape("minHand")
hurHand=turtle.Turtle()
hurHand.shape("hurHand")

for hand in secHand, minHand, hurHand:
    hand.shapesize(1, 1, 4)
    hand.speed(0)

#输出文字
printer=turtle.Turtle()
#隐藏画笔
printer.hideturtle()
printer.penup()


#绘制表盘外框
def drawClock(R):
    #清空窗口,重置turtle状态为初始状态
    turtle.reset()
    #画笔尺寸
    turtle.pensize(5)
    for i in range(60):
        movePen(R)
        if i %5==0:
            turtle.forward(20)
            movePen(-R-20)

            movePen(R+20)
            if i==0:
                #写文本
                turtle.write(int(12),
                          align="center",
                          font=("Consolas", 14, "bold"))
            elif i==30:
                movePen(25)
                turtle.write(int(i/5),
```

```
                              align="center",
                              font=("Consolas", 14, "bold"))
                movePen(-25)
            elif (i==25 or i==35):
                movePen(20)
                turtle.write(int(i/5),
                              align="center",
                              font=("Consolas", 14, "bold"))
                movePen(-20)
            else:
                turtle.write(int(i/5),
                              align="center",
                              font=("Consolas", 14, "bold"))
            movePen(-R-20)
        else:
            #绘制指定半径和颜色的点
            turtle.dot(5, "black")
            movePen(-R)
        turtle.right(6)


#表针的动态显示
def handsMove():
    t=datetime.today()
    second=t.second+t.microsecond * 0.000001
    minute=t.minute+second/60.0
    hour=t.hour+minute/60.0
    secHand.seth(6 * second)
    minHand.seth(6 * minute)
    hurHand.seth(30 * hour)


    #设置当前画笔位置为原点，方向朝东
    printer.home()
    turtle.tracer(True)


    #经过100ms后继续调用 handsMove 函数
    turtle.ontimer(handsMove, 100)


def main():
    #调用定义的函数,打开和关闭动画,为更新图纸设置延迟
    turtle.tracer(False)
    initial()
    drawClock(200)
    turtle.tracer(True)
    handsMove()
```

```
    turtle.mainloop()

if __name__=='__main__':
    main()
```

运行结果如图 11-7 所示。

图 11-7　绘制动态时钟

11.3　matplotlib 库

matplotlib 是 Python 最著名的绘图库,它提供了一整套和 MATLAB 相似的命令 API,十分适合交互式地进行制图。matplotlib 也可以作为绘图控件嵌入 GUI 应用程序中。matplotlib 旨在让复杂的事变得简单,让简单的事变得更简单。可以用 matplotlib 绘制直方图、功率谱、柱状图、误差图、散点图等。

11.3.1　plot() 函数

matplotlib 的 pyplot 子库提供了和 MATLAB 类似的绘图 API,方便用户快速绘制 2D 图表。matplotlib 中快速绘图的函数库可以通过如下语句载入:import matplotlib. pyplot as plt。

接下来调用 figure 创建一个绘图对象,并且使其成为当前的绘图对象,如 plt.figure (figsize=(a,b,dpi=dp1))。通过 figsize 参数可以指定绘图对象的宽度和高度,单位为英寸;dpi 参数指定绘图对象的分辨率,即每英寸多少个像素,默认值为 80。因此本例中所创建的图表窗口的宽度为 $8 \times 80 = 640$ 像素。如果需要同时绘制多幅图表,可以给 figure 传递一个整数参数指定图表的序号,如果指定序号的绘图对象已经存在,将不创建新的对象,而只是让其成为当前绘图对象。

散点图和折线图是数据分析中最常用的两种图形。matplotlib 中绘制散点图的函数为 plot(),如例 11-8 所示。

【例 11-8】 多绘图区域

```
import numpy as np
from matplotlib import pyplot as plt

x=np.linspace(-1,1,10)
y=x*2+100
plt.subplot(2,2,1)
plt.plot(x,y,linestyle='-')
plt.subplot(2,2,2)
plt.plot(x,y,linewidth=3)
plt.subplot(2,2,3)
plt.plot(x,y,marker='^')
plt.subplot(2,2,4)
plt.plot(x,y,color='r')
plt.show()
```

运行结果图 11-8 所示。其中图 11-8(a)为修改折线类型的结果,linestyle 为设置折线类型的参数;图 11-8(b)为修改折线粗细的结果,linewidth 为设置折线粗细的参数 图 11-8(c)为修改折线上点的类型的结果,marker 为设置折线上点类型的参数;图 11-8(d)为修改折线颜色的结果,color 为设置折线颜色的参数。

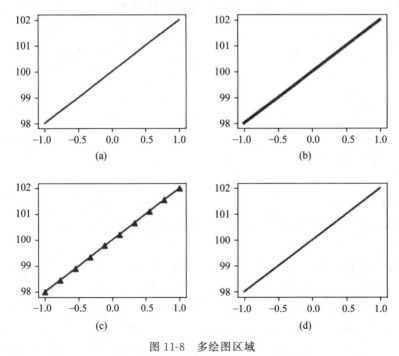

图 11-8 多绘图区域

1. 常用语法

常用语法为：matplotlib.pyplot.plot(*args,scalex=True,scaley=True,data=None,**kwargs)常用参数及说明如表 11-11 所示。

表 11-11　常用参数及说明

参　　数	接　收　值	说　　　　明	默　认　值
x，y	array	表示 X 轴与 Y 轴对应的数据	无
color	string	表示折线的颜色	None
marker	string	表示折线上数据点的类型	None
linestyle	string	表示折线的类型	—
linewidth	数值	表示线条的粗细	1
alpha	0~1 的小数	表示点的透明度	None
label	string	表示数据图例内容	None

2. 折线的类型

常用的字符与折线的类型(即 linestyle)及其描述如表 11-12 所示。

表 11-12　折线的类型

字　　符	描　　述	字　　符	描　　述
'-'	实线样式	'-.'	点画线样式
'--'	短横线样式	':'	虚线样式

3. 折线上数据点的类型

常用的字符与折线上数据点的类型(即 marker)及其描述如表 11-13 所示。

表 11-13　折线上数据点的类型

字　　符	描　　述	字　　符	描　　述
'.'	点标记	's'	正方形标记
','	像素标记	'p'	五边形标记
'o'	圆标记	'*'	星形标记
'v'	倒三角标记	'h'	六边形标记 1
'^'	正三角标记	'H'	六边形标记 2
'<'	左三角标记	'+'	加号标记
'>'	右三角标记	'x'	X 标记
'1'	下箭头标记	'D'	菱形标记
'2'	上箭头标记	'd'	窄菱形标记
'3'	左箭头标记	'|'	竖直线标记
'4'	右箭头标记	'_'	水平线标记

4. 折线的颜色

常用的字符与折线的颜色(即 color)及其描述如表 11-14 所示。

表 11-14　折线的颜色

字　　符	描　　述	字　　符	描　　述
'b'	蓝色	'm'	洋红色
'g'	绿色	'y'	黄色
'r'	红色	'k'	黑色
'c'	蓝绿色	'w'	白色

11.3.2　常见函数

1. 设置刻度线

常用的设置刻度线函数及其描述如表 11-15 所示。

表 11-15　设置刻度线函数

函　　数	描　　述
ax.xaxis.set_major_locator()	以整数倍刻度放置主刻度线
ax.xaxis.set_minor_locator()	以整数倍刻度放置副刻度线
ax.xaxis.set_major_formatter(FuncFormatter(pi_formatter))	使用指定的函数计算刻度文本给主刻度线,它会将刻度值和刻度的序号作为参数传递给计算刻度文本的函数
ax.xaxis.set_minor_formatter(FuncFormatter(pi_formatter))	使用指定的函数计算刻度文本给副刻度线,它会将刻度值和刻度的序号作为参数传递给计算刻度文本的函数

2. 获取刻度信息

常用的获取刻度信息函数及其描述如表 11-16 所示。

表 11-16　获取刻度信息函数

函　　数	描　　述	函　　数	描　　述
plt.get_major_ticks()	获取主刻度	plt.get_ticklabels()	获取刻度标签
plt.get_minor_ticks()	获取副刻度	plt.get_ticklines()	获取刻度线

3. 图片的相关操作

常用的图片的相关操作函数及其描述如表 11-17 所示。

表 11-17 图片的相关操作函数

函 数	描 述
plt. subplot (nrows, ncols, index,**kwargs)	subplot 将整个绘图区域等分为 nrows 行和 ncols 列个子区域,然后按照从左到右,从上到下的顺序对每个子区域进行编号,左上的子区域的编号为 1。如果 nrows、ncols 和 index 这三个数都小于 10,可以把它们缩写为一个整数,例如 subplot(323) 和 subplot(3,2,3)是相同的。subplot 在 index 指定的区域中创建一个轴对象。如果新创建的轴和之前创建的轴重叠,之前的轴将被删除
plt.savefig(fname,dpi)	将当前的 Figure 对象保存成图像文件,图像格式由图像文件的扩展名决定。重要参数为 fname:图片存储路径; dpi:图片存储分辨率。 因此,不需要调用 show()显示图表,可以直接用 savefig()将图表保存成图像文件
plt.imread(image_path)	图像载入。从 JPG 图像中读入的数据是上下颠倒的。重要参数为 image_path:待导入图像的路径
plt.imshow()	图像显示

4. 各种图表

常用的各种图表函数及其描述如表 11-18 所示。

表 11-18 各种图表函数

函 数	描 述
plt.semilogx(* args,**kwargs)	绘制 x 轴为对数坐标的图表。重要参数为 basex:x 轴的底,需要大于 1
plt.semilogy(* args,**kwargs)	绘制 Y 轴为对数坐标的图表。重要参数为 basey:y 轴的底,需要大于 1
plt.loglog(* args,**kwargs)	绘制两个轴都为对数坐标的图表。重要参数为 basex,basey:x、y 轴的底,需要大于 1
plt.step(x,y, * args,data=None,**kwargs)	类似 plot 函数,但是曲线是阶梯状的。重要参数为 pre、post 或 mid,即数据点处于阶梯的右侧、左侧还是正中
plt.bar (x, height, width = 0.8, bottom = 0, * args,**kwargs)	绘制柱状图的图表。重要参数为 x:数据集的名称; height:数据集中各个数据的高度; width:柱体的宽度; bottom:柱体底部的位置

函　　数	描　　述
plt.barh(*args,**kwargs)	与 plt.bar() 函数类似，不过是水平方向的。重要参数为 y：数据集的名称； width：数据集中各个数据的高度； height：柱体的宽度； left：柱体底部的位置
plt.stackplot(x,*args,**kwargs)	绘制多层图，或称堆叠式图区。重要参数为 x：横坐标数组； y 或 y1,y2,y3,…：纵坐标数据的数组，可以用 y 作为多维数组，也可以用例如 y1,y2,y3,…的多个数组； baseline：确定图表底线的方式
plt.scatter(x,y,s,color,marker,alpha,lw,edgecolors)	绘制散点图的图表。重要参数为 x：横坐标的数组； y：纵坐标的数组； s：点的大小； color：点的颜色； marker：点的形状； alpha：颜色透明程度； lw：线宽； edgecolors：点的边线颜色
plt.boxplot(x,*args,**kwargs)	绘制盒图
plt.stem(x,y,linefmt=None,markerfmt=None,basefmt=None)	绘制棉棒图。重要参数为 x(可选)：横坐标的数组； y：纵坐标的数组； linefmt：连线格式； markderfmt：标记点格式； basefmt：指直线 y=0
plt.thetagrids(angles,labels=None,fmt='%d',frac=1.5)	设置放射线栅格的角度。重要参数为 angles：将角度设置为 theta 网格的位置(这些网格线沿 theta 尺寸相等)； labels：如果不是 None，则为 len(angles)或在每个角度使用的标签字符串列表，即如果标签不为 None，则标签为 fmt%angle； frac：极坐标半径在标签位置的分数(1 表示边)，例如 1.25 在轴外，而 0.75 在轴内

函　　数	描　　述
plt.contour（[X,Y,] Z,[levels],**kwargs） 和 plt. contourf（[X, Y,] Z,[levels], * * kwargs）	描绘等值线。plt.contourf()得到带填充的等值线。重要参数为 X,Y：类似数组，可选； Z：类似矩阵，绘制轮廓的高度值； levels：int 或类似数组，可选，确定轮廓线/区域的数量和位置； aalpha：float，可选，alpha 混合值，介于 0（透明）和 1（不透明）之间； cmap：str 或 colormap，可选
plt.hist（x,bins＝10,range＝None,normed＝ False, weights ＝ None, cumulative ＝ False, bottom ＝ None, histtype ＝ u'bar', align ＝ u 'mid',orientation＝u'vertical',rwidth＝None, log ＝ False, color ＝ None, label ＝ None, stacked＝False,hold＝None,**kwargs）	画直方图。重要参数为 x：是指定每个箱子分布的数据，对应 x 轴； bins：指定箱子的个数，也就是总共有几条条状图； normed：指定密度，也就是每个条状图的占比例比，默认为 1； color：指定条状图的颜色； histtype：选择展示的类型，默认为 bar； align：对齐方式； orientation：直方图方向
plt.pie（x, explode ＝ None, labels ＝ None, colors＝None, autopct ＝ None, pctdistance＝ 0. 6, shadow ＝ False, labeldistance ＝ 1. 1, startangle ＝ 0, radius ＝ 1, counterclock ＝ True,wedgeprops＝None,textprops＝None, center ＝ 0, frame ＝ False, rotatelabels ＝ False,normalize＝None,data＝None）	画饼状图。重要参数为 x：数据； labels：标签； autopct：数据标签； explode：突出的部分； shadow：是否显示阴影； pctdistance：数据标签的距离圆心位置； labeldistance：标签的比例； startangle：开始绘图的角度； radius：半径长
plt. plot _ wireframe （ X, Y, Z, * args, * * kwargs）	画线框图。重要参数为 X,Y,Z：输入数据； rstride：行步长； cstride：列步长； rcount：行数上限； ccount：列数上限
plt.plot_surface(X,Y,Z, * args,**kwargs)	画表面图。重要参数为 X,Y,Z：输入数据； rstride：行步长； cstride：列步长； rcount：行数上限； ccount：列数上限； color：表面颜色； cmap：图层

函　　数	描　　述
plt.plot_trisurf(* args,**kwargs)	画表面图。重要参数为 X,Y,Z：输入数据； rstride：行步长； cstride：列步长； rcount：行数上限； ccount：列数上限； color：表面颜色； cmap：图层

11.3.3　常见图表的绘制实例

1. 显示中文字符

在设置中文字符时，可以设置全局所有绘制区域的全部字体为中文；也可以设置某些部分的字体为中文。

（1）pyplot 并不默认支持中文显示，需要 rcParams 修改字体来实现，rcParams 的属性如下所示。

- font.family：用于显示字体的名字。
- font.style：字体风格，正常"normal"或斜体"italic"。
- font.size：字体大小，放大"large"或缩小"x-small"。

设置绘制区域的全部字体为华文仿宋，字体大小为 20，代码如下：

```
import matplotlib
matplotlib.rcParams['font.family']='STSong'
matplotlib.rcParams['font.size']=20
```

（2）只希望在某处绘制中文字符，不改变其他部分的字体。在有中文输出处增加一个属性：fontproperties。

设置 X 坐标轴标签处字体为华文仿宋，字体大小为 20，代码如下：

```
plt.xlabel('横轴：时间', fontproperties='STSong', fontsize=20)
```

2. 折线图

用 plt.plot 可画出一系列的点，并且用线将它们连接起来，如图 11-9 所示。其中图 11-9(a)为设置折线粗细为 1，折线线形为实线样式，折线上数据点类型为点标记，颜色为蓝色的折线结果；图 11-9(b)为折线粗细为 1.5，折线线形为短横线样式，折线上数据点类型为圆标记，颜色为绿色的折线结果；图 11-9(c)为设置折线粗细为 2，折线线形为点画线样式，折线上数据点类型为倒三角标记，颜色为红色的折线结果；图 11-9(d)为设置折线粗细为 2.5，折线线形为虚线样式，折线上数据点类型为星形标记，颜色为蓝绿色的折线结果。

【例 11-9】 绘制彩色折线

```
import numpy as np
from matplotlib import pyplot as plt

x=np.arange(1,11)
y=np.sin(x)

plt.subplot(2,2,1)
plt.plot(x,y,'g.-',color='b',linewidth=1)
plt.subplot(2,2,2)
plt.plot(x,y,'go--',color='g',linewidth=1.5)
plt.subplot(2,2,3)
plt.plot(x,y,'gv-.',color='r',linewidth=2)
plt.subplot(2,2,4)
plt.plot(x,y,'g*:',color='c',linewidth=2.5)
plt.show()
```

运行结果如图 11-9 所示。

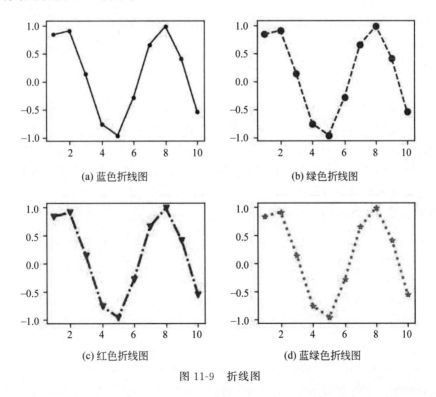

(a) 蓝色折线图   (b) 绿色折线图

(c) 红色折线图   (d) 蓝绿色折线图

图 11-9　折线图

3. 散点图

plt.scatter 只画点,不用线连接,如例 11-10 所示。plt.scatter(x,y,s,color,marker,alpha,lw,facecolors)的重要参数解释如下。

- x,y：指定每个点的 X 轴和 Y 轴坐标。
- s：指定点的大小,值和点的面积成正比。可以是一个数,指定所有点的大小;也可以是数组,分别对每个点指定大小。
- color：指定每个点的颜色,可以是数值或数组。这里使用一维数组为每个点指定了一个数值。通过颜色映射表,每个数值都会与一个颜色对应。默认的颜色映射表中蓝色与最小值对应,红色与最大值对应。当 color 参数是形状为(N,3)或(N,4)的二维数组时,则直接表示每个点的 RGB 颜色。
- marker：设置点的形状,可以是表示形状的字符串,也可以是表示多边形的两个元素的元组,第一个元素表示多边形的边数,第二个元素表示多边形的样式,取值范围为 0、1、2、3。0 表示多边形,1 表示星形,2 表示放射形,3 表示忽略边数而显示为圆形。
- alpha：设置点的透明度。
- lw：设置线宽。
- facecolors：为 none 时,表示散列点没有填充色。

plt.scatter 的参数 color 与 plt.plot 的参数 color 一致,其差别在于 plt.plot 中设置线与数据点的颜色,而 plt.scatter 中只设置数据点的颜色。plt.scatter 的参数 marker 与 plt.plot 的参数 marker 一致。

散点图绘制(例 11-10)的结果如图 11-10 所示。其中图 11-10(a)为设置散点大小为 100,数据点类型为加标记,颜色为蓝色的散点结果;图 11-10(b)为设置散点大小为 90,数据点类型为点标记,颜色为绿色的散点结果;图 11-10(c)为设置散点大小为 80,数据点类型为星形标记,颜色为红色的散点结果;图 11-10(a)为设置散点大小为 70,数据点类型为像素标记,颜色为蓝绿色的散点结果。

【例 11-10】 绘制多种形状散点图

```python
import numpy as np
from matplotlib import pyplot as plt

x=np.arange(1,11)
y=np.sin(x)

plt.subplot(2,2,1)
plt.scatter(x, y, s=100, color='b', marker='+')
plt.subplot(2,2,2)
plt.scatter(x, y, s=90, color='g', marker='.')
plt.subplot(2,2,3)
plt.scatter(x, y, s=80, color='r', marker='*')
```

```
plt.subplot(2,2,4)
plt.scatter(x, y, s=70, color='c', marker=',')
plt.show()
```

运行结果如图 11-11 所示。

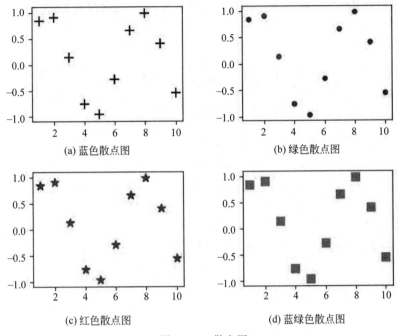

(a) 蓝色散点图   (b) 绿色散点图

(c) 红色散点图   (d) 蓝绿色散点图

图 11-10   散点图

4. 点线图

用 plt.plot 与 plt.scatter 绘制线与散点混合图,如例 11-11 和例 11-12 所示。

【例 11-11】 绘制点线图

```
import numpy as np
import matplotlib.pyplot as plt

x=np.linspace(0, 10, 1000)
y=np.sin(x)
z=np.cos(x**2)

plt.figure(figsize=(8,4))
plt.plot(x,y,label="$ sin(x) $ ",color="red",linewidth=2)
plt.plot(x,z,"b--",label="$ cos(x^2) $ ")
plt.xlabel("Time(s)")
plt.ylabel("Volt")
plt.ylim(-1.2,1.2)
```

```
plt.legend()
plt.show()
```

运行结果如图 11-11 所示。

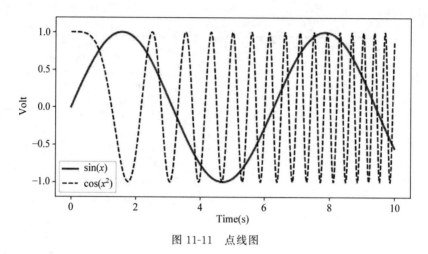

图 11-11　点线图

【例 11-12】　模拟曲线拟合

```
import numpy as np
import matplotlib.pyplot as plt

x=np.linspace(0, 2 * np.pi, 50)
y=np.sin(x)
y2=y+0.1 * np.random.normal(size=x.shape)

fig, ax=plt.subplots()    #返回 Figure 与 Axis
ax.plot(x, y, 'k--')
ax.plot(x, y2, 'ro')

#设置刻度与范围
ax.set_xlim((0, 2 * np.pi))
ax.set_xticks([0, np.pi, 2 * np.pi])
ax.set_xticklabels(['0', '$ \pi$ ', '2$ \pi$ '])
ax.set_ylim((-1.5, 1.5))
ax.set_yticks([-1, 0, 1])
plt.show()
```

运行结果如图 11-12 所示。

5. 条形图

plt.bar 与 plt.barh 用于绘制条形图。plt.bar 绘制的条形图是水平的，plt.barh 绘制的条形图是垂直的，如例 11-13 所示。

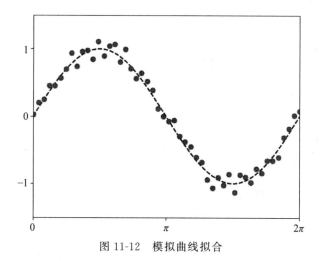

图 11-12　模拟曲线拟合

【例 11-13】　绘制两种类型的条形图

```
import numpy as np
import matplotlib.pyplot as plt

np.random.seed(1)
x=np.arange(5)
y=np.random.randn(5)

fig, axes=plt.subplots(ncols=2, figsize=plt.figaspect(1./2))

vert_bars=axes[0].bar(x, y, align='center')
horiz_bars=axes[1].barh(x, y, align='center')
#在水平或者垂直方向上画线
axes[0].axhline(0, linewidth=2)
axes[1].axvline(0, linewidth=2)
plt.show()
```

运行结果如图 11-13 所示。

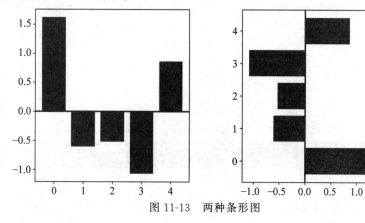

图 11-13　两种条形图

6. 直方图

plt.hist 用于绘制直方图,直方图常用于统计数据出现的次数或者频率,如例 11-14 所示。

【例 11-14】 绘制直方图

```
import numpy as np
import matplotlib.pyplot as plt

np.random.seed(19680801)

n_bins=10
x=np.random.randn(1000, 3)

fig, axes=plt.subplots(nrows=2, ncols=1)
ax0, ax1=axes.flatten()

colors=['red', 'green', 'yellow']
ax0.hist(x, n_bins, density=True, histtype='bar', color=colors, label=colors)
ax0.legend(prop={'size': 10})
ax1.hist(x, histtype='barstacked', rwidth=0.9)

fig.tight_layout()
plt.show()
```

运行结果如图 11-14 所示。

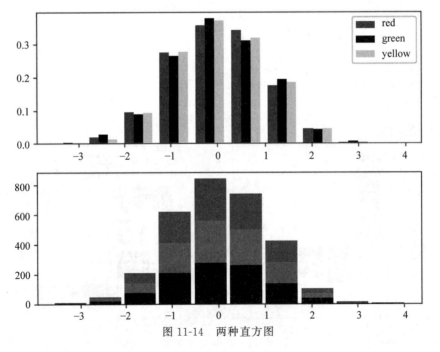

图 11-14 两种直方图

7. 气泡图

气泡图与散点图类似，但是常用于展示 3 个变量之间的关系，一个变量对应横轴，另一个变量对应纵轴，第三个变量则用气泡的大小来表示。

plt.scatter 可用于绘制气泡图，如例 11-15 所示。

【例 11-15】 绘制气泡图

```
import pandas
import matplotlib.pyplot as plt

df=pandas.DataFrame({"x":[5.5,6.6,8.1,15.8,19.5,22.4,28.3,28.9],"y":[2.38,
3.85,4.41,5.67,5.44,6.03,8.25,6.87]})
#建立坐标系
plt.subplot(1,1,1)
#确认 x,y 轴
x=df["x"]
y=df["y"]
#绘图
colors=y * 10            #根据 y 值生成不同的颜色
area=y * 100             #根据 y 值生成不同的形状
plt.scatter(x,y,marker="o",c=colors,s=area)
#设置标签
for a,b in zip(x,y):
    plt.text(a,b,b,ha="center",va="center",fontsize=10,color="white")
#设置网格线
plt.grid(False)
plt.show()
```

运行结果如图 11-15 所示。

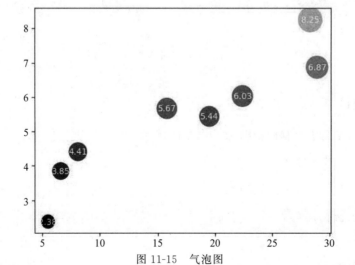

图 11-15　气泡图

8. 饼状图

plt.pie 用于绘制饼状图,又称扇形图,能清晰表达各个对象在整体中所占的百分比,如例 11-16 所示。

【例 11-16】 绘制饼状图

```
import pandas
import matplotlib.pyplot as plt

labels='Frogs', 'Hogs', 'Dogs', 'Logs'
sizes=[15, 35, 40, 10]
explode=(0, 0.1, 0, 0)

fig1, (ax1, ax2)=plt.subplots(2)
ax1.pie(sizes, labels=labels, autopct='%1.1f%%', shadow=True)
ax1.axis('equal')
ax2.pie(sizes, autopct = '%1.2f%%', shadow = True, startangle = 90, explode =
explode,
    pctdistance=1.12)
ax2.axis('equal')
ax2.legend(labels=labels, loc='upper right')
plt.show()
```

运行结果如图 11-16 所示。

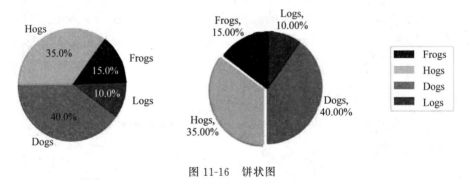

图 11-16 饼状图

9. 面积图

plt.stackplot 用于绘制面积图,如例 11-17 所示。

【例 11-17】 绘制面积图

```
import matplotlib.pyplot as plt

days=[1,2,3,4,5]
sleeping=[7,8,6,11,7]
eating=[2,3,4,3,2]
working=[7,8,7,2,2]
```

```
playing=[8,5,7,8,13]
plt.plot([],[],color='m', label='Sleeping', linewidth=5)
plt.plot([],[],color='c', label='Eating', linewidth=5)
plt.plot([],[],color='r', label='Working', linewidth=5)
plt.plot([],[],color='k', label='Playing', linewidth=5)
plt.stackplot(days, sleeping,eating,working,playing, colors=['m','c','r','k'])
plt.xlabel('x')
plt.ylabel('y')
plt.legend()
plt.show()
```

运行结果如图 11-17 所示。

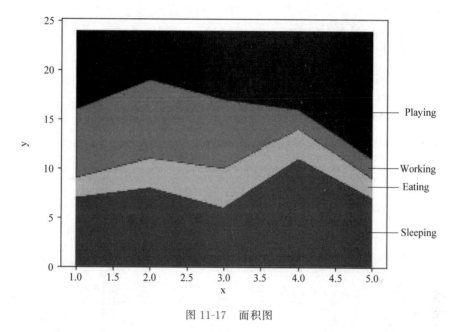

图 11-17　面积图

10. 箱线图

plt.boxplot 用于绘制箱线图,如例 11-18 所示。plt.boxplot(x,notch＝None,sym＝None,vert＝None,whis＝None,positions＝None,widths＝None,patch_artist＝None,meanline＝None,showmeans＝None,showcaps＝None,showbox＝None,showfliers＝None,boxprops＝None,labels＝None,flierprops＝None,medianprops＝None,meanprops＝None,capprops＝None,whiskerprops＝None)的重要参数解释如下。

- x:指定待绘制箱线图的数据。
- notch:是否以凹口的形式展现箱线图,默认非凹口。
- sym:指定异常点的形状,默认以＋号显示。
- vert:是否需要将箱线图垂直摆放,默认为垂直摆放。
- whis:指定上下须与上下四分位的距离,默认为 1.5 倍的四分位差。
- positions:指定箱线图的位置,默认为[0,1,2…]。

- widths：指定箱线图的宽度，默认为 0.5。
- patch_artist：是否填充箱体的颜色。
- meanline：是否用线的形式表示均值，默认用点来表示。
- showmeans：是否显示均值，默认不显示。
- showcaps：是否显示箱线图顶端和末端的两条线，默认为显示。
- showbox：是否显示箱线图的箱体，默认为显示。
- showfliers：是否显示异常值，默认为显示。
- boxprops：设置箱体的属性，如边框色、填充色等。
- labels：为箱线图添加标签，类似于图例。
- filerprops：设置异常值的属性，如异常点的形状、大小、填充色等。
- medianprops：设置中位数的属性，如线的类型、粗细等。
- meanprops：设置均值的属性，如点的大小、颜色等。
- capprops：设置箱线图顶端和末端线条的属性，如颜色、粗细等。
- whiskerprops：设置必需的属性，如颜色、粗细、线的类型等。

【例 11-18】 绘制垂直与水平箱线图

```
import matplotlib.pyplot as plt

data=[1,2,3,4,5]
data2=[[1,2,3,4,5],[7,8,6,11,7],[2,3,4,3,2]]
fig, (ax1, ax2)=plt.subplots(2)
ax1.boxplot(data)
ax2.boxplot(data2, vert=False) #控制方向
plt.show()
```

运行结果如图 11-18 所示。

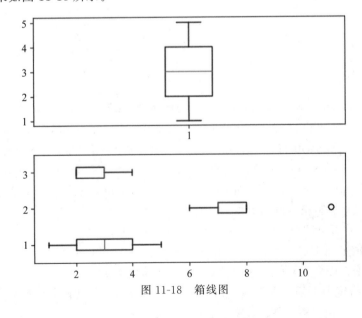

图 11-18　箱线图

11. 等高线（轮廓图）

plt.contourf 和 plt.contour 用于绘制等高线（轮廓图），有时在需要描绘边界的时候，就会用到轮廓图，机器学习用的决策边界也常用轮廓图来绘制，如例 11-19 所示。

【例 11-19】 绘制等高线（轮廓图）

```python
import matplotlib.pyplot as plt
import numpy as np

fig, (ax1, ax2)=plt.subplots(2)
x=np.arange(-5, 5, 0.1)
y=np.arange(-5, 5, 0.1)
xx, yy=np.meshgrid(x, y, sparse=True)
z=np.sin(xx ** 2+yy ** 2) / (xx ** 2+yy ** 2)
ax1.contourf(x, y, z)
ax2.contour(x, y, z)
plt.show()
```

运行结果如图 11-19 所示。

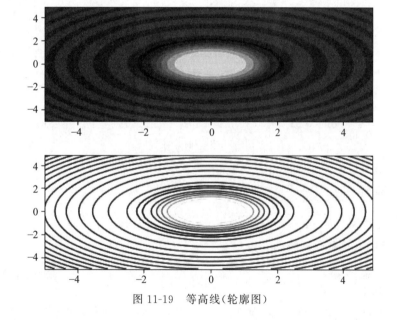

图 11-19   等高线（轮廓图）

12. 箭头注释

在图上绘制箭头注释如例 11-20 所示。

【例 11-20】 增加箭头注释

```python
import matplotlib.pyplot as plt
import numpy as np
```

```
fig, ax=plt.subplots()
x=np.linspace(0, 20, 1000)
ax.plot(x, np.cos(x))
ax.axis('equal')
ax.annotate("max", xy=(6.28, 1), xytext=(10, 4), arrowprops=dict(facecolor=
'black', shrink=0.25))
ax.annotate('min', xy=(5 * np.pi, - 1), xytext=(2, - 6), arrowprops=dict
(arrowstyle="->", connectionstyle='angle3, angleA=0, angleB=-90'))
plt.show()
```

运行结果如图 11-20 所示。

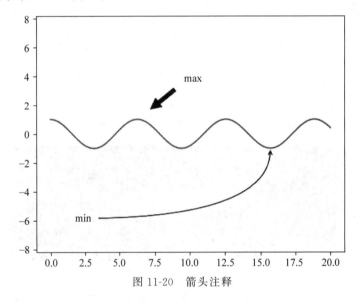

图 11-20　箭头注释

13. 等高线图

绘制等高线图如例 11-21 所示。

【例 11-21】　绘制等高线图

```
import numpy as np
import pandas as pd
import matplotlib.pyplot as plt

#计算 x,y 坐标对应的高度值
def f(x, y):
return (1-x/2+x * * 3+y * * 5) * np.exp(-x * * 2-y * * 2)

#生成 x,y 的数据
n=256
```

```
x=np.linspace(-3, 3, n)
y=np.linspace(-3, 3, n)
#把 x,y 数据生成为 mesh 网格状的数据,因为等高线的显示是在网格的基础上添加高度值
X, Y=np.meshgrid(x, y)
#填充等高线
plt.contourf(X, Y, f(X, Y))
plt.show()
```

运行结果如图 11-21 所示。

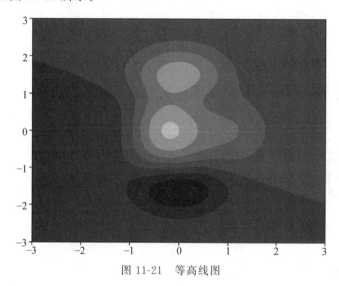

图 11-21　等高线图

14. 热力图

seaborn.heatmap 用于绘制热力图,如例 11-22 和例 11-23 所示。例 11-22 是通过不同的方式设置 cmap 的对比结果图;例 11-23 是设置不同 center 的对比结果图。

seaborn.heatmap 常用语法定义为 seaborn.heatmap(data,vmin,vmax,cmap,center, robust,annot,fmt,annot_kws,linewidths,linecolor,cbar,cbar_kws,cbar_ax,square, xticklabels,yticklabels,mask,ax,＊＊kwargs)。重要参数如下。

- data:矩阵数据集,可以是 NumPy 的数组(array),也可以是 Pandas 的 DataFrame。如果是 DataFrame,则 df 的信息会分别对应到 heatmap 的 columns 和 rows,即 df.index 是热力图的行标,df.columns 是热力图的列标。
- vmax:热力图颜色取值的最大值,默认为 data 数据表中的最大值。
- vmin:热力图颜色取值的最小值,默认为 data 数据表中的最小值。
- cmap:从数字到色彩空间的映射。取值可以是 colormap 名称或颜色对象,或者表示颜色的列表。
- center:数据表取值有差异时,设置热力图的色彩中心对齐值;通过设置 center 值,可以调整生成的图像颜色的整体深浅;设置 center 数据时,如果有数据溢出,则手动设置的 vmax、vmin 会自动改变。

- robust：如果是 False，且没有设定 vmin 和 vmax 的值，热力图的颜色映射范围根据具有鲁棒性的分位数设定，而不是用极值设定，默认取值为 False。
- annot：如果是 True，在热力图每个方格写入数据；如果是矩阵，在热力图每个方格写入该矩阵对应位置数据，默认取值为 False。
- fmt：字符串格式代码即矩阵上标识数字的数据格式，例如保留小数点后几位数字。
- annot_kws：如果是 True，设置热力图矩阵上数字的大小、颜色、字体，默认取值为 False。
- linewidths：定义热力图里两两特征关系的矩阵小块之间的间隔大小。
- linecolor：切分热力图上每个矩阵小块的线的颜色，默认取值为 white。
- cbar：是否在热力图侧边绘制颜色刻度条，默认取值为 True。
- cbar_kws：热力图侧边绘制颜色刻度条时，相关字体设置，默认取值为 None。
- cbar_ax：热力图侧边绘制颜色刻度条时，刻度条位置设置，默认取值为 None。
- xticklabels：控制每列标签名的输出，默认取值为 auto。
- yticklabels：控制每行标签名的输出，默认取值为 auto。
- mask：控制某个矩阵块是否显示。默认取值为 None。
- ax：设置作图的坐标轴，一般画多个子图时需要修改不同子图的该值。

【例 11-22】 绘制热力图

```python
import matplotlib.pyplot as plt
import seaborn as sns
import numpy as np

a=np.random.uniform(0, 1000, size=(10, 10))
f, (ax1,ax2)=plt.subplots(figsize=(6,4),nrows=2)

#cmap用cubehelix map颜色
cmap=sns.cubehelix_palette(start=1.5, rot=3, gamma=0.8, as_cmap=True)
sns.heatmap(a, linewidths=0.05, ax=ax1, vmax=900, vmin=0, cmap=cmap)
ax1.set_title('cubehelix map')
ax1.set_xlabel('')
ax1.set_xticklabels([]) #设置X轴图例为空值

#cmap用matplotlib colormap
sns.heatmap(a, linewidths=0.05, ax=ax2, vmax=900, vmin=0, cmap='rainbow')
#rainbow为matplotlib的colormap名称
ax2.set_title('matplotlib colormap')
plt.show()
```

运行结果如图 11-22 所示。

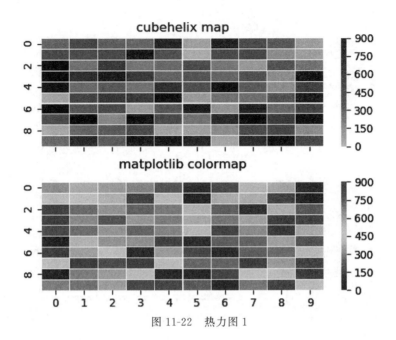

图 11-22　热力图 1

【例 11-23】 不同色彩中心的热力图

```
import matplotlib.pyplot as plt
import seaborn as sns
import numpy as np

a=np.random.uniform(0, 1000, size=(10, 10))
f, (ax1,ax2)=plt.subplots(figsize=(6,4),nrows=2)

#cmap用cubehelix map颜色
cmap=sns.cubehelix_palette(start=1.5, rot=3, gamma=0.8, as_cmap=True)
sns.heatmap(a, linewidths=0.05, ax=ax1, vmax=900, vmin=0, cmap=cmap)
ax1.set_title('cubehelix map')
ax1.set_xlabel('')
ax1.set_xticklabels([]) #设置X轴图例为空值

#cmap用matplotlib colormap
sns.heatmap(a, linewidths=0.05, ax=ax2, vmax=900, vmin=0, cmap='rainbow')
#rainbow为matplotlib的colormap名称
ax2.set_title('matplotlib colormap')
plt.show()
```

运行结果如图 11-23 所示。

15. 三维图

(1) 在三维空间中画直线图,如例 11-24 所示。

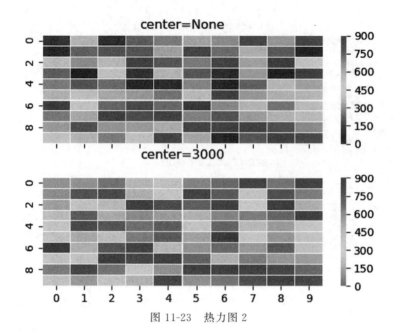

图 11-23　热力图 2

【例 11-24】　绘制三维曲线

```
import matplotlib as mpl
from mpl_toolkits.mplot3d import Axes3D
import numpy as np
import matplotlib.pyplot as plt

fig=plt.figure()
ax=fig.gca(projection='3d')
theta=np.linspace(-4 * np.pi, 4 * np.pi, 200)
z=np.linspace(-2, 2, 200)
r=z+1
x=r * np.sin(theta)
y=r * np.cos(theta)
ax.plot(x, y, z, label='parametric curve')
ax.legend()
plt.show()
```

运行结果如图 11-24 所示。

（2）在三维空间中画散点图，如例 11-25 所示。

【例 11-25】　绘制三维散点图

```
from mpl_toolkits.mplot3d import Axes3D
import matplotlib.pyplot as plt
import numpy as np

fig=plt.figure()
ax=fig.add_subplot(111, projection='3d')
```

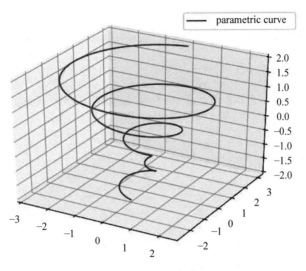

图 11-24　三维曲线图

```
xx=np.random.random(20) * 15-7.5    #取100个随机数,范围在-7.5~7.5
yy=np.random.random(20) * 15-7.5
X, Y=np.meshgrid(xx, yy)
Z=np.sin(np.sqrt(X * * 2+Y * * 2))

ax.scatter(X,Y,Z,alpha=0.75,c=np.random.random(400),s=np.random.randint(10,
20, size=(40, 40)))
ax.set_xlabel('X')
ax.set_ylabel('Y')
ax.set_zlabel('Z')
plt.show()
```

运行结果如图11-25所示。

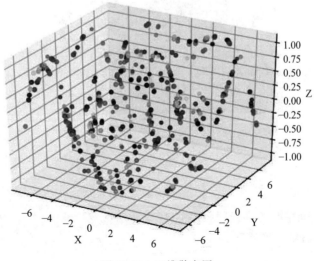

图 11-25　三维散点图

（3）在三维空间中画条形图，如例 11-26 所示。

【例 11-26】　绘制三维条形图

```
from mpl_toolkits.mplot3d import Axes3D
import matplotlib.pyplot as plt
import numpy as np

fig=plt.figure()
ax=fig.add_subplot(111, projection='3d')
for c, z in zip(['r', 'g', 'b', 'y'], [50, 45, 40, 35]):
    x=np.arange(20)
    y=np.random.rand(20)

    #可以设一个颜色值,也可用数组设置多个颜色值;本例中第一个长条颜色设为蓝绿色
    cs=[c] * len(x)
    cs[0]='c'
    ax.bar(x, y, zs=z, zdir='y', color=cs, alpha=1)

ax.set_xlabel('X')
ax.set_ylabel('Y')
ax.set_zlabel('Z')
plt.show()
```

运行结果如图 11-26 所示。

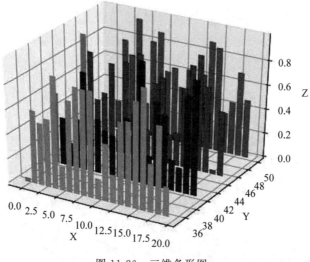

图 11-26　三维条形图

（4）在三维空间中画等高线图，如例 11-27 所示。

【例 11-27】　绘制三维等高线图

```
from mpl_toolkits.mplot3d import axes3d
```

```
import matplotlib.pyplot as plt
from matplotlib import cm

fig=plt.figure()
ax=fig.add_subplot(111, projection='3d')
X, Y, Z=axes3d.get_test_data(0.5)
cset=ax.contour(X, Y, Z, cmap=cm.coolwarm)
ax.clabel(cset, fontsize=12, inline=1)

plt.show()
```

运行结果如图 11-27 所示。

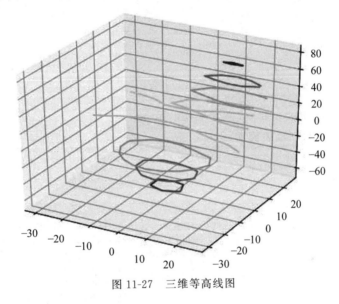

图 11-27　三维等高线图

（5）在三维空间中画线框图，如例 11-28 所示。

【例 11-28】　绘制三维线框图

```
from mpl_toolkits.mplot3d import axes3d
import matplotlib.pyplot as plt

fig=plt.figure()
ax=fig.add_subplot(111, projection='3d')

X, Y, Z=axes3d.get_test_data(0.025)
ax.plot_wireframe(X, Y, Z, rstride=20, cstride=20)
plt.show()
```

运行结果如图 11-28 所示。

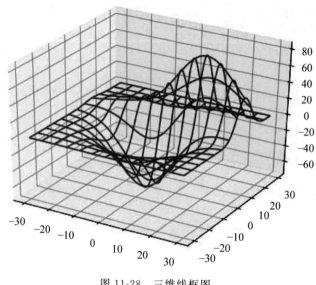

图 11-28　三维线框图

（6）在三维空间中画表面图，如例 11-29 所示。

【例 11-29】　绘制三维表面图

```python
from mpl_toolkits.mplot3d import Axes3D
import matplotlib.pyplot as plt
from matplotlib import cm
from matplotlib.ticker import LinearLocator, FormatStrFormatter
import numpy as np

fig=plt.figure()
ax=fig.gca(projection='3d')

X=np.arange(-5, 5, 0.05)
Y=np.arange(-5, 5, 0.05)
X, Y=np.meshgrid(X, Y)
R=np.sqrt(X**2+Y**2)
Z=np.sin(R)

surf=ax.plot_surface(X, Y, Z, cmap=cm.coolwarm, linewidth=0, antialiased=
False)
ax.set_zlim(-1.01, 1.01)
ax.zaxis.set_major_locator(LinearLocator(10))
ax.zaxis.set_major_formatter(FormatStrFormatter('%.02f'))
fig.colorbar(surf, shrink=0.5, aspect=5)
plt.show()
```

运行结果如图 11-29 所示。

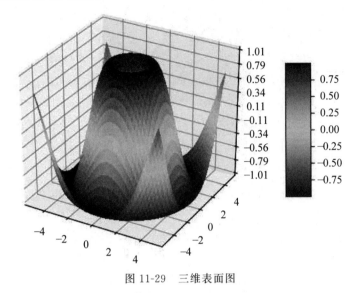

图 11-29　三维表面图

（7）在三维空间中画三角表面图，如例 11-30 所示。

【例 11-30】　绘制三角表面图

```python
from mpl_toolkits.mplot3d import Axes3D
import matplotlib.pyplot as plt
import numpy as np

n_radii=8
n_angles=36

radii=np.linspace(0.1, 1.0, n_radii)
angles=np.linspace(0, 2 * np.pi, n_angles, endpoint=False)
angles=np.repeat(angles[..., np.newaxis], n_radii, axis=1)
x=np.append(0, (radii * np.cos(angles)).flatten())
y=np.append(0, (radii * np.sin(angles)).flatten())
z=np.sin(-x * y)

fig=plt.figure()
ax=fig.gca(projection='3d')
ax.plot_trisurf(x, y, z, linewidth=0.5, antialiased=True)
plt.show()
```

运行结果如图 11-30 所示。

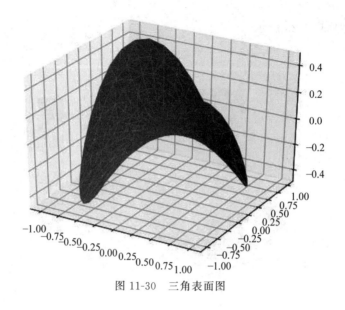

图 11-30　三角表面图

小　　结

本章主要讲解 turtle 库的基本使用方法和 matplotlib 库常用绘图函数,并演示了用 matplotlib 库实现折线图、散点图、点线图、条形图、直方图、气泡图、饼状图、面积图、箱线图、等高线、热力图等常见统计图,最后演示了简单的三维绘图。

习　　题

1. 使用 turtle 库绘制一个面积为 200 像素的直角三角形,填充颜色为黄色,并将其以直角顶点为轴,依次旋转 30°、60°和 180°。

2. 用 matplotlib 绘图时,怎样把绘图区域划分为 4 个区域,以便绘制多个图表?

3. 用 matplotlib 绘制折线图时,怎样调整折线的线型和颜色? 当绘制多根折线时,怎样随机安排不同的线型?

4. 非连续型数据是否适合用散点图可视化? 散点图适合观察数据的什么特征?

5. 何时应选择条形图观察数据? 怎样给条形图增加方差信息?

6. 什么是箱线图? 它由哪几部分组成,分别代表什么意思?

7. 举例说明适合箱线图的应用场景。

8. 热力图可以提供数据的什么信息?

9. 设有一组数据,共 200 条,每条都是三维向量,想观察这组数据的分布情况,可考虑用什么图表可视化? 请简述理由。

10. 设有 10 万个网络结点,已知结点与结点之间的连接时延,若可视化这个网络连接,可以怎样设计方案,应考虑哪些因素?

参 考 文 献

[1] 埃里克·马瑟斯. Python 编程：从入门到实践[M]. 袁国忠，译. 2 版. 北京：人民邮电出版社，2017.

[2] Wesley Chun. Python 核心编程[M]. 孙波翔，李斌，李晗，译. 3 版. 北京：人民邮电出版社，2016.

[3] 苏尼尔·卡皮尔. Python 代码整洁之道：编写优雅的代码[M]. 连少华，译，北京：机械工业出版社，2020.

[4] 杰克·万托布拉斯. Python 数据科学手册[M]. 陶俊杰，陈小莉，译. 北京：人民邮电出版社，2018.

[5] 林信良. Python 编程技术手册[M]. 北京：中国水利水电出版社，2020.

[6] 大卫·比斯利，布莱恩·琼斯. Python Cookbook[M]. 陈舸，译. 3 版. 北京：人民邮电出版社，2015.

[7] 马克·卢茨. Python 学习手册[M]. 秦鹤，林明，译. 5 版. 北京：机械工业出版社，2018.

[8] 斯维加特. Python 编程快速上手让繁琐工作自动化[M]. 王海鹏，译. 北京：人民邮电出版社，2016.

[9] Luciano Ramalho. 流畅的 Python[M]. 安道，吴珂，译. 北京：人民邮电出版社，2017.

[10] Magnus L H. Python 基础教程[M]. 袁国忠，译. 3 版. 北京：人民邮电出版社，2018.

[11] 嵩天，礼欣，黄天羽. Python 语言程序设计基础[M]. 2 版. 北京：高等教育出版社，2017.

[12] 道格·赫尔曼. Python 3 标准库[M]. 苏金国，李璟，译. 机械工业出版社，2018.

[13] 李刚. 疯狂 Python 讲义[M]. 北京：电子工业出版社，2018.

[14] 李佳宇. 零基础入门学习 Python[M]. 2 版. 北京：清华大学出版社，2019.

[15] 王启明，罗从良. Python 3.6 零基础入门与实战[M]. 北京：清华大学出版社，2018.

[16] 约翰·策勒. Python 程序设计[M]. 王海鹏，译. 3 版. 北京：人民邮电出版社，2018.

[17] 徐庆丰. Python 常用算法手册[M]. 北京：中国铁道出版社，2020.

[18] 陈波，刘慧君. Python 编程基础及应用[M]. 北京：高等教育出版社，2020.

[19] 陈春晖. Python 程序设计[M]. 杭州：浙江大学出版社，2019.

[20] 卢布诺维克. Python 语言及其应用[M]. 丁嘉瑞，梁杰，禹常隆，译. 北京：人民邮电出版社，2015.

[21] 董付国. Python 程序设计基础与应用[M]. 北京：机械工业出版社，2018.

[22] 王立峰，惠新遥，高杉. 面向应用的 Python 程序设计[M]. 北京：机械工业出版社，2020.

图 书 资 源 支 持

感谢您一直以来对清华版图书的支持和爱护。为了配合本书的使用，本书提供配套的资源，有需求的读者请扫描下方的"书圈"微信公众号二维码，在图书专区下载，也可以拨打电话或发送电子邮件咨询。

如果您在使用本书的过程中遇到了什么问题，或者有相关图书出版计划，也请您发邮件告诉我们，以便我们更好地为您服务。

我们的联系方式：

地　　址：北京市海淀区双清路学研大厦 A 座 714

邮　　编：100084

电　　话：010-83470236　　010-83470237

客服邮箱：2301891038@qq.com

QQ：2301891038（请写明您的单位和姓名）

资源下载：关注公众号"书圈"下载配套资源。

资源下载、样书申请

书圈

获取最新书目

观看课程直播